U0624689

我国
沿海省市
海洋经济 竞争力比较研究

谭晓岚 著

中国海洋大学出版社

·青岛·

图书在版编目（CIP）数据

我国沿海省市海洋经济竞争力比较研究 / 谭晓岚著.

青岛：中国海洋大学出版社，2024. 12. -- ISBN 978-7-5670-4036-6

Ⅰ. P74

中国国家版本馆 CIP 数据核字第 202411UC14 号

我国沿海省市海洋经济竞争力比较研究
WOGUO YANHAI SHENGSHI HAIYANG JINGJI JINGZHENGLI BIJIAO YANJIU

出版发行	中国海洋大学出版社
社　　址	青岛市香港东路 23 号　　邮政编码　266071
网　　址	http://pub.ouc.edu.cn
出 版 人	刘文菁
责任编辑	邓志科　张瑞丽　　　　电　　话　0532-85901040
电子信箱	dengzhike@sohu.com
印　　制	青岛国彩印刷股份有限公司
版　　次	2024 年 12 月第 1 版
印　　次	2024 年 12 月第 1 次印刷
成品尺寸	170 mm×230 mm
印　　张	24.25
字　　数	330 千
印　　数	1—1000
定　　价	78.00 元
订购电话	0532-82032573（传真）

发现印装质量问题，请致电 0532-58700166，由印刷厂负责调换。

目录
CONTENTS

引　言

　　海洋是地球一切生命的摇篮，地球约71%的面积是海洋，向海而兴，背海而衰，这也是很多国家民族的历史都证明了的一个事实。在当今世界，随着地球人口的日益增加，生活环境恶化，水土大量流失，地球上的陆地已不堪重负，而海洋所拥有的丰富资源和广阔空间也越来越受到人们的高度关注。海洋意识与海洋发展战略，对每一个国家来说，都具有至关重要的意义。海洋已经成为世界各国竞争的新热点。

　　地球在最初形成的5亿年间不停地旋转，使其内部的气体朝外喷射，地壳慢慢凝固起来，由于固体、气体的逐渐分离，逐渐形成了地球表面隆起的高山和陷洼的低谷。随着地球不断释放能量，地表温度逐渐降低，地球上的水蒸气从气体转变成液态，并在一定条件下形成雨水，雨水降落到地面，汇入低洼处，形成了湖泊、河流，并汇成了浩瀚的海洋。海洋中的蛋白质与核酸分子形成了最初的生命的最小单元——细胞。细胞的产生距今已有三四十亿年了。从无核细胞到有核细胞的演化大约经历了20亿年，这是生命产生的一个飞跃。有核细胞的产生预示着生物学进化的开端。在阳光、空气、水这三大自然条件作用下，逐渐完成了由单细胞的原始生物到原始动植物的演变过程。然而由于客观上的千差万别，也就造成了动植物的多样化。以上所有这些生物进化的过程，都是在海洋中进行的。在距今大约3.5亿年前，有一种叫总鳍鱼的古鱼，它们有类似肺的气囊可以直接呼吸空气，脊椎比较结实，还长有像四肢似的鳍。这种古鱼是进化得比较快的海生动物。后来随着造山运动的影响，像非洲大陆、喜马拉雅山等都是这个时候海水退去之后形成的新陆地，海洋面积逐渐缩小，一部分动物和植物便被留在了陆地的沼泽湖泊之中，于是，一种叫鱼石螈的鱼类率先成为两栖动物。从这时起，动物的进化便加快了步伐。随着大部分沼泽、湖泊的消失，两栖动物中分化出一种爬行类动物，其能在陆地上孵化后代。接着，爬行动物又分化出哺乳动物。在 7 000 万年前，哺乳动物中便出现了灵长类动物。作为灵长类动物分支的人类，其出现距今大约有 300 多万年。由此可见，在一切生物从低级到高级的演进过程中，海洋是一切生命也包括人类的母体和摇篮。

蔚蓝色的地球正是因为拥有宏大而富饶的海洋，才有了生命力，才有了人类文明。人类的生存、社会的进化和发展与海洋有着难解难分的关系，在人类文明的漫长历史演进过程中，始终伴随着人类对海洋资源的利用和开发。农业文明向工业文明的转变，世界范围内工业化浪潮的推进和漫延以及新的科学技术的迅猛发展，使得辽阔的海洋愈益显示了它对社会经济发展的巨大价值和重要意义。

海洋是一个有着巨大时空尺度的开放性复杂系统，它包含着物理、化学、地质、生物等各种现象和过程。海洋是一个巨大的资源宝库，从海洋中可以获取陆地上所能获得的一切资源。据统计，海洋中约有 20 万种生物，海洋生物生产力约与陆地生物生产力相当。海洋矿物资源更为丰富，在众多的海洋矿物资源中，以石油、天然气和大洋多金属结核最为引人瞩目。海洋石油总储量约为 3 000 亿吨，天然气约有 139 000 多亿立方米，大洋多金属结核总储量达 3 万亿吨，其中所含锰是陆地锰资源的 4 000 倍。海洋还蕴藏着很多化学资源，海洋总含盐量约有 2 200 万立方千米，海水中已发现有 80 多种化学元素，其中 70 多种可供提取。翻腾不息的海洋还产生着多种可供利用的动力资源，如海流、潮汐、温度差、盐度差，这些能源如同太阳能一样是永恒的再生资源。海洋也是人类生存发展不可缺少的空间环境，它以其占地球 98% 的水体和巨大的热容量通过与大气的相互作用，调节着全球的气候，创造了人类能够生存的自然环境。海洋是连接世界的大通道，全球的运输量有 85% 以上是通过海洋实现的。

人类利用和开发海洋资源有着悠久的历史。然而，在漫长的历史进程中，海洋经济活动的进展极其缓慢，经济效益十分低下。海洋经济活动主要是"兴渔盐之利，行舟楫之便"，发展起来的海洋产业只限于海洋捕捞业、海水制盐业和海洋运输业。当人类社会开始大踏步地迈向工业近代化的时候，人类对海洋资源的开发利用仍然没有取得较大的进展，20 世纪中期以前，海洋经济活动仍然处于传统的发展阶段。从 20 世纪 60 年代开始，由于经济、技术、军事等多种原因的促进，传统的海洋经济活动发生了具有战略意义的根本性转变，即由传统的海洋开发利用转向对海洋的大规模的综合性全面开发利用，并形成了许多新的技术领域，如海洋工程。这一转变促进了海洋经济的极大发展，开辟了一个海洋经济发展的新时代。

自二十世纪六七十年代以来，现代海洋科学技术得到了迅速发展，海洋开发突飞猛进，在一些海洋国家迅速兴起了一批新的海洋产业，如海洋石油工业、海底采矿业、海水化学工业、海水养殖业、海洋能源利用和海洋空间利用，这些以现代科学技术为背景的新兴产业在近二三十年获得了很大发展，经济效益大幅度提高。到目前为止，全世界已有 100 多个国家和地区进行了海洋石油勘探，其中有 40 多个国家和地区正在进行海上采油，海洋石油产量迅速增长；海水养殖业和海洋种植业也获得了长足发展，"海上农牧场"日益增多。从 1975 年以来，世界海水淡化装置的生产能力获得了大幅度提高，海水提溴、镁、碘等海洋化工业已进入大规模的工业生产阶段。作为一个整体的现代海洋经济活动，自 20 世纪 60 年代以来的根本性转变，是一场深刻的产业革命，也是一场巨大的海洋价值革命，它暗示着人类生活和社会发展的一个新的起点。

现代海洋经济活动的兴起，原因是多方面的。工业化进程和社会经济发展导致的世界范围的资源危机对扩大海洋开发和实现海洋经济发展的战略转变起了决定性的作用。人类自从产生以来，一直是生活在陆地上，而陆地面积只占全球总面积的29%，随着社会文明的进步和人口的不断增长，陆地的生活空间和自然资源远远不能适应和满足人类生存和社会经济发展的需要。现代工业文明的推进，使陆地资源日益短缺，有的自然资源濒临枯竭，而社会经济发展对各种资源的需求却与日俱增，在这种情况下，人们的注意力很自然地就转向了海洋这个尚未得到充分开发的庞大领域。向海洋进军，这是人类发展的方向，人类是不会也不可能永远生活在陆地上，与海洋这个庞大领域相比，陆地的空间和资源毕竟有限。另一方面，新的科技革命迅猛发展，人类在电子计算机、遥感、激光、材料、机械制造和交通运输等方面接连取得了重大技术突破，这些技术成果越来越多地被应用到海洋领域，为全面开发利用海洋提供了必要的技术前提和条件。此外，日益激烈的海上军事争夺也对现代海洋经济活动的全面展开起了推波助澜的作用。基于这些原因，今后的海洋开发进程将日益加快，随着经济活动不断向海上扩展，海洋与陆地在经济发展上的差别将不断缩小，人类经济发展的格局将发生重大变化。21世纪是海洋世纪，21世纪是海洋经济时代，这已成为人们的共识。随着全球化进程的加速，有关海洋经济竞争力问题的研究日益受到广泛关注，成为国内外经济学、区域经济学、经济地理学、管理学等学术界研究的热点领域之一。

纵观世界经济竞争力研究的发展历程，国外经济竞争力研究始于20世纪70年代，其后研究不断深入，发展迅速，成果丰硕。国内研究从20世纪90年代初开始起步。随着人类把开发的目光投向海洋，人类对海洋的全面竞争将展开，目前全球大部分海洋资源的归属是不明确的，海洋的大部分海域（公海）的资源仍处于强者多食的抢夺时代。中国是一个陆地资源相对贫乏的海洋大国，山东省又是一个海洋大省，海洋经济在全省经济建设中所占的比重越来越大，开发和利用好海洋资源，实现山东省由海洋大省向海洋强省的转变，这对我省21世纪经济建设的成功有着巨大的作用。这使得研究海洋经济领域竞争力和山东省区域内的海洋经济竞争力显得非常必要。本书将从海洋经济竞争力概念入手，对海洋经济竞争力的内涵、理论基础及测度方法等方面的国内外相关研究予以总结和评述。

　　本书主要对海洋经济竞争评估体系的建立进行理论探索。基于信息安全等多方面因素的考量，在关于我国沿海省市海洋经济竞争力评估研究部分，主要采用的是时间较早的信息资料，大部分资料的采集时间截止于 2015 年年底。

第一章
经济竞争力的内涵及概念

第一节　经济竞争力概念的起源与发展

一、经济竞争力概念的起源

国际竞争力的概念虽然是在世界经济日益全球化的背景下被正式提出的，但对于竞争力的争论由来已久。不同时期的不同学者和不同机构，对于竞争力的定义存在着不同理解。根据现有文献归纳，主要有以下几种认识。一是从国际贸易角度出发，将竞争力定义为一种比较优势。比较优势是最早也是最为经典的定义。亚当·斯密、大卫·李嘉图、赫克歇尔、俄林、邓宁等学者都认为，一国或一个企业之所以比其他国家或企业更有竞争力，主要是因为其在生产率、生产要素或所有权方面具有比较优势。二是从国际贸易角度出发，将竞争力定义为出口份额及其增长。马库森认为在一个自由贸易的环境中，一个国家通过贸易使实际收入的增长速度高于其贸易伙伴，则说明其有竞争力。阿基米等学者为方便评价，直接将国际竞争力定义为该国出口占世界出口的份额及其增长。三是从企业角度出发，将竞争力定义为企业的一种能力，认为国际经济竞争力实质是企业之间的竞争，国际竞争力最核心的是企业的国际竞争。企业的竞争力实际上是企业的某种能力。科恩、卡米歇尔、普拉哈拉德等学者分别将企业竞争力定义为企业的赢利能力、市场销售能力、组织能力和核心能力。四是从国家角度出发，将竞争力定义为提高居民收入和生活水平的能力。美国总统产业竞争力委员会（The President's Commission On Industrial Competitiveness）在1985年的总统经济报告中将国家竞争力定义为："在自由和公平的市场环境中，提供经得住国际市场检验的产品和服务的同时，又能提高本国人民生活水平的能力。"斯科特将竞争力看作是比竞争对手更快地提高收入并通过必要的投资将这种优势保持下去的能力。五是从过程角度出发，将竞争力定义为创新能力。温特认为，竞争能力的不同是创新能力的不同，所有竞争力的差异均可通过创新历史或现在的差异来说明。这一观点是对熊彼特创新理论在竞争领域的发展。在后来的美国总统产业竞争力委员会、经济合作与发展组织（OECD）的研究报告中，均在一定程度上支持了这一观点。六是从效率角度出发，将竞争力定义为生产率或生产力。麦基、波特、克鲁格曼等认为国家竞争力的概念中唯一有意义的就是国家的生产率。七是从动态角度出发，将竞争力定义为一个过程。巴克利认为最好把竞争力看作一个过程，一个将潜力转化为业绩的过程，一个竞争潜力、竞争过程和竞争业绩相互作用的过程。八是从生产要素角度来看，将竞争力定义为对要素的吸引力。明茨认为在全球经济中，对劳动、资本、技术等要素的吸引力大，说明要素在该国的投资回报高，生产效率、创新能力和生活水平也自然高，因此这一定义更加准确。九是将竞争力定义为一种综合能力。金碚将产业国际竞争力定义为生产力、销售能力和赢利能力的综合能力。即产业国际竞争力是"在国际间自由贸易条件下，一国特定产业相对于他国的更高生产力，向国际市场提供符合消费者或购买者需求的更多产品并持续获得赢利的能力"[1]。

---

[1] 裴长洪，王镭. 试论国际竞争力的理论概念与分析方法 [J].《中国工业经济》. 2004（4）：5.

二、经济竞争力理论探究及其发展

（一）国内外竞争力研究概况

1. 国外竞争力研究概况

在政府层面，美英等发达国家最早关注竞争力的研究，并成立了政府的专门研究机构和协调机构。对竞争力问题的研究，是最近二十几年才兴起的，美国是最早关注竞争力研究的国家。1978 年，美国技术评估局（OTA）根据白宫和参议院的要求，组织有关学术机构、商业机构和政府部门开始研究美国的国际竞争能力。1979 年，美国总统签署的贸易协定（草案）明确规定：总统应向国会报告有关影响美国厂商在世界市场竞争能力的因素，以及增强美国竞争力的政策。1983 年，美国总统建立了一个由 30 名专家组成的总统产业竞争力委员会，开始专门研究竞争力问题。15 个月后，该委员会向总统提出一个报告 "Global Competition：The New Reality"，该报告全面阐述了竞争力的定义。与此同时，1982 年 1 月，在美国商务部的主持下，开始了对竞争评价项目（CAP）的研究，它着重于行业竞争能力的分析与评估。在 20 世纪 80 年代中期，日本、德国、英国也分别开始了此项研究。英国政府贸易与产业部于 1992 年开始每年提出数量不等的竞争力研究报告，如 1995 年提出 "竞争力：帮助小企业" 报告。欧洲其他国家如法国、西班牙也建立了政府的研究机构，进行国家竞争力的研究，并且每年就某一专题提出报告。如法国计划部 1992 年提出 "法国：全球竞争中的业绩选择" 报告，德国经济部 1993 年提出 "联邦政府关于保证未来德国经济的报告"。1995 年 1 月，欧盟成立了 "竞争力咨询小组"，专门向欧洲议会、欧盟首脑会议提供欧洲竞争力的政策建议。

在学术层面，20 世纪 80 年代后，竞争力成为国外学者的研究热点。20 世纪 80 年代以来，国外学者关于国际竞争力、经济竞争力、核心竞争力等方面的理论与实证研究逐渐增多。从国际贸易、生产率、价格、成本、技术创新等角度进行了产业国际竞争力的实证研究，提出了大量富有指导意义的报告。最具有代表性的学术机构是总部设在瑞典日内瓦的民间组织"世界经济论坛（World Economic Forum，WEF）"，从 1980 年开始进行工业化国家竞争力指数的排名。从 1985 年与瑞士洛桑国际管理发展学院（International Institute for Management Development，IMD）合作，每年出版《世界竞争力年鉴》，对国家的竞争力进行综合评价。1996 年，这两个组织由于对竞争力概念的理解产生分歧而分道扬镳，各自出版国际竞争力报告。这两个组织目前仍是国际竞争力研究领域最具有权威性的组织。1990 年，美国学者迈克尔·波特发表了竞争优势理论，从产业角度研究竞争力，提出了决定一国特定产业是否具有国际竞争力的"国家钻石"模型。竞争优势被引用到国际贸易、国际投资、企业战略、经济发展等各个领域，被各方面专家、学者所重视。

2. 国内竞争力研究概况

我国竞争力的研究滞后于发达国家，20 世 90 年代初，从事经济学、管理学、地理学、统计学等不同学科专业的学者分别从各自不同的角度对竞争力进行了研究。国内研究最初多侧重国家和企业的竞争力，90 年代后期，开始逐步涉及区域经济竞争力的研究。1989 年，原国家体改委与世界经济论坛、瑞士洛桑管理学院商定进行国际竞争力方面的合作研究，并于 1993 年将中国的部分数据纳入《全球竞争力报告》，1994 年我国加入该报告的分项目比较，1995 年参与全部项目比较并参加全球竞争力排序。1996 年原国家体改委经济体制改革研究院、深圳综合开发研究院及中国人民大学联合组成中国国际竞争力研究课题组，参考 WEF 和 IMD 的《世界竞争力报告》编写《中国国际竞争力发展报告》，全方位介绍中国国际竞争力的世界排名，探讨我国竞争力的优势和劣势，并据此分析了我国国际竞争力的状况，提出增强我国国际竞争力的对策及建议。1991 年，狄昂照、吴明录承担的国家科委重大软课题"国际竞争力研究"，对国际竞争力的概念、度量方法、影响因素等进行了系统研究，并构建了评价指标，进行了亚太 15 国（地区）的国际竞争力比较，并于

1992 年出版了国内研究竞争力的第一本专著《国际竞争力》。1993 年，任若恩与荷兰格林根大学国际产出与生产率比较项目（ICOP）组的专家合作，进行中国制造业各产业部门的国际比较研究，运用生产法获得国际可比的时间序列和产出数据，从相对价格水平、单位劳动成本、生产率等角度探索了中国制造业的比较优势和国际竞争力。1997 年，金碚从产业国际竞争力研究的经济分析范示考虑，对产业国际竞争力的概念、分析方法和框架进行探讨，对中国产业国际竞争力进行了实证研究，成果颇有影响。1998 年，裴长洪就利用外资和经济竞争力进行了深入研究。1999 年，邹薇应用国际竞争力显示性比较优势指标，对中国 1995—1999年的九大类产业及产品的国际竞争力进行了比较分析。2000 年，郭克莎从生产率、劳动成本、经济效益、进出口、生产规模和创新等角度进行了 1993—1998 年中国工业和世界工业的差距研究。2000 年，彭丽红从因素分析和战略分析的角度对企业竞争力的评价方法、指标体系进行了探讨。2002 年，张金昌对国际竞争力评价的理论与方法进行了全面系统的总结和评价。我国学者最初对于竞争力的研究多侧重于宏观层面的国家竞争力和微观层面的企业竞争力，直到 20 世纪 90 年代后期，才有部分学者开始涉及区域经济竞争力研究，对农业、工业、第三产业的结构竞争力和产业组织竞争力等进行了初步探讨（朱传耿，2002），有关产业、地区、企业国际竞争力的实证研究和案例研究也逐渐增多。

目前，我国地理学者主要从区域和城市的层面研究竞争力问题，有关城市竞争力、区域竞争力的研究已经比较常见（倪鹏飞等，2008）。但是，从区域（城市）层面研究，难免会陷入与从国家层面研究国际竞争力遇到的相似困境。因为区域总体实力的比较太笼统且涉及大量的、内容广泛的要素指标，所以难以深入研究；再者，一个区域也不可能使其所有的企业和行业在国际、国内市场上都具有竞争优势。所以，地区竞争力的研究只能从行业角度来考察，专注于区域产业竞争优势的培育才具有现实意义（刘光卫等，2001）。

总之，与国外相比，我国竞争力研究的特点是政府机构参与和进行的竞争力研究还较少，学术界对竞争力研究已经引起广泛重视，但宏观层面研究较为多见，落实到区域、产业、企业的竞争力研究还有待深入和加强。

（二）经济竞争力来源的理论解释

竞争力的来源归纳起来主要有成本优势理论、技术创新理论、竞争优势理论、制度创新优势理论四种基本理论（表1-1）。

1. 成本优势理论

成本优势理论认为竞争力主要来自成本优势，而成本又取决于劳动力、资源禀赋、人力资本、研究与发展、信息、技术进步和规模经济（张文忠等，2001）。该理论主要是从国际贸易角度出发，认为外贸竞争力就是国际竞争力，具有片面性，但它所提出的比较优势的思想一直是竞争力理论的重要基石。

（1）绝对（成本）优势理论

绝对优势理论源于英国古典经济学家亚当·斯密的地域分工学说。1776年，亚当·斯密在其《国富论》中提出，各国在生产技术上的绝对差异造成了劳动生产率和生产成本的绝对差异，这是国际贸易和国际分工的基础。如果一国拥有更高的劳动生产率或更低的生产成本，就称该国在这一产品上拥有绝对优势。他认为，当一国相对另一国在某种商品的生产上有绝对优势，但在另一种商品生产上有绝对劣势，则两国就可以通过专门生产自己有绝对优势的产品并用其中一部分交换其有绝对劣势的商品。

按照绝对成本优势理论，各国劳动生产率的绝对差异是国家竞争优势的源泉。一个没有任何绝对优势产品的地区就不能从贸易中获益，然而现实的地域分工与贸易并非如此。

表 1-1　对有关竞争力来源主要理论的比较与评价

主要理论			代表人物	竞争力来源	主要观点	简单评价
成本优势理论	传统国际贸易理论	绝对优势论	亚当·斯密	劳动生产率	竞争力主要由成本优势决定，认为外贸竞争力就是国际竞争力。而外贸竞争力取决于劳动力、资源禀赋、人力资本、研究与发展、信息、技术进步和规模经济	比较优势的思想是竞争力理论的重要基石。局限性：技术相同，产品无差异，要素不流动是其理论前提，把外贸竞争力当成竞争力的全部，具有片面性
		比较优势论	大卫·李嘉图	劳动生产率		
		要素禀赋论	俄林	土地、劳动、资本和自然资源		
		集聚优势论	马歇尔	生产要素集聚		
	新贸易理论	人力资本论	基辛	人力技能		
		技术差距论	波斯纳	技术差距		
		生命周期论	弗农	产品生命周期		
		规模经济论	克鲁格曼	规模经济		
技术创新理论			熊彼特	技术创新	竞争力来自技术及组织的不断创新	引入技术要素
竞争优势理论			波特	"钻石要素"间的相互作用	竞争力来源与经济资源和要素分工协作的系统化	是对传统比较优势理论的突破，具有综合性、动态性
制度创新优势理论			诺斯	制度创新	竞争力主要来自制度创新，营造促进技术进步和经济潜能发挥的环境	引入制度因素

（2）比较（成本）优势理论

大卫·李嘉图发展了亚当·斯密的绝对优势理论。1817 年，大卫·李嘉图从相对生产效率的角度提出了比较优势原理（Law of Comparative Advantage），他认为不论一个国家的劳动生产率与其他国家有何不同，一国总能找到相对自己而言具有相对优势的产品，可以生产和出口那些比较优势最大的产品，进口比较劣势最大的产品。两个国家分别用自己存在相对优势的产品进行交换，均能提高各自的社会福利。这里，李嘉图用不同于斯密的独特的比较选择方式，将不同产品的劳动成本的比率进行比较，而不是将本国某种产品的成本同国外同样产品的成本进行直接比较，选择的标准不是绝对值的高低，而是相对值的异同。

无论是斯密的绝对优势理论还是李嘉图的比较优势理论都是以同质的劳动这一单一要素为基础，把相对成本差异仅仅归结为商品生产中劳动生产率的差异，与现实不符，而且没有解释比较成本产生的原因。

（3）要素禀赋理论

1933年，瑞典经济学家俄林在其老师赫克歇尔研究的基础上提出了要素禀赋理论（Factor-Endowment Theory），解释了比较成本产生的原因，认为不同国家的技术大体相同，但它们的资源禀赋不同，即所谓生产要素如土地、劳动、自然资源和资本的拥有量不同，产品比较成本区域差异的关键原因即在于此。不同区域的各种生产要素禀赋不同，供给量较丰裕的要素，其相对价格较低，密集使用这一要素的产品的相对成本也低；而供给量稀缺的生产要素，其相对价格较高，密集使用这一要素的产品的相对成本也必然较高。各地区在密集使用其拥有量丰裕的要素的产品中具有比较优势。

要素禀赋理论和李嘉图的比较优势理论思路基本相同，都运用了相对比较原则，只不过李嘉图直接着眼于商品成本本身的差异，而赫克歇尔－俄林立足于要素配置的合理化。比较优势理论是从各国生产率的差异来解释成本和价格的差异，而要素禀赋理论是从生产产品的投入要素价格的差异来解释比较优势。

要素禀赋理论是以区域内生产要素总量既定不变且得到充分利用为出发点的短期静态比较分析。而从长期来看，各国拥有的资源量是不断变化的，并且该理论中的生产要素不包括技术要素，这与战后许多资源贫乏的国家和地区的经济飞速发展而许多资源丰富的国家或地区的经济却停滞不前的现实不相吻合，同时也无法解释20世纪60年代起快速发展的产业内贸易。

（4）集聚优势理论

马歇尔是最先注意到中小企业集聚这一经济现象的学者。他认为当企业集聚时，大量生产要素集聚所产生的相互之间的积极影响，可以大大降低生产成本，从而提高竞争能力（王缉慈，2002）。马歇尔在对英国的工业组织分析时，发现许多同类型企业存在地理集中的现象。对这种"专门工业集中于特定的地方"的集聚现象，马歇尔认为，产业区内企业获得外部规模经济主要表现在企业在产业区中获得了巨大的劳动力市场，专业化分工机会增加、专业化知识和信息扩散。除此之外，企业发展动力和竞争力还来自社会、文化、政治因素，包括诚信、商业习惯、社会关系等等。

（5）人力资本理论

美国学者基辛认为，劳动不具有同质性，作为生产要素的劳动力所具有的劳动技能存在极大的差别。工人的劳动技能、知识水平、业务能力等通常是通过教育和培训等途径获得和提高的。因此，在教育、培训等方面的投资，就如投入生产的有形资本一样，会不断取得效益。这种效益也是一种资本，称为人力资本（Human Capital），它是体现在人身上的技能和生产知识的存量。在计算某一部门的人均资本量时，不仅要计算有形资本，而且要计算该部门劳动所含的人力资本。人力资本是资本和劳动力结合而形成的一种新的生产要素，人们对劳动力进行投资，可以提高劳动力的素质，提高劳动生产率，从而对一个国家的国际竞争力产生影响。总之，人力资本论将人力资本看作总资本的一部分，将人力技能作为一个新的生产要素引入俄林的要素禀赋理论中。

（6）技术差距理论

该理论由美国学者波斯纳首先提出。他认为除了劳动和资本投入的差别外，还存在着技术投入的差别，各个国家技术创新的进展情况是不同的，因而技术领先的国家就有可能享有出口技术密集型商品的比较优势。当技术领先的国家发明出一种新产品或新的流程，且尚未被其他国家所掌握时，就会产生国际间的技术差距。当然，其他国家终究会掌握这种新技术，从而会消除差距。从某个国家新产品问世之后到其他国家仿制的产品出现以前的这段时间，由于创新国家垄断了新产品的生产，该产品自然具有出口优势。但随着技术上的国际标准化，动态的技术优势逐步消失，该国将又转而生产另一种新产品，从而产生新的出口优势。

技术差距理论是对比较优势理论的突破，它将技术因素看作竞争优势的来源之一，但未能解释技术差距为什么会出现，什么样的国家会获得技术领先的优势。

（7）生命周期理论

弗农提出了产品的生命周期理论，进一步扩展了技术差距论。该理论认为，一切产品都有创新、成长与成熟、标准化、衰亡这样一个生命周期过程。对于不同类型的国家来说，在产品生命周期的不同阶段，对生产要素存在不同的要求，其比较优势也不同。创新阶段需要大量的高级技术人才研究和开发产品；在产品生命成长与成熟阶段，该产品的生产方法逐渐扩展到国外；产品标准化阶段需要进行大规模生产，从而要求投入大量的非熟练工人、资金和原材料，因此使得生产该产品的比较利益从资本充裕国家转移到劳动充裕的国家，以致使该产品在原发明国家市场上的生命周期终止，而原发明国家反倒要进口这种产品了。

可见，产品生命周期理论是一种动态理论，它揭示了在产品生命的不同阶段，生产要素密集程度的变化过程和贸易国之间比较优势的转移趋势。该理论表明，发展中国家在生产技术已经标准化的那些产品领域是有国际竞争力的。

（8）规模经济理论

20世纪70年代以来，国际贸易的迅速发展和结构变化，发达国家间和相同产业间的贸易日益兴起，规模经济理论应运而生，其代表人物是美国学者克鲁格曼。他用内在规模经济（Internal Economics of Scale）和外在规模经济（External Economics of Scale）解释了发达国家之间和产业内贸易。基于国内市场所建立的规模经济，在产品出口之后，市场会迅速扩大。在产品生产继续存在规模经济性的情况下，产量增加使产品的成本进一步降低，增加了国际市场上的竞争能力。由于产业内产品的差异和多样性，使任何一国都不可能囊括一个行业的全部产品，在产品生产存在规模经济的情况下，竞争的结果是使一个国家专业化于产业内的某一个或几个产品的生产，国家之间进行产业内贸易成为必然。

规模优势理论表明，在资本密集和技术密集领域，专业化于生产某一种或几种产品，形成规模优势，更加有利于国际竞争力的提高。

2. 技术创新理论

技术创新理论源于美籍奥地利经济学家熊彼特。该理论认为，竞争优势主要来源于技术及组织的不断创新。1912年，熊彼特在其发表的著作《经济发展理论》中首次提出"创新"概念，并逐步形成了自己的一套技术创新理论。按照熊彼特的定义，所谓"创新"就是建立一种新生产函数，即把一种从来没有的关于生产要素和生产条件的"新组合"引入生产体系。他认为，在不存在"创新"和"企业家"的情况下，经济将处于"循环流转"的均衡状态。这种简单循环的均衡状态因"创新"的出现而被打破。"企业家"就是进行"创新"的人。所谓的"经济发展"就是整个社会不断地实现这种新组合。具体而言，熊彼特所说的创新主要包括：① 引进新产品；② 引用新技术，即新的生产方法；③ 开辟新市场；④ 控制原材料的新来源；⑤ 实现企业的新组织。熊彼特用创新理论来解释经济运动规律和社会发展趋势。在他看来，正是企业家对创新的不断追求，成为竞争力的源泉，也成为一个地区经济发展的内在动力。

3. 竞争优势理论

20 世纪 80 年代到 90 年代初，美国哈佛商学院教授迈克尔·波特先后出版了《竞争战略》《竞争优势》和《国家竞争优势》三部著作，从微观、中观和宏观三个层次较为全面地论述了竞争问题，提出了影响竞争的五种作用力（即潜在侵入者、供方、买方、替代品等）、企业的三种基本竞争战略（即成本领先、标新立异、目标集聚）和价值链分析等一系列具有新意的观点。在《国家竞争优势》一书中，波特站在国家立场讨论了如何把比较优势转化为竞争优势的问题。波特认为，国家（区域）的竞争优势是由创新机制和创新能力决定的。创新机制来源于微观、中观和宏观三个方面，其中宏观竞争机制又主要取决于四个基本因素即生产要素、需求状况、相关和支撑产业状况、企业的竞争条件和两个辅助因素即政府和机遇。波特竞争优势的决定因素的菱形模式如图 1-1 所示。在讨论生产要素时，波特专门区分了基本要素（先天拥有或不需要太大代价便能得到的，如自然资源）和推进要素（通过长期投资或培育才能够创造出来的，如人力资源、知识要素），并指出推进要素比基本要素更重要，在特定条件下，一国某些基本要素的劣势反而能刺激创新。波特主张政府应当在经济发展中起到催化和激发企业创造欲的作用。他既反对"干预主义"，同时又反对"自由放任主义"，指出政府政策成功的要旨是为企业创造一个有利于公平竞争的外部环境。他提出摒弃政府为国内少数几个企业提供特惠扶持其成长的政策，鼓励国内企业的竞争。波特认为国家竞争优势的发展可分为四个阶段，不同发展阶段，竞争优势的来源是不同的。第一阶段为要素推动阶段，在此阶段，基本要素的优势是竞争优势的主要来源；第二阶段是投资推动阶段，竞争优势主要来源于资本要素；第三阶段是创新推进阶段，在这一阶段，企业通过自己的研究、生产和开发，把科技成果转化为商品，赢得持续的竞争优势；第四阶段是财富推动阶段，国家靠吃老本维持竞争优势，竞争力逐步下降。

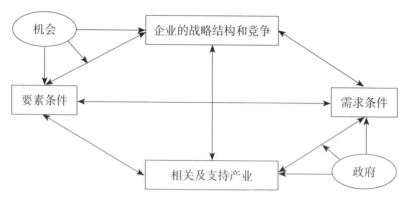

图 1-1　波特竞争优势的决定因素的菱形模式

4. 制度创新优势理论

以诺斯为代表的制度创新竞争力优势理论认为，竞争力主要来自制度创新，营造促进技术进步和经济潜能发挥的环境。1970年，美国诺贝尔经济学奖获得者诺斯和汤玛斯合作，在《经济史评论》上发表了《西方世界成长的经济理论》一文，提出了一个著名观点："一个提供适当刺激的有效制度是经济增长的关键，制度是促进经济、技术发展和创造更多财富的保证。"诺斯认为有效组织是制度创新的关键，而制度创新往往是经济组织形式或经营管理方式革新的结果。制度创新之所以能够推动经济增长是因为一个效率较高的制度的建立能够减少交易成本，减少个人收益与社会效益之间的差异，激励个人和组织从事生产性活动，使劳动、资本、技术等因素得以发挥其功能。

传统经济学的理论一般都把制度作为已知的、既定的因素或把制度作为外生变量，认为技术进步是经济增长的主要原因。传统的经济增长理论具有片面性，技术进步实际上是经济增长的表现而并非原因，因为技术进步的速度也是由制度因素决定的，必须考虑到制度因素的作用。

诺斯认为制度变迁与技术进步在推进经济增长中的作用有相似性，其表现形式都是推动经济利益最大化，只不过是创新的行为主体不同。不同的行为主体如个人团体或政府推动制度变迁的动机、行为方式及其产生的结果不同，但是都要服从制度变迁的一般规律。虽然影响经济发展的因素很多，制度却是决定经济发展的一个不可或缺的因素，而且还是最根本的因素。通过制度创新，可营造促进技术进步和经济潜能发挥的环境，从而促进竞争优势的形成和经济发展。

5. 对竞争力来源理论的评述

（1）对国际贸易观中比较优势理论的评述

比较优势理论是传统国际贸易理论的核心，国家之间之所以会产生贸易，是由于各国具有不同的比较优势，即贸易国家出口相对成本较低、具有比较优势的产品，进口相对成本较高、具有比较劣势的产品。由于对比较优势来源认识的不同，又产生了不同的学派。

古典学派的李嘉图模型认为，这种比较优势来自各国在产品生产过程中不同的劳动生产率。一国劳动生产率相对较高的产品也就是具有比较优势的产品。新古典学派的赫克歇尔－俄林模型则认为，比较优势主要是由各国的资源禀赋决定的。在技术不变的情况下，一国将出口密集使用其禀赋较丰裕的生产要素生产的产品，进口那些密集使用其禀赋较短缺的生产要素生产的产品。"二战"后出现的贸易理论，以新科技革命和国际贸易结构的变化为背景，从新的角度来分析影响一国对外贸易竞争力的因素。新要素贸易理论认为，人力资本、研究与发展（R&D）和信息等新要素能带来国际贸易的优势。技术差异理论认为技术进步对贸易具有决定性作用。产业内贸易理论认为，国际产品的异质性是产业内贸易的基础；需求偏好相似是产业内贸易的动因；规模经济收益递增是产业内贸易的利益来源。新贸易理论认为，如果国家间的要素禀赋越来越相似，市场结构从完全竞争变为不完全竞争，规模报酬递增的时候，规模经济就取代要素禀赋的差异成为推动国际贸易的原因。

总之，比较优势论是传统国际贸易理论的核心，可以说之后的所有西方主流派的国际贸易理论都是它的继承和发展。从李嘉图之后的赫克歇尔－俄林理论到产业内贸易理论，实际上都没有抛弃比较优势这一对外贸易的基本原则，而只是在造成比较成本相对优势的原因上做文章。国际贸易观认为，一国（地区）或企业的国际竞争力就是其对外贸易的竞争力，影响外贸活动的内在因素都可以用来解释竞争力的强弱。国际竞争力的强弱取决于一国或地区的劳动力、资源禀赋、人力资本、研究和发展、信息、技术进步或规模经济等方面的差异。在这些方面具有优势的国家或地区要比别的国家或地区具有更强的竞争力（胡列曲等，2001）。

外贸竞争力是一国国际竞争力的主要表现之一，它集中体现了一国输出扩张的国际竞争力。同时，对外贸易作为一国国民经济的重要组成部分，本身就影响着该国国际竞争力的强弱。一国对外贸易的成功有助于提高一国的经济绩效，有助于其国内经济实力的提高。因而使用国际贸易理论解释产业国际竞争优势有一定的适用意义。但以国际贸易理论为基础的国际竞争力观，把一国的外贸竞争力当作国家竞争力，显然是片面的和偏颇的。

（2）对波特的竞争优势理论的评述

波特把国际贸易和投资与竞争战略理论融合形成国家竞争优势理论，超越了比较优势理论，弥补了国际贸易理论的不足，成为竞争力理论发展史上的重要里程碑，其贡献表现在以下几点。

第一，比较优势的基础上提出了更为科学的"竞争优势"的概念。波特认为，国家的竞争优势是指一个国家使其公司或产业在一定的领域创造和保持竞争优势的能力，其实质上是企业和产业的国际竞争优势，它们是国家竞争力的体现和基础。有比较优势的国家不一定有竞争优势。这不仅是概念上的区分，从根本上讲，它会导致经济政策制定过程中的两种思路。很明显，以竞争优势为出发点的贸易和产业政策更具有战略眼光。

第二，该理论分析框架包括微观、中观和宏观三个层面，涉及生产要素、需求、市场、政府等各方面因素以及相互关系，具有综合性特征，更加贴近现实，也更系统和全面。

第三，波特将国家竞争优势划分为四个发展阶段，其中各个阶段的划分是对一国经济发展过程综合考察的结果，使得该理论具有较强的动态特征。

第四，国家竞争优势理论与产业经济学紧密相连。从《竞争战略》《竞争优势》到《国家竞争优势》，波特的研究逻辑线索是：国家竞争优势取决于产业竞争优势，而产业竞争优势又取决于企业竞争战略。站在产业（中观）的层面上，向上或向下扩展到国家或企业层面。

第五，该理论具有较强的政策借鉴意义。波特指出，政府的作用是为企业竞争创造良好的市场环境和制定科学的国家经济发展规划及产业发展战略。他提出的产业分析框架、竞争优势的演进规律对产业政策的制定具有较强的参考价值。

当然，尽管波特的竞争优势理论角度新奇，理论框架较为完整，仍有一些不完美之处：对于企业和产业的各种外部环境，如体制、宏观经济环境、国际资本、社会主义化状况等均能对企业和产业的国际竞争力产生重大影响的因素，重视不够，甚至是忽视了；同时其菱形模型的许多结论也未能很好地解释发展中国家的情况；再者，对于一个国家从创新阶段过渡到衰退阶段的结论也值得科学论证。

（3）对竞争力来源理论的总体评述

虽然对竞争力的研究只有不足30年的历史，对竞争力来源的理论却探讨了200余年。该理论涉及国际贸易、区域经济、技术经济、经济地理、管理学等多学科多领域，其观点异彩纷呈，有的甚至完全对立。这些理论从不同角度解释了竞争力的来源，具有明显的社会经济发展演变的印记，反映了对竞争力理论探索不断深化的过程同时也为开展竞争力的实证分析提供了理论基础。

上述关于竞争力的种种理论，均从不同视角解释了竞争力的来源，都有其科学合理性，也有其不完善之处。实际上，竞争力是由多因素综合作用的结果，地区经济竞争力既来源于比较优势，更依靠创造竞争优势才能得以实现，应在充分发挥比较优势的同时，积极创造竞争优势。

第二节　经济竞争力的评价方法及实证研究

一、经济竞争力的评价方法与模型

目前经济竞争力分析与研究尚未形成统一的模型方法，但有一点是明确的，即在评价经济竞争力时，应该采用定性与定量相结合的方法。定性、实证性的方法在经济研究分析中具有重要意义，因为经济发展和经济竞争力的影响因素中有许多因素是无法量化的，对非确定性的经济变量用专家测评的方法，较之于包含许多不确定因素的数量分析方法而言，更具科学性和实际意义。目前，常用的定性分析方法有 SWOT 分析法、价值链分析法等，常用的定量方法则包括单项指标评价法和综合评价法。

（一）以竞争结果为基础的单项指标评价法

选取能够表示竞争结果或具有显示性的指标，通过计算这项指标在不同产业层次或不同地域层次中的比重来确定经济竞争力的大小。随着经济国际化和一体化进程的加速，各种生产要素在国际间的流动不断加快，某一产业产品在国际上的进出口值能够较好反映该产业在国际上的竞争力，因此国际上一般采用不同的公式计算产业产品进出口值的比例关系，从而来确定经济竞争力的大小。常见的计算方法有四种：比较优势指数 RCA；贸易专业化指数 TSC；相对出口绩效 REP 指数和劳埃德－格鲁贝尔指数（GL 指数）。此外，也可以通过产业盈利能力、产业市场份额、产业增加值和产业的高级化程度等显示性指标揭示经济竞争力。

（二）以竞争力决定因素为基础的综合评价方法

单项指标评价方法可以反映产业在某一方面的竞争力。为了协调各分项指标之间的互补性和重叠性，弥补单项指标评价不够全面的缺憾，比较全面地反映产业的竞争力，往往还要采用综合指标评价的方法。综合评价法是将影响经济竞争力的各个因素综合起来进行评价。一般采用加权求和的方法，计算经济竞争力总指数，以此判断经济竞争力的高低。对于权重的确定，既可以采用主观权重法、层次分析法、主成分分析法、因子分析法，也可以采用等权重处理的方法。因为对经济竞争力影响因素认识的多样性，目前仍处在探索阶段，至今尚未形成统一的评价模型。国外学者从不同视角提出了不同的竞争力评价方法和指标体系。比较具有代表性的如下所述。

1. WEF 和 IMD 的国家竞争力评价体系

世界经济论坛和瑞士洛桑国际管理发展学院采用综合指标评价的方法对不同国家和地区的国际竞争力进行评价，经过探索和实践，现已初步形成了一套比较完整的评价体系，此方法目前已成为国际上比较权威的国际竞争力评价方法。总体来说，IMD 强调竞争力是一国先天资源与后天生产活动配合下所能创造国家财富的能力，较侧重静态的评比；而WEF 则强调竞争力是一国提高经济增长率并持续提高人民生活水平的能力，注重一国 5~10 年的经济成长潜力，较侧重动态的评比。

2. ICOP（International of Output and Productivity）方法

ICOP 方法是由荷兰格林根大学建立的一种国际上比较公认的工业竞争力评价方法，通过对一个特定地区与其他地区在相对价格水平、分部门的劳动生产率及全生产要素等方面进行比较来揭示该地区工业与国内外其他地区的差距。

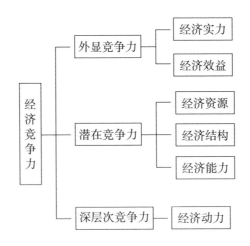

图 1-2　经济竞争力评价指标体系

资料来源：韩华林，提升经济竞争力的标准，上海经济，2001（11）

3. UNIDO 的工业竞争力指数法

联合国工业发展组织（UNIDO）运用工业竞争力指数（Competitive Industrial Performance Index）来测量国家（地区）生产和出口制成品的竞争能力。它由四个指标构成：人均制造业增加值、人均制成品出口，制造业增加值中的高技术产品比重、制成品出口中的高技术产品比重。该指数侧重对国家（地区）制造业竞争力的评价。

4. 我国学者根据对经济竞争力影响因素的不同理解而构建的指标体系

影响经济竞争力的因素是多方面的，这些因素广泛来源于对自然条件、经济发展、社会生活和政府行为的不同理解，国内学者也构造了不同的经济竞争力指标体系。陈红儿等（2002）从产业投入、产业产出、技术水平、市场绩效、可持续发展五方面考虑，建立了包含十五个指标的指标体系，并以此对浙江省的区域经济竞争力进行了实证研究。韩华林（2001）从外显、潜在和深层次三个层面构造了经济竞争力指标体系，他认为外显竞争力是基础和结果，深层次竞争力是直接动因和关键，潜在竞争力是外显竞争力的延伸和发展，同时又受深层次竞争力的制约。

陈晓声（2001）从外显、内在、制度三个层次构造其指标体系。贾若祥（2002）从竞争实力、竞争潜力、适应能力三方面设计了包含十三个指标的指标体系，并以此对济南和青岛的经济竞争力进行了比较。武义青等（2003）将竞争主体的市场现实竞争力与其在市场要素和产品中的占有规模相结合，采用市场占有率和全要素生产率两个指标的乘积来衡量竞争主体的竞争力。王秉安等（2000）提出了区域工业结构竞争力模型的构造思路，从地区工业结构的角度分析区域工业竞争力。魏后凯等（2002）认为工业竞争力是由市场影响力、工业增长力、资源配置力、结构转换力和工业创新力有机构成的综合体，并据此设计了地区工业竞争力的综合指标体系。

（三）定性分析方法之 SWOT 分析法

SWOT 法是分析一个经济主体的战略地位的重要方法，通过分析区域经济主体自身所具备的优势（S）和劣势（W）来判断经济主体的实力，通过分析经济主体所处环境的机会（O）和威胁（T）来判断环境的吸引力。经济主体自身的实力和环境的吸引力构成了该经济主体的战略地位，也可以此作为制定区域经济发展战略的出发点。

优势和劣势是自身因素，机会与威胁是面临的外在因素。优势是指经济主体的能力与资源优于对方的地方，劣势是指经济主体的能力与资源不如他人的地方，它们具有明显的针对性。机会与威胁是指经济主体所面临的环境中已经出现或即将出现的一种变动趋势或事件，如果这种趋势或事件对经济活动有利，它则是一种机会，若不利，它则是一种威胁。机会和威胁也具有相对性，其涵义有：一是环境中出现变化趋势对一部分经济主体是机会，对另一部分是威胁；二是环境新趋势本身是变化的，在一个阶段中表现出的是机会，在另一阶段中表现出的却是威胁；三是机会与威胁在很多情况下是相对于经济主体目前所执行的发展战略来说的，当经济主体发展战略作出调整时，就有可能使这种外部变化趋势的性质向其相反的方向变动。

SWOT 分析法不仅能比较清晰、全面、系统地判断区域经济战略地位，而且也为制定提升区域竞争力、发展区域经济的战略提供一个直接的思路。一个优秀的区域经济发展战略，能最大限度地集中区域自身的优势予以发挥，能有效抓住环境中的机会予以充分利用，以使区域竞争力得以极大提升，区域经济得以很好发展。（曹纯等，2002）

在此对上述区域产业竞争力测度方法进行简单评价（表 1-2）。目前，在对我国地区经济竞争力评价方面，评价指标选择的随意性较大，经济意义也不甚明确。指标体系或是照搬国家竞争力的评价方法；或是计算方法过于繁琐，选择指标过多；或是指标单一，难以全面反映地区经济竞争力的实际情况。因此，从地区特点出发，构建一个全新的地区经济竞争力评价指标体系就显得十分重要和迫切。

表 1-2　对区域经济竞争力测度方法的评价

测度方法		特点	优点	缺点
单指标法	贸易专门化指数	显示性指标	简单、直观、易操作	无法解释原因
	比较优势指数			
	相对出口绩效			
	市场占有率			
综合指标法	主观权重法	显示性与分析性相结合	可反映全面信息可解释原因	操作性差、可信度低，需大量统计数据
	层次分析法			
	主成分分析法			
	聚类分析法			
定性分析法	价值链分析	分析性	从价值增值角度说明本质情况，从优势、劣势、机会、威胁四方面展开分析	难以定量化分析，可操作性差、缺乏定量分析，难以说明具体影响程度
	SWOT 法			

二、经济竞争力评价的实证研究

（一）国外经济竞争力评价的实证研究

对于从中观层面的经济竞争力的研究，国外最有权威的还是波特的竞争优势理论。波特是第一位从产业层面进行竞争力研究的学者，他在历时 3 年、有 200 多人参与的研究课题中分析了数百个产业发展案例，比较了美国、德国、瑞典、瑞士、丹麦、意大利、英国、日本、韩国、新加坡等数十个国家后，波特认为产业成长主要受生产要素、需求条件、相关支持产业、企业竞争战略、政府和机遇的影响，即著名的"钻石模型"。他还对 10 个发达国家的竞争优势的成长过程进行了详细的分析，提出了一套新的产业集群分析方法，并对所选的 10 个国家的产业进行了具体剖析，所有这些案例及方法研究都值得学习和借鉴。

（二）我国经济竞争力评价的实证研究

我国对区域经济竞争力的研究起步较晚，开始于 20 世纪 90 年代中期，主要是借鉴波特的竞争优势理论及国际贸易、区域经济、经济地理学的理论对我国的区域经济竞争力进行实证研究。目前研究主要集中在以下几个方面。

1. 对地区整体经济竞争力的评价

张为付等对全国 17 个城市的经济竞争力进行了综合评价分析；吴照云等（2001）对我国欠发达地区的经济竞争力进行了实证研究；魏后凯等（2002）对我国 31 个省区工业竞争力进行了评价；马银戍（2002）对中国地区工业竞争力进行了统计分析；张为付等（2002）对南京市的经济竞争力进行了研究。

2. 对地区内的具体经济竞争力的评价

即对区域内具体产业如工业、高新技术产业、旅游业、制造业等竞争力的评价。谢章澍等（2001）从产业内生竞争力与外生竞争力两方面分析，构建了一套评价高新技术的产业竞争优势的指标体系，以此对闽台高新技术产业的竞争优势进行比较分析；黄花叶等（2002）对湖北省的电子经济竞争力进行了实证研究；张金华等（2002）、贾若祥等（2002）分别对江苏省和济南、青岛市的制造业竞争力进行了研究；浙江经济竞争力比较研究课题组（1997）对提升和培育浙江省的工业竞争力进行了实证分析；孙鸿武（2003）对提高天津的汽车经济竞争力进行了研究。

3. 对技术创新与地区经济竞争力的研究

陆立军等（2001）、樊杰等（2004）对我国东部沿海发达地区中小企业技术创新与地区经济竞争力和区域经济发展进行了研究，认为在经济日益全球化、科技迅猛发展的今天，技术创新是地区经济竞争力的源泉。随着经济全球化进程的深入和国内市场经济体制的健全，我国地区经济发展面临越来越大的竞争压力。一个区域在全球或国家（地区）经济产业链和劳动地域分工中的地位，主要取决于区域产业竞争优势，而技术创新能力是构成竞争优势的核心因子。

4. 对外商直接投资与地区经济竞争力的研究

裴长洪（1998）对利用外资与经济竞争力关系进行了研究；刘光卫等（2001）提出和评价了研究跨国公司对投资地经济竞争力影响的五种方法，并以上海浦东新区为例，运用竞争力系数方法分析了跨国公司对浦东行业整体竞争力的影响。认为外商直接投资可以更直接、更迅速地提高当地的经济竞争力，但是要想持续和长远地提高地区的产业竞争能力，还必须依靠自身的力量。

5. 对地区内产业组织竞争力的研究

主要侧重于产业集聚与地区经济竞争力关系的探讨。傅京燕（2003）对中小企业集群与产业竞争优势的关系进行了研究；周国红等（2003）对科技型中小企业集群的区域经济竞争力进行了研究，她认为产业集群是提升地区经济竞争力的有效组织形式。

6. 制度创新与地区经济竞争力的研究

制度创新是培育和提高区域产业与企业核心竞争力的有效途径。徐云峰（2001）对制度因素与西部区域产业竞争优势培育进行了实证研究。

三、对目前竞争力研究的总体评价

目前国内外尤其是国外竞争力的研究已经达到了较高水平。从研究内容来看，既有对竞争力概念、来源、影响因素、形成机制和发展阶段的理论研究，又有对经济竞争力的实证研究；从研究方法来看，既有一般定性的描述和逻辑推理，又有各种竞争力评价指标体系和评价模型的运用；从研究范围看，既有针对宏观层面上的对国家（区域）经济竞争力的研究，又有较为微观的企业竞争力的研究。

我国对于经济竞争力的研究时间不长，从 20 世纪 90 年代中期以来，竞争力问题已成为国内经济学、区域经济学、经济地理学、管理学等学术界研究的热点问题之一。目前国内竞争力的理论与实证研究都相对薄弱，主要是借鉴和引用国外的相关理论对中国特定区域进行实证研究。

经济地理学者对经济竞争力的研究大多数还只停留在经济竞争力的测度和评价上。他们主要是以经济地带、经济区、省区、城市为单位，进行了经济竞争力测度评价和竞争力地域比较的实证研究。对于我国地区经济竞争力形成的区域条件和动力机制是什么，我国地区经济竞争力的发展阶段应该如何评判，不同类型地区经济竞争力应如何培育等问题缺乏深入研究和探讨。波特等学者建立的竞争优势理论多是根据发达国家的发展总结归纳的，对于中国这样一个地域广阔、发展不均衡的发展中大国来说，显然不能完全照搬，不能用来直接指导我国地区经济竞争力培育的实践，而目前国内现有的研究又十分匮乏，未能提供明确的答案。这正是本书试图回答和解决的问题。

第二章
海洋经济竞争力的概念及内涵辨析

第一节　海洋经济竞争力的内涵辨析

海洋经济竞争力的内涵是多角度、多层次和动态的。根据国内外学者对经济竞争力内涵的认识，本书可以将海洋经济竞争力的内涵归纳为以下四个方面。

一、竞争层次辨析

从竞争层次性看，海洋经济竞争力可以分为宏观、中观和微观三个不同层面，即国家海洋综合经济竞争力、海洋产业经济竞争力、海洋经济企业竞争力三个不同层次（图2-1）。海洋经济企业竞争力是微观层次的竞争力，指一个海洋经济企业能够长期以比其他海洋经济企业（或竞争对手）更有效的方式提供市场所需要的产品和服务的能力。海洋经济产业竞争力是位于国家和企业之间的中间层次，是一个沿海或海洋国家（地区）的海洋综合竞争力在各个海洋经济产业中的具体体现。它既和海洋经济企业竞争力紧密相连，又和特定国家海洋综合竞争力密不可分，是联系海洋经济企业竞争力和国家海洋综合竞争力的纽带。沿海或海洋国家（地区）海洋经济竞争力则是海洋综合竞争力，是宏观层次的竞争力。海洋经济产业竞争力增强的基础是区域内海洋经济企业竞争力的增强。众多海洋经济产业竞争力的增强则可提升国家海洋经济竞争力。三个层次竞争力的内涵、侧重点不同，但又彼此联系、融合。海洋经济竞争力的三个层次，越是宏观越具有综合性和社会性；越是微观越具有具体性和经济性。

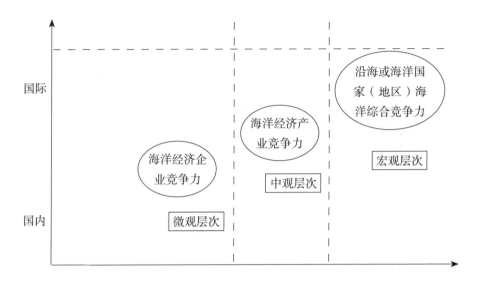

图 2-1　海洋经济竞争力的层次性和空间性

二、竞争空间辨析

从竞争空间来看，海洋经济竞争力有国与国之间的国际海洋经济竞争力和一个国家内沿海地区间的区域海洋经济竞争力两个层面。国与国之间的国际海洋经济竞争力指特定的沿海或海洋国家的海洋综合力量在国际上的竞争力。从世界海洋领域来看，目前虽然有领海和专属经济区域的划分，但是世界海洋具有一体性，海洋资源具有流动性，更为重要的是，公海在目前海洋面积中占绝大多数，这些因素决定了目前沿海国家对绝大部分海洋资源的实际归属权处于强者多食的状态。因此，一个特定的沿海或海洋国家的海上军事、政治力量、海洋资源探测和开采的科技能力在评价一个沿海或海洋国家的海洋经济竞争力时起到决定性的作用，因为这直接决定了一个特定沿海国家或海洋国家对海洋资源的控制情况和该国海洋资源的实际禀赋情况。国与国之间的国际海洋经济竞争力在宏观层次上应该指特定的国家海洋综合力量在国际上的竞争力，而不能单纯指这个特定国家在海洋经济产业的国际竞争力。一个国家内沿海地区间海洋经济竞争力是一国内部特定沿海区域的海洋经济产业在国内市场（即区际市场）上的竞争力，简称区域海洋经济竞争力。从本质上看，特定区域海洋经济竞争力指在一国内部各区域之间的竞争中，特定沿海地区的海洋经济产业在国内市场上的表现和地位。这种表现或地位通常是由该地区海洋经济产业所提供的有效产品或服务的能力具体显示出来的。国与国之间的国际海洋经济竞争力是以海洋经济为主体的综合性概念，区域海洋经济竞争力是单纯的海洋经济概念。

三、竞争内容辨析

从中观层次研究分类看，海洋经济竞争力包括海洋经济产业总体竞争力和具体海洋经济竞争力。海洋经济产业总体竞争力是指综合考察区域内第一产业、第二产业和第三产业后，得到的区域内海洋经济产业整体竞争能力。具体海洋经济竞争力是指区域内具体某一产业的竞争力，如海洋高新技术产业的竞争力、海洋渔业竞争力。这个可以用市场占有率、产业集中度等指标评价该产业不同地区间的竞争力。也可以通过产业贡献率、产业成长情况等指标判别某一区域不同产业之间的竞争力。

从宏观层次来看，海洋经济竞争力包括以经济为主体的海洋综合竞争力和单纯的海洋经济综合竞争力。从中观层次来看，海洋经济竞争力包括海洋产业结构竞争力和海洋产业组织竞争力。海洋综合竞争力主要是研究一个特定的沿海或海洋国家在以经济为主体下的海上军事、政治和对全球海洋资源的实际控制、获取能力以及在获得海洋资源以后进入经济领域转化成产品在国际间的服务能力。海洋经济综合竞争力主要研究一个国家或地区将海洋资源转化为产品在国际间的服务能力，海洋综合竞争力与海洋经济综合竞争力之间是集与子集的关系。海洋综合竞争力对一个国家的海洋经济领域竞争力起到根本性的作用。海洋产业结构竞争力主要研究区域内各海洋产业所占区域内生产总值的比例及相互间的比例关系是否合理，以及对区域竞争力所产生的影响；产业组织竞争力是研究一个区域通过一定的组织形式把生产同类商品或生产具有密切替代关系的商品的企业整合起来实现资源优化配置的能力，是仅仅改变了产业组织形式而获得的竞争力。

第二节　海洋经济竞争力概念的界定

海洋经济是一个相对于陆地经济的一个相对性概念，它不是指几个海洋产业经济的总和，它是指人类利用海洋和海岸带的一切资源的所有的经济活动或与经济有关的活动。它在概念和内容的划分上与工业经济、农业经济、知识经济等经济领域有着本质的区别。海洋经济竞争力从不同层次、不同角度上研究，其内容和重点都有所不同，因此其竞争力评价指标和内容也有区别。本书主要以山东沿海地区为研究对象，从宏观和中观层次研究山东省海洋经济的竞争力。海洋经济竞争力有国际竞争力和区域内竞争力之分，对于不同层次、不同角度的研究，其立足点也不一样。但由于受数据和资料限制，本书主要以山东省沿海地区与我国沿海省市作为竞争力的比较优势研究基础。随着国内市场的进一步国际化，本书没有将山东省海洋经济竞争力的国际竞争力和区域内竞争力作特别的区分。

因此在上述框架下，本书根据经济竞争力的概念起源与发展以及国内外有关专家近年对经济竞争力的相关研究，结合海洋经济的自身特点和内容，将海洋经济竞争力定义如下：海洋经济竞争力是指在商品经济社会中，沿海国家或地区在以海洋和海岸带的一切资源为基础的所有的经济活动或与经济有关的活动中，为人类生存和发展提供直接有效资源的综合服务能力。在内容上具体表现为：沿海国家或地区对海岸带和海洋资源的获取、控制、吸引能力；沿海国家或地区在将所获取、控制、吸引的海岸带和海洋资源转化为人类生存和发展所需的直接有效资源的过程中的效率和创新能力；以及沿海国家或地区将所获取、控制、吸引的海岸带和海洋资源转化为人类生存和发展所需要的直接有效产品的综合服务能力，即产品在国际经济交流中的市场占有能力。本书主要研究山东省海洋经济的竞争力，即研究山东省在以海洋和海岸带的一切资源为基础的所有的经济活动或与经济有关的活动中，为国家和社会发展提供直接有效资源的综合服务能力。

第三节　海洋经济竞争力评价理论框架和特征

一、海洋经济竞争力评价的理论框架

（一）竞争力多因素协同发展理论

协同理论认为，在一个原本无序或有序的开放体系中，通过外部控制参量的变化达到一定阈值，使系统内的各子系统之间产生竞争与合作，最终由几个参量支配着整个系统朝着更为有序或者更为高级的有序方向发展，从而达到一定功能的有序结构。随着控制参量的连续变化，系统活动也相应地由简单到复杂、从低级向高级演化。海洋经济竞争力本身也是一个由内部因素和外部因素有机结合的综合系统，海洋经济竞争力的提高过程也就是一个实现各因素协同发展的过程。海洋经济产业正是通过与其外部环境进行物质、信息、能量交换，使得内部协同效应逐渐增强，海洋经济产业的综合竞争力得到不断提高。

（二）竞争力理论来源的多样性

海洋经济竞争力的理论来源具有多样性（图 2-2）。在以海洋实物产品生产为主的经济发展阶段，斯密的绝对成本优势理论、李嘉图的相对成本优势理论以及马歇尔的集聚优势理论认为，产品成本是竞争优势的决定因素，竞争力强主要取决于因资源禀赋或者企业的生产要素集聚而建立的成本优势；以熊彼特理论为基础的技术创新理论认为，竞争力主要来自技术组织的不断创新；以波特为代表的系统性竞争优势理论认为，竞争力主要源于经济资源和要素分工协作的体系化；以诺思为代表的制度创新竞争优势理论认为，竞争力来自制度创新，营造促进技术进步和经济潜能发挥的环境。以上各种关于竞争力的理论，具有明显的社会经济发展的演变印记，反映了对经济竞争力理论探索不断深化的过程，同时也为开展竞争力的测度评价和实证研究提供了理论基础。

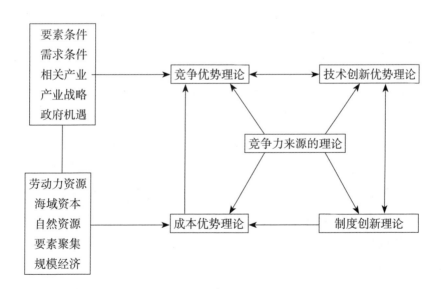

图 2-2　竞争力理论来源的多样性

二、海洋经济竞争力的特征

（一）综合性

海洋经济竞争力是一个综合性的概念，它是由海洋自身的特点和海洋经济竞争力的诸多因素共同作用、综合影响的产物。这些影响广泛存在于海洋的自然条件、社会生活和政府的行为之中，构成了影响海洋经济竞争力的基本要素合集。海洋经济的竞争力正是在自然、经济、社会多种因素共同作用下的结果。海洋经济竞争力的综合性主要表现：作为一个由多种因素耦合作用的有机系统，海洋经济竞争力在不同层次、不同空间、不同角度的内容各不相同，而不同层次、不同空间、不同角度的不同内容之间相互影响、相互关联，海洋经济竞争力的整体效应远远大于各部分内容和各因素的简单相加，忽视或者片面强调任何一个要素，都会影响海洋经济竞争力的整体功能和结构。

（二）动态性

海洋经济竞争力的形成是一个动态过程，在各个沿海地区的海洋经济的不同发展阶段，海洋经济竞争力的影响因素的组合方式和作用程度不同，导致了不同沿海地区海洋经济竞争力的差异。从空间上来看，一个沿海地区的海洋经济竞争力有一个从地区内部之间的竞争发展到地区之外的国际竞争的演变过程。从时间上看，不同的经济发展阶段对海洋经济竞争力的影响要素的要求程度是不同的。比如说，在人类对海洋开发的初期，以劳动密集型产业为主，人类从事海洋经济活动的范围主要在沿海地带，主要从事对海洋资源的直接原始采集。这时决定其经济竞争优势的因素主要是自然条件、劳动力成本等等。随着人类对海洋资源的需求和依赖程度的提高及沿海地带海洋资源的不断枯竭，人类对海洋的开发进行深化。人类从事海洋经济活动的主要范围是近海或各自的专属经济区。这时人类不可能再简单地从海洋获取资源，人类必须要有一定的投入才能够获取需要的海洋资源，这时的竞争力主要体现在一个地区的资本实力和技术实力。随着人类对海洋开发的进一步深化，人类对海洋的开发已经从近海走向深海，这时一个地区面临的不仅仅是对海洋资源利用效率的竞争，而且还面临着这个地区从事海洋经济活动的范围和对海洋资源的获取能力的竞争。这时对一个地区的资金、科学技术、海上综合力量都有很高的要求。因此，一个地区的海洋经济竞争力的高低不是一成不变的，可以通过改变竞争力的影响因素的组合方式与作用强度，来提高一个沿海国家或地区的海洋经济竞争力水平。

（三）国际性

世界海洋的整体性和不可分割性决定了世界各沿海国家或地区在从事海洋经活动时的一体性。随着世界各沿海国家或地区对海洋开发的深入，世界各沿海国家或地区从事海洋经济活动的范围逐渐扩大，它们在环境、资源、技术等方面都存在竞争与合作。海洋经济活动的国际性决定了海洋经济竞争力的国际性。随着全球经济一体化进程的加速，世界各沿海国家或地区在海洋经济竞争领域的面更广、层次更深，其主要表现在对海洋资源的有效控制和获取及海洋产业市场的争夺。海洋经济竞争力主要体现在海洋军事竞争力、海洋资源的探测和开采竞争力，以及海洋产业产品的国际竞争力。

第四节　海洋经济竞争力的影响因素

一、影响因素的构成

海洋经济竞争力是在自然资源、经济、科技、社会文化等多种因素综合作用下形成的。波特于 1990 年在其"钻石理论"中提出了影响产业竞争力的六要素，而后邓宁将"跨国公司的商务活动"作为另外一个外生变量引入，对钻石因素作以补充。回顾近些年关于经济竞争力的研究，都未超越 Porter-Dunning 模型的思维框架。本书研究借鉴 Porter-Dunning 理论，结合海洋经济的自身特点，将海洋经济竞争力的因素分为两大类，即核心驱动因素和一般影响因素（图 2-3）。

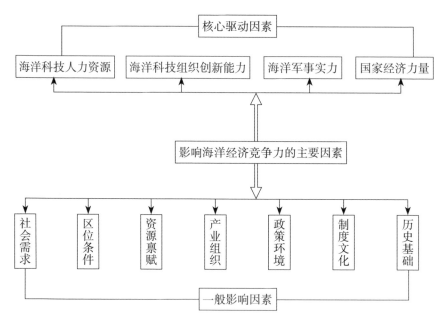

图 2-3　影响海洋经济竞争力的主要因素

核心驱动因素是指对于海洋经济竞争力起到根本性、关键性作用的因素，主要包括海洋高级科技人力和专业人力资源（用 R&D 科学技术专业人才占整个行业从业人员的比例来表示）、海洋科技组织创新能力、海洋军事实力、国家经济力量四种因素。除了这四种核心驱动因素外，社会需求、区位条件、资源禀赋、产业组织、政策环境、制度文化、历史基础等对一个地区的海洋经济竞争力也产生重要影响。

由上可见，影响海洋经济竞争力的因素是多方面的。既有主观因素，也有客观因素；既有总量方面的影响，也有速度、结构、效率等方面的影响；既有体制方面的制约，也有管理方面的制约。这些影响因素广泛存在于自然条件、社会活动和政府行为之中，构成了影响海洋经济竞争力的基本因素合集。

二、主要影响因素的辨析

1. 海洋科技组织创新能力

海洋科技组织创新能力是海洋经济竞争力的核心驱动因素，它是提高一个地区海洋经济竞争力的关键因素和根本要素。由于海洋的特殊环境和特殊条件，人类向海洋迈出一小步就必须有强大的科技为支撑。海洋科技组织创新能力存在两层含义。第一，人类要开发海洋、利用海洋，从海洋中获得生存发展的资源，首先必须认识海洋，因此具备对海洋的探索、探测技术创新能力和获取海洋资源的技术创新能力是人类海洋科技组织创新能力的重要组成部分。第二，人类获取海洋资源后，将海洋资源转化为人类赖以生存和发展的直接资源的能力是人类海洋科技组织创新能力的另一重要组成部分。这两个方面的海洋科技组织创新能力每一次获得新的突破，都会对海洋经济产生深远的影响。海洋经济产业本身就是一个以科技创新为支撑的科技产业，海洋科技组织创新能力的不断进步和发展是海洋经济保持和提高竞争力的源泉。如果一个沿海国家或地区在海洋科技组织创新能力上具有比较优势，就意味着这个地区的海洋经济存在着潜在的竞争优势。

2. 海洋高级科技人力和专业人力资源

一个沿海国家或地区的海洋高级科技人才和专业人力资源的质量、数量与迁移对该区域的海洋经济竞争力具有重要的影响。其中，人才的身体素质、思想观念、文化素养、科学素养和技术素养等直接影响着该地区海洋经济竞争力的形成。人是一切海洋经济活动的主体，任何科学技术的产生和运用都需要经过人的具体行为后才有可能将理想目标变成现实。一个海洋国家或沿海国家在海洋经济等多方面的竞争归根到底就是人才的竞争，一个涉海地区没有一支强大的海洋高级科技人才和专业人才队伍，该地区在海洋经济领域的竞争优势就无法形成和延续，其竞争力也无法存在了。

3. 国家经济力量

海洋经济是人类经济活动从陆地向海洋的延伸，一个海洋国家或沿海国家的经济力量对该国在海洋领域的竞争力有很大影响。资本是人类从事经济活动的重要因素之一，对于一个国家和地区，无论是人才的培养还是科研的投入，都离不开资本的投入。人类从事一切的经济活动有两个关键的因素，一个是人的因素，一个是物的因素。人得到资本的投入，经过培养具备了利用物的创新能力，这时人就成了人才，通过人在对物的利用中的创新使物的价值得到了增加，也就实现了社会经济的发展。因此，人没有物，就不可能实现其创新能力；物没有人，就不可能实现其增值。所以，没有资本的因素，海洋高级科技人力和专业人力资源也就无从谈起。另外，不管是海洋产品的生产制造还是相关企业的技术创新、人力资源的优化、产品的市场推广和营销等各个环节都需要资本的投入。因此，一个海洋国家或沿海国家的经济力量决定了它在海洋经济领域的投资能力或融资能力，而该地区在海洋经济领域的投资能力或融资能力对该地区海洋经济竞争力的影响又是巨大的。

4. 海洋军事实力

海洋军事实力是影响一个海洋国家或沿海国家的海洋经济产业竞争力的重要因素之一。在通常情况下，人们认为军事可能是经济发展的负担，但是对一个海洋国家或沿海国家来说，海上军事力量对其经济的发展是至关重要的。海洋经济是大陆经济的延伸，但是它与大陆经济有所不同。首先，大陆经过人类几千年的经营，国家和行政区域的划分已经定型，大陆资源所有权的归属在国际法上已经很明确，各主权国家和地区对自己的资源基本实现了实际控制。但对于海洋国家或沿海国家来说，其海洋资源除了海岸带和专属经济区有了相应的国际法的确认，对于海岸带和专属经济区以外的海域的资源，目前实际上还是处于强者多食、能者多获的状况，因此海上军事力量直接关系到一个海洋国家海上资源的实际控制能力。另外，海上军事力量是海洋经济安全的强大的保障，世界上没有一个国家或商人愿意把资本投到一个没有安全保障的地区。更直接地说，国与国在海上的竞争，其实质是对海洋经济资源控制的竞争，而军事往往是解决矛盾的最直接的和最后的手段。一个海洋国家要想在海洋经济上有竞争力，就必须在海洋资源的有效控制上有比较优势，而这个目标只有靠强大的海上军事力量才能够得到真正的实现。海上军事力量是一个海洋国家经济竞争力的最后保障。

5. 社会需求

海洋经济竞争力的强弱最终要由市场来检验。从经济竞争力概念的起源研究来说，首先将经济竞争力定义为一种比较优势，而比较优势的表现要通过经济市场的交流得以实现。社会对某一地区的海洋产品和服务需求大，其占有的市场份额就高，其所获得的实惠资源则多，则表明该地区的海洋经济产业具有竞争优势。社会需求既是经济竞争力提高的结果，也是竞争力提高的动力和源泉。人类一切经济活动因社会需求的存在而生，因社会需求的消失而消失。

6. 区位条件

区位因素是指一个海洋国家在世界海洋经济体系中所处的地位，包括其所处的海洋地理位置、交通状况、通讯信息情况等。随着海洋开发的不断深化，交通、信息业的迅猛发展，空间作用逐步下降，但其对一个地区的海洋经济竞争力的影响仍然不可低估。随着海洋科技的发展，海洋经济产业的开发深度和广度进一步加强，世界信息技术迅速发展和广泛运用，世界经济全球化、一体化进程不断加快，海洋经济领域的生产要素的空间流动范围也不断加大，区位因素通过影响经济要素的流通成本而作用于经济竞争力。区位优势可以提高该地区的海洋经济感应度，降低经济生产要素的流通成本，使该地区能够充分利用其外部环境，从而提高其海洋经济竞争力。

7. 资源禀赋

海洋资源是一个海洋国家或地区海洋经济竞争力形成和提高的自然物质基础。尽管随着海洋科技技术的提高和生产水平的提高，海洋经济出现了从海洋资源型经济向知识型经济的转变，海洋经济市场的全球一体化使海洋资源逐渐失去了传统地理位置因素的束缚，一个地区对地方海洋自然资源和整个海洋资源的直接依赖程度在减弱。但从根本上，任何海洋国家和地区海洋经济的发展与其竞争力的提高仍然无法完全摆脱海洋自然资源因素的影响。人类要充分科学认识海洋自然资源因素的基础作用，既有利于海洋国家在发展海洋经济时防止忽视海洋自然资源的条件，盲目地追求该地区海洋经济超常规、超规模、跳跃式的发展；也有利于该地区对海洋自然资源环境的保护，走科学的、可持续的海洋开发道路。

8. 产业组织

从海洋经济竞争力的中观层次上研究，海洋产业组织因素对海洋经济竞争力有很大的影响。海洋产业组织是指海洋产业内各个海洋企业的组织关系以及各海洋企业规模的大小等。它是提高海洋经济竞争力的微观基础。海洋产业组织效率从两个方面来影响海洋经济竞争力。其一是海洋产业竞争性组织结构。有效的海洋竞争市场和海洋产业结构是增强海洋经济竞争力的关键因素。市场结构的特征之一就是竞争，海洋经济竞争力来源于海洋产业市场竞争环境的存在和创造，这是一条普遍规律。其二是海洋产业集成和产业规模。产业集成是指各海洋企业科学地、有机地集成。产业规模分为海洋企业内部规模和企业集成后的企业外部规模。科学有机的海洋产业集成和合理的海洋产业规模可以降低成本，提高资源的利用效率和生产效率，从而使这个地区的海洋经济竞争力得到提升。

9. 政策环境

一个海洋国家或地区的海洋战略和政策是影响该地区海洋经济竞争

力最为活跃、最直接的因素。从海洋经济竞争力的宏观层次上研究，一个国家的宏观的海洋经济政策是一种政府行为，尤其是在经济发展以国家宏观调控为主的国家，国家宏观的海洋经济战略和经济政策对该国的海洋经济发展的基本格局产生了决定性的影响，并对该国的海洋经济发展提供了相应的竞争环境；从中观视角来看，一个地区可以在国家的海洋战略和宏观海洋政策的指导下，结合本地区的实际情况，充分利用当地的各种资源，制定相应的财政、货币、投资、产业政策，促进主导海洋产业群、辅助海洋产业群和基础海洋产业群的形成，提高海洋综合经济竞争力；从微观上来看，通过制定企业发展政策，优化企业结构，增强企业发展活力，为地区海洋经济竞争力的形成提供微观基础。一个地区海洋战略和海洋经济政策的制定，最终目的是优化海洋资源配置。一个地区不同层面上的海洋经济政策，最终均会对该地区的海洋经济生产要素中的人的行为产生重要的影响，并由此影响该地区的海洋经济竞争力。在商品经济条件下，要提高海洋经济产业的市场竞争力，首先要为海洋经济产业提供公平的市场竞争环境。

10. 制度文化

经济的发展与一个地区的文化传承密切相关，并且随着经济的发展，文化的影响力逐渐增加。首先，海洋对每一个海洋国家或沿海国家的生存和发展的影响是不一样的，因此各自的海洋文化和海洋意识也不尽相同，而一个地区的文化决定了这个地区的人的意识，而人的意识往往又决定了一个人的思维和行为，因此不同地区的海洋文化的底蕴和特色可以体现不同的海洋经济特点。其次，不同的社会文化背景导致了人们社会价值观的差异。通常经济经营者的精神被认为是经济竞争力的重要因素，而一个地方的文化背景则是培育经济经营者精神的重要环境。制度文化氛围通过影响经济活动要素中的人的观念，进而对一个地区的经济竞争力产生深刻的影响。目前世界上许多经济发达国家的发展实践表明，其经济发展在世界范围内的竞争都要经历三个阶段：第一阶段是资源、技术和资本的竞争；第二阶段是市场、管理和人力资源的竞争；第三阶段则是文化的竞争。

11. 历史基础

历史经济基础主要表现在一个地区历史遗留的海洋经济的精神基础，如一个地区历史上的海洋经济产业发展水平、海洋经济实力、基本建设情况。比如某个地区在历史上曾经是一个航海大国、渔业大国，海洋经济产业非常发达，后来由于各种因素海洋经济产业衰落，这种历史的痕迹对一个海洋地区的海洋经济发展有着深刻的影响。

第三章
海洋经济竞争力评价模型的构建

上两章对海洋经济竞争力的理论认识，以及对其内涵、特征、影响因素进行了系统分析，为海洋经济竞争力的评价提供了概念基础和理论支撑，也从方法论的角度为海洋经济竞争力的评价奠定了基础。以下将根据海洋经济竞争力协同发展等理论，在科学把握海洋经济竞争力的内涵、客观反映海洋经济竞争力的基础上，初步构建海洋经济竞争力的评价模型，为我国沿海省市海洋经济竞争力的评价和研究提供理论依据。

第一节　评价指标体系

一、评价指标的功能

海洋经济竞争力是对一个海洋国家（地区）在海洋经济领域的综合力量的评价。海洋经济竞争力具有综合性、动态性和国际性的特点。为客观、准确地反映一个海洋国家或地区在海洋经济领域的竞争力的强弱和发展潜力大小，该评价指标体系应该包含以下几个方面：① 该地区海洋经济竞争力的现状和水平；② 该地区海洋经济竞争力的提高和变动情况；③ 该地区海洋经济竞争力未来发展的潜力；④ 该地区海洋经济竞争力未来发展潜力的发挥与现实条件的差距情况；⑤ 该地区海洋经济整体竞争力与各部分竞争力的协调性。

二、评价指标的逻辑关系

从理论上看，海洋经济竞争力是海洋经济活动中各种经济因素内在逻辑联系所产生的综合力的结果，这是海洋经济竞争力评价指标体系建立的基础。海洋经济竞争力评价指标体系从逻辑上可以分为两大类，即表现性指标和因果性指标（图3-1）。

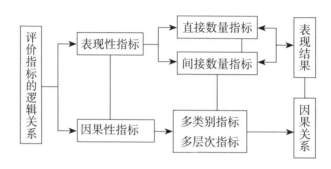

图3-1　海洋经济竞争力评价指标之间的逻辑关系

表现性指标反映的是该地区海洋经济竞争力的竞争结果的最终表现。它可分为直接数量指标和间接数量指标。直接数量指标如该地区的海洋经济产品的市场占有率等可以直接量化的指标。间接性指标如该地区从事海洋经济经营的企业家的精神、企业理念、管理水平、品牌价值等一些无法具体量化的指标。对于这些不能直接量化的指标，通常可以通过问卷调查等形式进行间接的量化。因果性指标则是反映了一个地方海洋经济竞争力的源泉和决定因素。通过该指标可以更加详尽地反映一个地区海洋经济竞争力的实际情况。从而找到该地区海洋经济产业竞争力具有或缺乏的内在因素，也是对表现性指标的数量的因果解释。

三、海洋经济评价指标体系设置原则

海洋经济竞争力是海洋经济活动中各种经济因素内在逻辑联系的综

合系统，因此，对海洋经济竞争力的评价应该从多层次、多角度出发，对该综合系统的整体综合能力进行全面考察，这就需要构建一个多层次的综合性指标体系。在指标体系的构建中，应遵循以下主要原则。

1. 科学性原则

该指标体系应该建立在科学的基础上，评价指标的选择、权重的确定、数据的选取及计算必须以科学理论为依据，以较少的指标规范准确地反映出海洋经济竞争力的基本内涵和要求。

2. 系统性原则

该指标体系应尽可能全面地反映海洋经济竞争力的特征，避免片面性。体系中各指标之间要相互联系、彼此配合、各有侧重，从不同角度反映一个地区海洋经济发展的实际情况。

3. 动态性原则

该指标体系要充分考虑海洋经济竞争力的动态变化，既要综合反映一个地区海洋经济竞争力的现状，也要能反映其未来的发展趋势，便于预测和管理；同时，还要在一定时期内保持该指标体系的相对稳定性。

4. 可操作性原则

该指标体系应该具有较强的可操作性。所选取的指标最好能够从各种统计资料上直接获得或者通过计算后获取，使理想化的指标体系能够现实化，并且可以进行量化计算。理论上的重要指标如企业家的能力、文化制度，现有数据库没有，又无法准确量化，一般应予删除或者找其他指标替代。

此外，评价指标的经济内涵要明确，口径要一致，核算和综合方法要统一，以达到动态可比性，保证指标比较结果的合理性、客观性和公正性。

四、海洋经济竞争力评价指标体系框架

（一）海洋经济竞争力评价指标体系总体框架

根据目前海洋经济发展的现状和特征，在竞争力协同发展等理论的

指导下，科学把握海洋经济竞争力的内涵，遵从科学性、系统性、动态性、可操作性原则，设计海洋经济竞争力综合评价指标体系的总体框架，初步考虑海洋经济竞争力综合评价体系指标由三个层次、十七个模块构成（图3-2）。

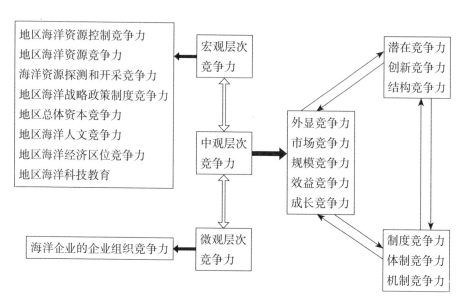

图3-2　海洋经济竞争力评价指标体系总体框架

资料来源：作者自绘

　　海洋经济竞争力的评价可以从三个层次入手。第一个层次是宏观层次竞争力，即一个沿海或海洋国家（地区）的海洋经济综合竞争力，它主要是一个地区在海洋经济领域的总体性、全局性的竞争层次，它是地区之间在海洋经济领域展开竞争的决定性和根本性的力量，它主要体现为一个地区的资源优势、资源控制优势、资源探测和开采优势、海洋战略和政策优势、人文优势、区位优势、传统经济优势、海洋科技和专业人才优势八个模块。

　　第二个层次是中观层次竞争力，即一个地区的海洋产业经济竞争力，它是一个沿海国家（地区）或海洋国家（地区）海洋综合竞争力在各个海洋经济产业中的具体体现。它是联系海洋经济企业竞争力和国家海洋综合经济竞争力的纽带。这个层次又可以分为三个层面。第一个层面是外显竞争力，即所研究地区的所有海洋经济产业的产品和服务在市场竞争中所表现出来的满足市场需求、争夺市场的能力，它是海洋产业经济竞争力的最直接的表现，其中包括产品和服务的市场占有力、效益竞争力、规模竞争力和成长竞争力四个模块。第二个层面是潜在的竞争力，它是一个地区的海洋经济产业外显竞争力的主要支撑，它代表着海洋经济产业的未来发展方向和趋势，决定着相关产业的成长和发展，具体包括创新竞争力和产业组织结构竞争力两个模块。创新竞争力是海洋经济产业竞争力的决定因素，而产业组织结构竞争力是海洋经济产业发展到一定程度的结果，一个地区海洋经济产业组织内部结构和外部结构的优化和提升，是增强该地区海洋经济产业竞争力的重要前提。第三个层面是制度竞争力，这个层面是海洋经济产业更为隐含的组成部分，体制、机制等制度性因素对一个地区的海洋经济产业竞争力会产生更为持久和根本的影响。制度效益经济理论认为，科学与合理的体制、机制不但是一个地区经济产业的激励性因素和动力，而且可以直接提高该地区的经济生产效率和资源利用效益，科学与合理的体制、机制已经成为经济生产要素的重要部分。在海洋经济产业竞争力层次中的这三个方面之间是层层递进、相互制约的关系。海洋经济产业的外显竞争力是海洋经济竞争力最集中、最外在的表现。它是潜在竞争力和制度竞争力的基础，又是潜在竞争力和制度竞争力的直接成果；潜在竞争力是外显竞争力的延伸和发展，同时也深受制度竞争力的制约；而制度竞争力是外显竞争力和潜在竞争力的直接动因，是整个海洋经济产业竞争力的总纲，是提升海洋经济产业竞争力需要不断深化的关键。

第三个层次是微观层次竞争力，即海洋经济企业竞争力，它是指一个地区特定的海洋经济企业能够长期以比其他海洋经济企业（或竞争对手）更有效的方式，为市场提供所需要的产品和服务的能力。它是一个地区海洋经济竞争力的基础，众多海洋经济企业竞争力的增强可提升该地区的海洋经济产业竞争力，从而提升整个地区海洋经济综合竞争力。

海洋经济竞争力的三个层次的竞争内涵、侧重点不同，但又彼此联系、融合。海洋经济竞争力的三个层次，越是宏观，越具有综合性和社会性，越难以用具体指标直接反映；越是微观，越具有具体性和经济性，相比之下越容易用具体指标体现。

（二）海洋经济竞争力评价体系具体指标选取

海洋经济竞争力指标体系的总体框架很好地体现了海洋经济竞争力的内涵与特点，较为全面地反映了影响海洋经济竞争力的多因素的综合作用，能够较为准确地评判一个地区海洋经济竞争力的现状和未来发展状况。但正如前面分析指出，越宏观、深层次的竞争力越难以用现有指标直接衡量，如反映一个地区的海洋人文、海洋战略政策、体制、机制性指标，在现实中很难科学地量化。在上述总体框架下，结合海洋经济发展的实际情况，并考虑数据获取的可能性和科学性，本书从12个方面选取30个指标构建了海洋经济竞争力评价体系。一个地区的海洋经济综合竞争力主要体现在地区海洋资源控制竞争力、海洋资源竞争力、海洋资源探测和开采竞争力、资本竞争力、海洋科技教育竞争力、规模竞争力、市场竞争力、效益竞争力、成长竞争力、产业层次结构竞争力、创新竞争力、海洋企业的企业组织竞争力12个方面（图3-3）。

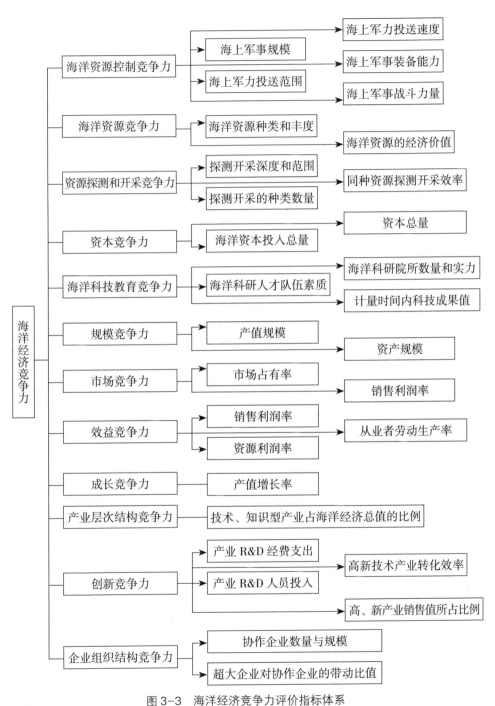

图 3-3 海洋经济竞争力评价指标体系

资料来源：作者自绘

（1）海洋资源控制竞争力

海洋资源控制能力是一个海洋国家或沿海国家的海洋经济产业竞争力的重要表征指标之一。海洋资源控制能力的表现形式为海上军事实力，因为只有海岸带和专属经济区有了相应的国际法的确认，对于海岸带和专属经济区以外的海域资源，目前还是处于强者多食、能者多获的状况，因此海上军事力量直接关系到一个海洋国家对海上资源的实际控制能力。另外，海上军事力量也是海洋经济安全的强大保障，世界上没有一个国家或商人愿意把资本投到一个没有安全保障的地区。一个海洋国家要想有海洋经济竞争力，首先必须在海洋资源的有效控制上有比较优势，海上军事力量是海洋经济竞争力的最后保障。因此海洋资源控制竞争力指标主要体现为海上军事规模、海上军力投送速度、海上军力投送范围、海上军事装备能力、海上军事战斗力量与竞争者的比较优势的综合值。

（2）海洋资源竞争力

海洋资源是一个海洋国家（地区）海洋经济竞争力形成和提高的自然物质基础。任何海洋国家（地区）海洋经济的发展与其竞争力的提高都无法完全摆脱海洋自然资源因素的影响。丰富的海洋自然资源使一个地区海洋经济的发展在起跑线上就具备了天然的比较竞争优势，海洋资源种类和丰度、海洋资源的经济价值综合比较优势指标是海洋资源竞争力指标的主要部分。

（3）海洋资源探测和开采竞争力

海洋资源是人类从事海洋经济活动必不可少的条件，是海洋经济竞争力最基本的自然物质基础。因此，发现海洋资源、获取海洋资源是人类从事海洋经济活动的必然环节，海洋资源探测和开采竞争力比较优势指标是海洋经济竞争力的决定性指标之一。它主要包括探测开采深度和范围、探测开采的种类数量、同种资源探测开采效率。

（4）资本竞争力

海洋经济是人类经济活动从陆地向海洋的延伸，一个海洋国家或沿海国家的资本力量对该国家在海洋领域的竞争力具有很大影响。资本是人类从事经济活动的重要因素之一，对于一个国家和地区，无论是人才的培养还是科研的投入，都离不开资本的投入。人类从事一切的经济活动都是人和物的结合以后通过人的创新实现物的增值。没有资本的因素，海洋经济活动也就无从谈起。因此，一个海洋国家或沿海国家的资本力量决定了它在海洋经济领域的投资能力或融资能力，从而决定了其海洋经济的竞争力。资本竞争力指标包括该地区的资本总量和资本投入总量。

（5）海洋科技教育竞争力

海洋经济是人类以海洋自然资源和环境为基础，以海洋科学技术为支撑，以海洋和海岸带为空间获取新的生存和发展机会的经济活动行为。由于海洋的特殊环境以及地球总体资源的日益匮乏，人类的经济活动对科学技术的依存度越来越高。海洋科学技术教育竞争力指标不但是海洋经济竞争力的核心表征指标，而且它还直接影响了海洋资源控制竞争力、资源探测开采竞争力、创新竞争力等指标。随着海洋经济的发展对海洋科学技术依存度的提高，海洋科学技术教育竞争力在海洋经济领域的核心作用日益明显。海洋科学技术教育竞争力指标包括海洋科研院所数量和实力、海洋科研人才队伍素质、计量时间内科技成果值，其中海洋科研人才队伍素质指标主要指科研人才的绝对数量和高级专业技术人才的比例。

（6）市场竞争力

我们所谈论的海洋经济竞争力的强弱最终由市场来检验，市场竞争力是海洋经济竞争力最直接的外部表现，也是一个地区海洋经济竞争力最为现实的竞争力。市场的竞争力主要表现为产品的市场占有率。一般地，一个地方的海洋经济竞争力越强，其海洋产值的市场占有率就越高。这里我们用地区的海洋经济总产值占比较范围内的总产值的比例来反映其市场竞争力。比如说，要研究山东省海洋经济在全国范围内的市场竞争力，就看山东省海洋经济总产值占全国海洋经济总产值的比例。

（7）规模竞争力

一个地区海洋经济具有竞争力，首先表现为其海洋经济具有一定的规模和实力，它反映了这个地区的海洋经济在比较研究范围内的地位和水平。一般来说，某个地区的海洋经济较研究范围内的规模越大，其规模竞争力在该研究范围内就越强。比如说，我们研究山东省海洋经济在全国范围内的规模竞争力，山东省海洋经济的规模较全国范围内的大小决定了其规模竞争力的强弱。这里使用一个地区的海洋经济产值规模和资产规模来衡量其海洋经济的规模竞争力。其中，产值规模指数用该地区的海洋经济总产值来表示；资产规模指数用该地区海洋经济产业固定资产总值来表示。规模竞争力指数为产值规模指数和资产规模指数的算术平均值。

（8）效益竞争力

效益竞争力反映了一个地区海洋经济的投入产出水平，一般来说，一个地区的海洋经济竞争力越强，其经济要素的投入产出水平也就越高，该地区就有可能实现低成本、高利润的目标，从而比竞争对手获得更多的综合资源。良好效益是一个地区海洋经济保持强劲竞争力的基本条件。这里用海洋经济产品的销售利润率、资源利润率和海洋经济从业全员的劳动生产率的加权平均值来衡量效益竞争力。其中，销售利润率是利润总额与产品销售收入之比，资源利润率是利润总额与资源环境消耗和固定资产原值之和的比值。海洋经济从业全员的劳动生产率是地区海洋经济产业总值与行业所有从业人员人数的比值。

（9）成长竞争力

海洋经济竞争力是一个动态变化的过程，海洋经济的成长竞争力反映的是一个沿海地区的海洋经济发展和壮大的能力，是一个沿海地区的海洋经济竞争力的重要表现。如果一个沿海地区的海洋经济有较强的竞争优势，其表现为有快速的增长势头；相反，其海洋经济则出现增长速度放缓或者衰退的迹象。这里，我们用一个沿海地区的海洋经济生产总值的年增长率来反映这个地区海洋经济的成长竞争力。为了比较科学全面地反映一个地区海洋经济的成长竞争力，就目前我国经济发展规划是以五年为单位制定发展计划的实际情况，我们就以五年为计量单位计算一个沿海地区的海洋经济的平均增长率。

（10）产业层次结构竞争力

海洋经济是一个具有普遍性和多行业性的综合性经济产业。任何一个沿海地区的海洋经济都是由多个行业构成的有机整体，其行业层次结构处于不断的发展、调整和演化中。一个地区的海洋经济的发展过程也就是其产业层次结构不断优化和升级的过程。从目前来看，海洋经济产业层次结构主要分为三大层次结构：① 以自然资源和劳动力为依托的劳动密集型海洋产业，该层次的海洋产业为初级结构层次；② 以自然资源为基础，以技术为依托，以提高自然资源利用效率为优势的海洋产业，该层次的海洋产业为中级结构层次；③ 以知识人才为依托的知识型海洋产业，该层次的海洋产业为高级结构层次。一般来说，一个沿海地区的海洋经济产业结构层次越高，其海洋经济竞争力就越强。在这里，我们用海洋技术型产业和海洋知识型产业的产值与地区的海洋经济总产值的比值来反映该地区的海洋经济产业层次结构竞争力。

（11）企业组织结构竞争力

海洋经济产业是由不同的海洋产业的多个经营体组成的有机综合体，一个沿海地区的海洋经济企业的组织结构能力是每一个海洋经济经营体之间的科学分工与协调能力和有效的市场竞争机制的集中表现。这里我们用协作企业数量与规模、超大企业对协作企业的带动比值来反映该地区的海洋经济企业组织结构竞争力。

（12）创新竞争力

经济的发展是通过物与人结合以后在人的创新的条件下实现了物的价值的增值才得以实现的。没有人的创新，就不可能有经济的发展，也更无从谈经济的竞争力了。因此，一个沿海地区的海洋经济竞争力的强弱最终还是决定于人的创新能力。科学技术知识的创新是创新能力的关键环节。一般地,一个沿海地区的海洋科学技术、知识创新能力的提高,会给该地区带来海洋经济效率的提高和海洋经济市场竞争力的增强。一个沿海地区的海洋科学技术、知识创新水平直接或间接地制约着该地区海洋经济竞争力的现状和未来的发展前景。这里我们用一个沿海地区的海洋经济产业的 R&D 经费支出占海洋产业总产值的比例、海洋经济产业的 R&D 海洋科学专业技术人员占整个行业全部工作人员的比例、高新技术产业转化效率和高新产业销售收入占该地区海洋经济总体销售收入的比例的加权平均来综合反映该地区的创新竞争力水平。

综上所述,海洋经济竞争力主要由海洋资源控制竞争力、海洋资源竞争力、海洋资源探测和开采竞争力、资本竞争力、市场竞争力、规模竞争力、效益竞争力、成长竞争力、海洋科技教育竞争力、创新竞争力、产业层次结构竞争力、海洋企业的企业组织竞争力 12 个方面构成。其中,市场竞争力、规模竞争力、效益竞争力是显示性指标;海洋资源控制竞争力、海洋资源竞争力、海洋资源探测和开采竞争力、资本竞争力、海洋科技教育竞争力、创新竞争力、产业层次结构竞争力、海洋企业的企业组织竞争力是解释性指标,它揭示了该地区海洋经济竞争力形成的原因,决定了该地区海洋经济竞争力的未来发展趋势;成长竞争力是具有动态性的指标,可以反映一个沿海地区海洋经济竞争力的时间变化特征。总的来说,该评价体系既有显示性指标,也有解释性指标;既有动态指标,也有静态指标;既能刻画一个沿海地区海洋经济竞争力的现状,也能把握其未来的发展趋势,该评价体系基本上能够客观反映一个沿海地区的海洋经济竞争力的发展状况。至于更深层次的、更为宏观的竞争力如制度竞争力、战略政策竞争力、海洋文化竞争力、区位优势竞争力等因其复杂而难以量化,因此无法在该评价体系中体现。该部分深层次的竞争力在某种程度上可以在外显竞争力和潜在竞争力的层面上得到了部分体现。

第二节　评价模型构建

本研究采用综合评价法，即通过计算一个地区海洋经济竞争力的综合指数来判断这个地区的海洋经济竞争力的高低。海洋经济竞争力综合指数是反映一个地区一定时期海洋经竞争力的综合值，综合指数越高，则竞争力越强。它具有时间和空间的可比性。在不同空间进行比较，可分析不同地区海洋经济竞争力的相对强弱情况；在不同时间进行比较，可以反映一个地区海洋经济竞争力的变动情况。在评价分析中，首先对各个地区的各项评价指标数据均进行了标准化处理，所在地区的数据平均值为标准。

$$I_{ij} = \frac{X_{ij}}{X_{ij}} \qquad \overline{X_{ij}} = \sum_{i=1}^{n} I_{ij}/n$$

其中，X_{ij} 是第 i 个地区第 j 个变量在研究范围所在地区的平均值；I_{ij} 是第 i 个地区第 j 个变量相当于研究范围的所在地区平均水平的标准化值。I_{ij} 大于 1，表明 I_{ij} 高于研究范围所在地区的平均水平，反之，则低于研究范围所在地区的平均水平。n 为变量个数。

在此基础之上，通过 n 个分项指标构造研究范围所在地区的海洋经济竞争力综合指数（CMP）。对分项指标进行了适当的加权处理，即在计算研究范围所在地区的规模竞争力指数、效益竞争力指数和创新竞争力指数时，均采用算术平均法计算上一级指标的数值。在计算研究范围所在地区的海洋经济竞争力综合指数时，采用等权重加权平均方法。具体计算公式为

$$CMP_{(\alpha)} = \left[\frac{\sum\limits_{i=1}^{n} W_i I_{ij}^{\alpha}}{\sum\limits_{i=1}^{n} W_i} \right]^{\frac{1}{\alpha}}$$

其中，W_n 代表第 n 个指标的权重；α 为单个指标的变化和权重如何影响 CMP 指数的参数。这里采用等权重加权，进一步简化处理，n 取值为 12，α 取值为 1，则研究范围所在地区的海洋经竞争力综合指数计算公式为

$$CMP = \frac{1}{12} \sum_{i=1}^{12} I_{ij}$$

第四章
我国沿海省市海洋经济发展战略竞争力比较研究

21 世纪是海洋的世纪，我国沿海省市为了保持地区经济的持续发展，它们纷纷把发展目光投向了海洋。对于海洋的开发和经济的发展，沿海八省两市一区依次出台了符合自身的发展规划和发展重点。

第一节
我国沿海省市海洋发展政策及战略总体现状

一、辽宁省海洋经济发展规划和发展重点

辽宁省在 1986 年就确立了建设"海上辽宁"的总体发展目标，至今已有三十多年的时间。在此期间，辽宁省先后组织大批科技人员到辽宁省 8 个海岛乡、51 个海岛村、260 个海岛及近岸海域进行了多学科的海岛资源综合调查，获得了数百万个基础数据和一批高水平的科研成果；设立了全省海洋综合管理机构，提出了"海上辽宁"建设的总体构想，制定并下发了《"海上辽宁"建设规划》；组织开展了《全省海洋功能区划》和《全省海洋开发规划》的编制工作。到 21 世纪初，"海上辽宁"建设开始了深入发展时期，各地各部门结合本地区、本行业的实际，认真实施《"海上辽宁"建设规划》的各项工作，理清了全省海洋与渔业

管理体制，省、市、县三级海洋执法监察体系正在形成；海洋管理的法规制度逐步完善，并成立了海洋经济研究会，开展了多项专题调研和学术交流活动；对外合作、区域合作与交流也得到了加强，争取联合国开发计划署的资助，启动了渤海综合整治示范项目，成功承办了东北亚国际海洋工程项目合作会议。其间，一批重大海洋工程项目建设相继完成，先后建立了旅顺国家级海珍品科技示范基地、东港市滩涂贝类科技示范基地、长海县海洋牧场科技示范基地、科技兴海技术转移中心大连中心，完成了大连湾西部海域污染治理工程、大连星海湾填海造地工程项目、大连极地馆建设。中国海上大型稠油油田渤海绥中 36-1 项目已经试投产，锦州、丹东、盘锦海岸防护堤建设工程也已完成。

在"海上辽宁"建设的整体推进中，辽宁省的海洋产业得到了长足的发展，海洋经济步入了高速发展的时期。在"九五"期间，辽宁省海洋经济总产值从 1995 年的 300 亿元提高到 2000 年的 500 亿元，年均增长率为 11%，高于全省 GDP 的年均增长率。"十五"以来，辽宁的海洋经济发展状况良好，实现了"高起点开局、跨越式发展"的目标。2001年全省海洋经济总值进一步达到 580 亿元，增加值达 360 亿元，分别比上年增长 16% 和 16.1%。海洋经济总产值占全省 GDP 的比例由 2000 年的 5% 上升到 7%。海洋产业总值位列全国第五，海洋产业增加值总量位居全国第四，全省已经形成了海洋渔业、滨海旅游、海上交通运输、船舶修造、盐业和海洋油气业开发六大海洋支柱产业。在"十一五"期间，辽宁省紧紧围绕"海上辽宁"建设目标，以市场为导向，以机制、体制创新为动力，进一步优化海洋产业布局，重点发展海洋渔业、滨海旅游业、船舶修造业、盐业和海洋化工业、海洋油气业、海洋生物及医药和海水综合利用等海洋新兴产业。实施科技兴海、外向牵动和结构调整战略，实施海洋经济可持续发展战略。在"十二五"规划发展中，辽宁省制定了到 2015 年实现从海洋大省到海洋经济强省的海洋总体发展目标。海洋经济总量提升，全省海洋经济主要产业总产值达到 6 000 亿元，年均增长

14.9%，增加值达到 2 900 亿元，年均增长 12.6%，进入全国沿海省市前六名。制定了海洋渔业、海洋交通运输业、滨海旅游业、船舶修造业四大海洋产业具体发展目标。海洋化工、海洋生物制药和海水综合利用等新兴产业要扩大规模且在全国范围内有一定的示范效应。在海洋环境方面，要明显减缓近岸海域污染和生态恶化势头，使部分污染严重的海湾、河口环境质量有明显改善。沿海城镇生活污水处理率达到 70% 以上，生活垃圾无害化处理率达到 60% 以上，近岸海域水质按功能区划达标率 90%以上。总体布局及发展重点是围绕一带发展、壮大二海建设、统筹双区功能、建设十大海洋产业基地的基本思路，深入开发建设，充分发掘区域特色，调整优化区域空间结构，加强资源整合和产业互动，构建优势互补、协调发展的区域海洋经济新格局。

二、河北省海洋经济发展规划和发展重点

改革开放以来，河北省先后实施了"两环开放带动"战略和"科技兴海"工程，加大了沿海基础设施建设力度，有力地推动了海洋产业和沿海地区经济发展，为河北省海洋经济快速发展奠定了基础。2003 年，河北省再一次就全省海洋经济发展做了未来 10 年的系统发展规划。规划指导思想是大力调整海洋产业结构，优化沿海区域经济布局。以曹妃甸港区建设为重点，优化港群功能；以钢铁、化工、能源为重点，加快发展临港产业带；以海洋生物技术为突破口，培育新兴海洋产业，带动传统海洋产业以及海洋服务业的发展。加强沿海城镇和临港开发区建设，努力扩大对外开放，促进海陆互动开发，构筑陆海关联型经济增长隆起带，从整体上提升河北省经济的国际竞争力，推动和加快经济强省的建设步伐。将港口及海洋运输业、临港工业、海洋渔业、滨海旅游业、新兴海洋产业作为主要发展的海洋产业。在产业布局上，秦皇岛经济区本区东起辽宁、西至滦河口为滨海旅游和加工业主体区，唐山和沧州经济区为临港重化工主导区。在"十二五"规划中，海洋科技和创新成了河

北海洋规划发展的核心内容。其规划指导思想是深入贯彻落实科学发展观，培养壮大海洋科技力量，加强海洋产业关键性技术研究，积极引进国内外先进的技术成果，加速科技成果向现实生产力转化，增强海洋科技创新能力。依靠科技进步，大力发展海洋经济，科学开发海洋资源，培育海洋新兴产业，保护海洋生态环境，为把河北沿海地区打造成富有活力的经济带和环境优美的生态区提供有力的科技支撑。规划目标是到2015年，海洋科技创新能力显著增强，海洋科研条件明显改善，初步形成比较完善的海洋科技创新体系；开发海水利用成套技术与关键设备，建设一批海水利用示范工程，力争将曹妃甸工业区打造成国际一流、国内领先的海水综合利用示范基地；研究开发一批海洋创新药物、新型海洋生物制品，攻克盐生植物开发利用关键技术，形成一批具有明显市场优势的高端产品；培育一批海洋水产良种，开发海水健康养殖技术和海洋水产品精深加工技术，培育扶持一批有较强竞争力的骨干企业；以北戴河及关联区域为重点，逐步建立近岸海域污染防治与生态修复、海洋灾害预测预警和综合防治技术体系，应对海洋灾害的能力明显增强。对海水资源的综合利用技术产业、海洋生物技术产业、海洋养殖技术产业和海洋环保技术产业成为规划发展目标实现的突破口。

三、天津市海洋经济发展规划和发展重点

天津在"十一五"海洋规划中强调以海洋事业全面协调发展为目标，以海洋经济建设为核心，以提高海洋综合管理、海洋资源利用、海洋环境保护、海洋公益服务、海洋科技创新等能力为重点，推动海洋经济与海洋资源环境之间的同步协调发展。力争到2010年，初步建立起适应海洋经济发展的海洋综合管理体系，到2015年，建立起比较完善的海洋事业发展体系，为推进滨海新区进一步开发开放发挥重要作用。

在"十二五"规划中，天津按照《全国海洋经济发展规划纲要》《国家海洋事业发展规划纲要》和《天津市国民经济和社会发展第十二个五

年规划纲要》要求，以转变海洋经济发展方式为主线，以服务滨海新区开发开放为核心，以改革开放为动力，以科技兴海为支撑，充分发挥区位优势和比较优势，统筹规划，突出重点，优化布局，提升海洋经济竞争力，提高海洋自主创新能力，增强海洋可持续发展能力，提高海洋综合管理能力，推动海洋事业全面和谐发展，促进全市经济社会发展和滨海新区开发开放，为建设海洋强市奠定坚实基础。到 2015 年，总体目标是：海洋事业全面协调发展，奠定起建设海洋强市的基础，实现海洋经济发展方式实质转变，海洋自主创新能力明显提高，海洋文化建设有效加强。海洋环境保护和生态保护、海域科学利用、海洋防灾减灾、海洋法制建设和海洋管理业务支撑等综合管理水平有较大提高，基本建成北方国际航运中心、国际物流中心、国家海洋科技研发与转化基地、国家战略性新兴海洋产业基地和国家海洋事业发展基地。到 2015 年，海洋生产总值达到 5 000 亿元，海洋生产总值规模占全市生产总值的 30% 左右。南港工业区、临港经济区、天津港主体港区、滨海旅游区和中心渔港五大海洋产业区基本建成。海洋制造业快速升级，海洋现代服务业不断壮大，海洋渔业水平提高。海洋经济运行监测评估体系基本建立。在空间布局上，天津市在"十二五"规划中规划设计了"双城双港、相向拓展、一轴两带、南北生态"和滨海新区"一核双港三片区"的布局要求，形成"一带五区两场三点"的海洋空间发展布局。在产业布局上，重点发展海洋石油化工业、海洋精细化工业、海洋装备制造业、海水利用业、海洋工程建筑业、海洋生物医药业、海洋新能源业等八大先进海洋制造业；壮大海洋港口运输业、海洋现代物流业、滨海旅游业、海洋科技服务业、海洋金融服务业、其他新兴海洋服务业等七大海洋现代服务业；提升海洋渔业水平。在具体政策和措施上，规划就天津基础设施建设、海洋科技兴海战略、海洋环境的保护与治理、海洋资源的综合开发与管理、海洋法制体系建设、海洋自然灾害的防护以及海洋社会综合事业的建设都做了详细的规划。其中，海洋科技兴海战略规划中提出了海洋科技攻关、海洋科技服务、海洋科技成果转化、海洋科技人才培养四大体系的建设发展规划。

四、山东省海洋经济发展规划和发展重点

1990 年，山东省在全国首届海洋工作会议上作了《开发保护海洋，建设海上山东》的报告。1991 年 4 月，在省七届四次人大会议上，省委、省政府采纳建设"海上山东"的理念，在政府工作报告中正式提出"陆上一个山东，海上一个山东"的战略构想，以省人大决议的方式，把建设"海上山东"作为提高全省经济综合实力的一项主要战略措施。12 月，省委第五届七次会议对建设"海上山东"又作出了进一步阐述，要求此后 10 年，"海上山东"的建设取得突破性进展，沿海市地、县要把海域开发提到重要议事日程，像抓农业那样抓好海域开发，把丰富的海洋资源优势逐步转化为商品优势和经济优势。

1992 年 7 月，江泽民总书记来山东视察时，要求山东注重发展海洋经济，并作了重要指示。11 月，省委五届九次全委（扩大）会议认真传达学习了江泽民的指示，在 1991 年开始实施建设"海上山东"战略的基础上，把此战略确定为振兴山东经济的两大跨世纪工程之一。

在建设"海上山东"过程中，山东省 7 个沿海市 33 个县（市、区）结合自己的具体情况，都正式出台了"科技兴海"建设的方案和规划，纷纷提出建设"海上青岛""海上烟台""海上威海""海上日照""创建青岛海洋科技产业城"等地区性的发展规划。"海上山东"建设分为三个阶段。第一阶段以 1991 年"海上山东"建设战略的提出和省委、省政府把"海上山东"作为跨世纪工程为标志，提出"开发海上半壁江山，建设海上山东"的战略。这一阶段，青岛海洋科技产业城、威海"海洋经济现代化"、烟台"以海兴市"、潍坊"耕海牧贝"、日照"亚欧大陆桥头堡"以及东营、滨州"上粮下渔"综合开发等区域性发展战略在沿海地区相继实施。第二阶段以 1995 年山东省委书记吴官正在沿海视察时

作出的关于加快海上山东建设的重要指示和省委、省政府确定撤销省水产局组建省海洋与渔业厅为标志，海洋经济建设步入发展的快车道。省、市、县海洋主管部门及海洋监察执法机构相继成立，海洋科技整体实力增强，渔业产业化初具规模，沿海地市海洋经济继续保持快速增长势头。第三阶段以1998年省委、省政府召开"海上山东"建设工作会议为标志，"海上山东"建设进入全面发展时期。成立了"海上山东"建设领导小组，出台了《中共山东省委、山东省人民政府关于加快建设"海上山东"的决定》《"海上山东"建设规划》，推出了海洋农牧化、临海工业、海上大通道、滨海旅游四大建设工程，成立了海洋工程研究院。海洋立法实现突破，海洋综合管理进入新的发展阶段。科技兴海拉动产业升级，一、二、三产业结构层次明显提高，海洋经济成为国民经济新的增长点，使海洋产业成为我省国民经济的重要支柱。《"海上山东"建设规划》中明确了"海上山东"建设的总任务及海洋开发四大工程。

1. "海上山东"建设的总任务

加快海洋经济两个转变的步伐，建立健全科学、规范、高效的海洋开发管理运行机制，以市场为导向，依靠科学进步和外向带动，进一步优化海洋产业的布局和结构，建立起高素质的海洋产业体系，全面提高海洋经济发展的整体效益，力争海洋产业的增长速度超过全省国内生产总值的增长速度，到2010年海洋经济占全省经济总量的十分之一，2020年力争三分天下有其一，使海洋产业成为我省国民经济的重要支柱，把沿海地区建成经济发达、社会繁荣、生活富裕、环境优美的蓝色产业聚集带。

2. 海洋开发四大工程

（1）海洋农牧化建设工程

① 大力发展名优特新品种，加快渔业产业化进程；② 稳定发展近海捕捞，重点发展远洋渔业；③ 大力发展水产品加工和综合利用，提高产品质量，增加附加价值。

（2）临海工业建设工程

① 海洋化工，要稳步发展盐及盐化工业，大力发展海洋精细化工业和海洋医药业；② 海洋能源与海洋矿产；③ 海洋机械制造业。

（3）海上大通道建设工程

① 港口建设，调整优化港口布局；加快新港建设，配套建设中小港口；完善港口功能，搞好港口疏浚和码头设施配套，提高港口通过能力；加快集装箱运输体系建设；② 海洋运输，围绕提高综合运输能力和效益，加快调整船舶运输结构，重点开发国际集装箱运输船。

（4）滨海旅游业建设工程

重点建设单个旅游带：以东营滨州为主体的黄河文化旅游带；以潍坊为主体的民俗文化旅游带；以烟台、威海、青岛、日照为主体的蓝色文明旅游带（突出海滨风光和悠久的历史文化，重点建设现代化游乐设施，在青岛新建大型海上游乐园，完善崂山旅游景点，全面开发石老人旅游区）。

3. 海洋产业布局

以沿海港口城市为中心，以海岸带为轴线，建成北部渤海沿岸海洋资源综合开发带和东、南部沿岸经济技术开发带，重点建设五大岛群，点、线、面、体相结合，形成由岸到岛、由近海到远洋、由浅海到深海、由单项平面开发到多层次立体开发的新格局。渤海沿岸海洋资源综合开发带重点发展油气、石化、原盐、盐化工和海水养殖业等。黄海沿岸经济技术开发带要充分发挥产业集中、技术先进、科技发达的优势，集中力量向高层次发展。充分发挥青岛市的龙头作用，依托经济技术开发区，积极发展高科技产品，全方位、多元化开拓国际市场。加快完善青岛港综合功能，使其成为我国重要的贸易口岸。大力发展海洋旅游业，争取建成国际十大旅游城市之一，同时发挥海洋科研力量雄厚的优势，建成全国重要的海洋科研和海洋开发基地。

自 1991 年建设"海上山东"战略提出以来，山东海洋经济迅速崛起，海洋经济在沿海地区经济发展中的地位显著提高，滨海地区产业聚集能力明显增强，沿海地区成为山东省经济发展快、外向度高、富有活力的经济带，对全省经济发展的带动和辐射作用越来越大，强化了山东外向型经济主体地位。2009年4月，胡锦涛总书记视察山东时从战略全局的高度指出："要大力发展海洋经济，科学开发海洋资源，培育海洋优势产业，打造山东半岛蓝色经济区。"10月，胡锦涛总书记再次视察山东时强调要建设好山东半岛蓝色经济区。山东半岛是环渤海地区与长江三角洲地区的重要结合部、黄河流域地区最便捷的出海通道、东北亚经济圈的重要组成部分，海洋经济发展基础良好，在促进黄海和渤海科学开发、深化沿海地区改革开放、提升我国海洋经济综合竞争力中具有重要的战略地位。为深入贯彻胡锦涛总书记的重要指示和十七届五中全会精神，积极探索海洋经济科学发展之路，推动山东半岛蓝色经济区又好又快发展，山东省特制定了"山东半岛蓝色经济区发展规划"并上报国务院，于2010年1月得到国务院批复。规划主体区范围包括山东全部海域和青岛、东营、烟台、潍坊、威海、日照6市及滨州市的无棣、沾化2个沿海县所属陆域，海域面积15.95万平方千米，陆域面积6.4万平方千米。2009年，区内总人口3 291.8万人，人均地区生产总值50 138元。为进一步增强腹地对海洋经济发展的支撑能力，将山东省其他地区作为规划联动区。规划期为2011—2020年，重点是"十二五"时期。

五、江苏省海洋经济发展规划和发展重点

2007年，江苏省根据国务院《全国海洋经济发展规划纲要的通知》的要求，省发展和改革委员会、省海洋与渔业局制定了《江苏省"十一五"海洋经济发展专项规划》。根据国家海洋统计规范要求，规划范围包括连云港市、盐城市、南通市市区和赣榆区、东海县、灌云县、灌南县、响水县、滨海县、射阳县、大丰区、东台市、海安市、如东县、通州区、海门市、启东市以及近海海域、岛屿、辐射沙洲。规划涉及的

海洋产业包括海洋渔业及相关产业、海洋油气业、海滨砂矿、海洋盐业、海洋化工、海洋生物医药业、海洋电力业、海水综合利用业、海洋船舶工业、海洋工程建筑、海洋交通运输、滨海旅游、其他海洋产业13个大类。其中，其他海洋产业大类中包括海洋石油化工、滩涂林业、海洋地质勘察业、海洋保险、海洋专用设备制造、海洋信息服务业、海洋环境保护、海洋科研教育等。

《江苏省"十一五"海洋经济发展专项规划》是江苏国民经济与社会发展第十一个五年规划体系中的专项规划，依据了《全国海洋经济发展规划纲要》《江苏省海洋功能区划》，充分吸收了相关规划的成果，在规划范围、规划目标、空间布局等方面与《江苏省沿海开发总体规划》进行了充分衔接，并各有侧重，对空间开发利用规划只作总体阐述。本规划是江苏海洋经济发展和海洋产业布局的实施性文件。规划期为2006—2010年，重大的建设和布局展望到2020年。

2011年7月，江苏省发改委、江苏省渔业局、江苏省沿海办公室会同有关部门共同编写了江苏省"十二五"海洋经济发展规划。本规划紧紧抓住江苏沿海开发上升为国家战略的重大机遇，深化改革开放，坚持陆海统筹、江海联动，以提升海洋经济综合竞争力为核心，以转变海洋经济增长方式为主线，以海洋科技创新为动力，以港口物流、临港工业为突破口，着力优化海洋经济结构，加强海洋生态建设，不断提升海洋经济综合效益，构建江苏国民经济持续快速发展的新引擎，为又好又快推进江苏"两个率先"作出贡献。规划至2015年，海洋经济总体实力显著增强，成为全省经济快速持续发展的重要引擎；海洋产业结构和空间布局显著优化，现代海洋产业体系基本形成；海洋科技进步贡献率显著提高，科教创新体系逐步完善；环保监管能力显著提升，海洋环境恶化趋势得到有效控制；初步建成全国重要的海洋产业示范区、海洋科技人才集聚区和海洋生态宜居区。至2020年，基本实现海洋经济强省目标。

海洋经济总量。保持海洋经济年均增长速度高于全省经济增长速度，实现海洋经济倍增计划，至 2015 年，海洋生产总值突破 6 800 亿元（2010 年价），占全省地区生产总值的比重达 10% 以上。提高海洋经济发展质量，海洋新兴产业增加值占主要海洋产业的比重提高至 20% 以上。

海洋科技创新。海洋工程装备制造、海洋生物制药、海洋新能源开发等领域的核心技术实现新突破，科技对海洋经济的贡献率达 55%，海洋科技成果转化率超过 60%，海洋科技总体水平显著提高。

海洋环境保护。近岸海域海洋功能区水质达标率升至 80%，陆源直排口废水排放达标率升至 100%，船舶污水收集处理率达 60%，海洋特别保护区面积比例达 10%，海洋生态环境得到有效保护与修复。

1. 空间布局

该规划根据江苏沿海、沿江资源环境的承载能力和现有产业基础与发展潜力，陆海统筹，江海联动，优化海洋产业布局，构建江苏"L"型特色海洋经济带，提升北部海洋重化工业板块、中部海洋生态产业板块和南部海洋船舶及海洋工程装备制造业板块的综合竞争力，培育以沿海港口和沿江港口为依托的产业集群，形成"一带三区多节点"的海洋经济空间布局。

2. 海洋产业发展

依靠科技进步，积极培育海洋工程装备制造业、海洋新能源产业、海洋生物医药业、海水综合利用业、现代海洋商务服务业等 海洋新兴产业，做大做强海洋船舶修造业、海洋交通运输和港口物流业、滨海旅游业、临港先进制造业、海洋主导产业，改造提升海洋渔业、滩涂农林牧业、海洋传统产业。充分发挥港口的龙头带动作用，强化园区、基地和企业的载体作用，促进产业集聚，构建具有国际竞争力的现代海洋产业体系。

3. 保障支撑体系建设

本着适度超前的原则，进一步加快交通、水利、能源、信息等重大基础设施规划和建设步伐，推进一体化发展，提高海洋经济发展保障能力。

4. 海洋科技创新体系建设

加强海洋创新平台建设，建设一批海洋科技创新平台；加快海洋科技成果转化，提高海洋科技创新能力，加强涉海院校和人才队伍建设，增强科技教育对海洋经济发展的支撑引领作用。

5. 海洋生态文明建设

加快海洋资源环境保护体系建设，开展海洋环境污染损害生态赔偿（补偿）和减排降污试点工作，重视海陆污染综合防治和生态建设，完善海洋灾害、突发性事件预警预报系统和应急反应机制，促进江苏省海洋经济可持续发展。

六、上海市海洋经济发展规划和发展重点

上海市海洋产业发展规划布局形成了从黄浦江两岸向长江口和杭州湾沿海地区转移，以洋山深水港和长江口深水航道为核心，以临港新城、崇明三岛为依托，与江浙两翼共同发展的区域海洋经济空间格局。其中，长兴岛船舶和海洋工程装备制造业基地、临港海洋工程装备基地以及沿海区县的滨海旅游业初具雏形；洋山深水港和外高桥港区的海洋交通运输业已形成较大规模。海洋经济总量持续增长，海洋交通运输业、船舶工业、滨海旅游业、海洋电力业、海洋工程建筑业、海洋生物医药业六大海洋产业发展较快。进入 21 世纪以来，沿海省市海洋经济持续发展。尤其是上海临近的江苏、浙江等省加快了海洋经济发展步伐，《江苏省沿海开发总体规划》《浙江海洋经济发展示范区规划》等规划都已上升为国家战略。上海在"十二五"时期的海洋规划紧紧围绕创新驱动、转型发展、改善民生的全市大局，以科学发展为主题，以优化提升海洋产业能级为主线，坚持江海联动、海陆统筹，坚持安全、资源、环境协调发展，进一步提高海洋综合管理能力和公共服务水平，为上海经济社会可持续发展提供支撑保障。

1. 规划发展主要目标

到"十二五"期末，本市海洋经济发展、海洋环境保护、海洋科技创新和海洋综合管理达到沿海省市先进水平。基本形成海洋经济发达、海洋生态环境友好、海洋科技领先、海洋管理科学的海洋事业发展体系，服务上海经济社会又好又快发展。主要表现为以下几个方面。进一步优化海洋产业布局，海洋经济持续发展，海洋经济总产值年均增长10%，高于全市经济增长平均水平。进一步加强海洋生态环境保护，污染物排放总量得到有效控制，全市城镇污水处理率达到85%以上，完成国家对本市入海污染物削减量目标，开展生态修复和保护行动，使海洋生态环境逐步修复。进一步推进海洋科技创新，海洋科技总体水平达到国内领先、优势领域达到国际先进或领先水平。进一步强化海洋综合管理，海洋公共服务能力得到显著提升。

2. 规划发展重点

（1）海洋产业发展

重点发展海洋交通运输业、海洋航运服务业和滨海旅游业三大海洋服务业，做大做强船舶工业、海洋工程装备和建筑等海洋先进制造业，加快培育海洋生物医药、海洋新能源等海洋战略性新兴产业，调整转型海洋渔业。

（2）海洋环境保护

实施"健康海洋上海行动计划"，主要包括海洋生态环境污染控制行动、生态修复行动和环境保护行动。

（3）海洋科技发展

坚持科技兴海、科学用海，着力建立海洋科技创新体系，加快科技兴海平台建设，加强综合管理和公共服务关键技术研究，推进海洋经济发展高新技术研究。

（4）海洋综合管理和公共服务建设

围绕国家海洋发展战略，海洋综合管理和公共服务需要进一步加强法规、规划、执法、应急、行政许可、信息化等方面的管理，提升公共服务水平，服务海洋事业又好又快发展。

七、浙江省海洋经济发展规划和发展重点

"十二五"期间，浙江海洋发展规划以科学发展为主题，以加快转变经济发展方式为主线，坚持人海和谐、海陆联动、江海连结、山海协作，统筹处理好海洋经济与陆域经济、经济建设与民生保障、资源开发与生态保护等方面的关系，加强体制机制创新，构建现代海洋产业体系，努力把浙江海洋经济发展示范区建设成为我国综合实力较强、核心竞争力突出、空间配置合理、科教体系完善、生态环境良好、体制机制灵活的海洋经济科学发展示范区，把浙江建成我国重要的大宗商品国际物流中心、我国海洋海岛开发开放改革示范区、我国现代海洋产业发展示范区、我国海陆协调发展示范区、我国海洋生态文明和清洁能源示范区。

1. 规划发展主要目标

海洋经济综合实力明显增强。海洋经济综合实力、辐射带动力和可持续发展能力居全国前列，在全国的地位进一步提升。基本实现海洋经济强省目标。

港航服务水平大幅提高。巩固宁波舟山港全球大宗商品枢纽港和集装箱干线港地位，形成较为完善的"三位一体"港航物流服务体系，基本建成港航强省。

海洋经济转型升级成效显著。海陆联动开发格局基本形成，在港口物流、滨海旅游、海洋装备制造、船舶工业、清洁能源、现代渔业等领域形成一批全国领先、国际一流的企业和产业集群，在海洋生物医药、海水利用、海洋科教服务、深海资源勘探开发等领域取得重大突破，海洋产业结构明显优化，海洋经济效益显著提高。到2015年，海洋新兴产业增加值占海洋生产总值的比重提高到30%以上。

海洋科教文化全国领先。海洋文化建设深入推进，海洋意识不断强

化，涉海院校和学科建设加快，海洋科技创新体系基本建成，海洋科技创新能力明显提高，建成一批海洋科研、海洋教育、海洋文化基地。到2015年，示范区内研究与试验发展经费占地区生产总值的比重达到2.5%，科技贡献率达70%以上。

海洋生态环境明显改善。海洋生态文明和清洁能源基地建设扎实推进，海洋生态环境、灾害监测监视与预警预报体系健全，陆源污染物入海排放得到有效控制，典型海洋和海岛生态系统获得有效保护与修复，基本建成陆海联动、跨区共保的生态环保管理体系，形成良性循环的海洋生态系统，防灾减灾能力有效提高。到2015年，清洁海域面积力争达到15%以上。

到2020年，全省海洋生产总值力争突破12 000亿元，三次产业结构比为5∶40∶55，科技贡献率达80%左右，海洋新兴产业增加值占海洋生产总值的比重达35%左右，全面建成海洋经济强省。大宗商品储运与贸易、海洋油气开采与加工、海洋装备制造、海洋生物医药、海洋清洁能源等产业在全国的地位巩固提升，建成现代海洋产业体系。

2. 规划发展布局

坚持以海引陆、以陆促海、海陆联动、协调发展，注重发挥不同区域的比较优势，优化形成重要海域基本功能区，推进构建"一核两翼三圈九区多岛"的海洋经济总体发展格局。

① 加快以宁波舟山港海域、海岛及其依托城市为核心的核心区建设。

② 提升以环杭州湾产业带及其近岸海域为北翼，以温州、台州沿海产业带及其近岸海域为南翼的两翼发展水平。

③ 做强杭州、宁波、温州三大沿海都市圈。

④ 重点建设杭州、宁波、嘉兴、绍兴、舟山、台州、温州等九大产业集聚区。

⑤ 合理开发利用舟山本岛、岱山、泗礁、玉环、洞头、梅山、六横、

金塘、衢山、朱家尖、洋山、南田、头门、大陈、大小门、南麂等重要海岛的开发利用与保护。

3. 海洋产业体系发展

发挥特色优势，推进海洋装备制造、海洋清洁能源、海洋生物医药、海水利用和海洋勘探开发五大海洋新兴产业；推进涉海金融服务、滨海旅游、航运服务、涉海商贸服务、海洋信息与科技服务五大海洋服务业；推进船舶工业及其他临港先进制造业；推进海洋捕捞、海水养殖业、水产品精深加工和贸易四大现代海洋渔业发展，建设现代海洋产业基地，健全现代海洋产业体系，增强海洋经济国际竞争力。

4. "三位一体"港航物流服务体系发展

着力构建大宗商品交易平台、海陆联动集疏运网络、金融和信息支撑系统"三位一体"的港航物流服务体系，高水平建设我国大宗商品国际物流中心和"集散并重"的枢纽港，积极建设港航强省，培育海洋经济发展的核心竞争力。

5. 沿海基础设施网络建设

（1）综合交通网建设规划

统筹发展铁路、水运、公路、航空等多种交通运输方式，完善综合交通网络体系，提高交通运输效率和服务水平。

（2）能源保障网建设规划

依托海岸线和海岛资源优势，稳妥建设核电，积极开发风能和潮汐能等可再生能源，优化能源供应结构，提升保障水平。

（3）水利资源发展规划

强化水资源管理和综合利用，提高水资源利用效率，增强对海洋经济发展的支撑保障作用。

（4）信息网络建设规划

推进现代信息系统建设，增强信息服务能力，构建开放、高效、便捷、安全的信息网络平台，提升海洋经济信息化水平。

（5）海洋防灾减灾体系建设规划

加大防灾减灾基础设施建设力度，加快预警预报及应急救助体系建设，为海洋经济发展提供安全保障。

6.海洋科教文化创新体系建设

加强海洋类院校、涉海人才队伍、海洋科技创新平台和海洋文化建设，增强科教文化对海洋经济发展的支撑引领作用。

（1）提升海洋类院校实力

制定实施海洋院校与学科建设规划，推进省部合作，优化整合资源，形成学科优势鲜明、科研实力较强的综合性海洋大学。集中力量做大做强涉海院校，提高办学质量，增强院校实力。高质量建设涉海类职业院校，培养海洋应用型人才。支持在浙高校加强涉海学科建设，强化与国内外优秀高校、科研机构的学科建设合作，扩大研究生联合培养规模，增强研究生教育实力，形成海洋学科发展制高点。

（2）加快涉海人才队伍建设

制订中长期涉海人才发展规划，实施涉海人才培养、高技能人才招聘、海外领军人才引进、企业家培训、人才留住与发展等计划。加强创新型海洋领军人才队伍建设，加快实施海洋紧缺人才培训工程，积极培育高技能实用人才队伍。建设一批创业创新平台，完善涉海人才交流服务平台，引导人才资源向涉海企业流动，形成海洋人才高效汇聚、快速成长、人尽其才的良好环境。

（3）构筑海洋科技创新平台

抓好国家技术创新工程试点工作，发挥海洋科研院所的平台集聚效应，加快实施一批涉海重大科技专项。引导科研机构、科技型企业在海洋基础研究和船舶设计、海洋装备、海水利用、海洋生物工程、海洋渔业、海洋能源开发等领域建立科研中心和重点实验室。支持国家级科研机构在浙江设立海洋科研基地，吸引一批高等科研院所到浙江落户，推进科研成果转化。加强重点科研创新服务平台建设，为涉海企业提供科研创新服务。扶持一批海洋战略规划、勘测设计、海域评估等中介机构。

（4）加强海洋文化建设

继续办好中国海洋论坛和中国海洋文化节，筹办海洋科技成果应用交流会和海洋生态文明论坛。加强海洋文化研究、海洋科技和海洋主题博物馆建设，保护涉海文化古迹，传承海洋文化艺术，扶持发展海洋文化产业。广泛普及海洋知识，开展海洋文化交流，形成全社会共同关注海洋、科学开发海洋、有效保护海洋的良好氛围。

7. 海洋生态文明建设

科学利用海洋资源，加强陆海污染综合防治和海洋环境保护，推进海洋生态文明建设，切实提高海洋经济可持续发展能力。

① 坚持合理开发、集约利用海洋资源，加快建立科学的资源开发利用与保护机制。

② 坚持海陆并举、区域联动、防治结合，切实做好陆源污染物入海排放控制和近岸海域污染整治工作。

③ 建设象山港海洋综合保护与利用示范区，加强重要经济动物繁殖、索饵、洄游与栖息地保护，推进"海洋牧场"建设。加强红树林和湿地保护与修复工程建设。优化禁渔休渔制度，加大水生生物增殖放流力度，加强重点海域生态休养生息，加快生物多样性修复。实施海洋生态保护区建设计划，加强南麂列岛国家级自然保护区和西门岛、马鞍列岛等海洋特别保护区建设。建立洞头列岛东部等海洋渔业种质资源与濒危物种特别保护区、杭州湾河口海岸等滨海湿地保护区，维护重点港湾、湿地的水动力和生态环境，形成分布广泛、类型多样的海洋保护区网络。

8. 舟山海洋综合开发试验区建设

舟山是我国唯一的群岛型设区市，区位、资源、产业等综合优势明显，是浙江海洋经济发展的先导区和长江三角洲地区海洋经济发展的重要增长极。加快舟山群岛开发开放，全力打造国际物流岛，建设海洋综合开发试验区，探索设立舟山群岛新区，对于促进海洋经济发展、创新海岛开发模式具有特殊意义。

① 建设大宗商品国际物流基地，充分利用舟山的海岛及深水岸线优势，积极有序建设一批深水泊位、航道和锚地。

② 围绕国际物流岛建设，推动重大现代海洋产业项目落户，建设现代海洋产业基地。

③ 高水平推进建设舟山海洋科学城，加大中国科学院舟山研究中心、浙江大学舟山研究中心和海洋科技创新引智园区等海洋科技成果转化平台的建设力度，扶持建设一批海洋科研中试基地和孵化器，支持国家重大海洋科研成果转化落地，构筑我国新兴海洋科技研发转化基地，建设海洋科教基地。

④ 注重海域、海岛功能分工与差异化导向，优化产业布局，突出不同海岛城镇的特色个性，建成风光秀美、生态和谐的群岛型花园城市，建设群岛型花园城市。

⑤ 在确保军事设施和军事行动安全保密的前提下，扩大舟山对外开放。将六横、金塘等港区开辟为一级航运开放口岸，支持符合条件的地区按程序申请设立海关特殊监管区域。推进舟山机场扩容，促进群岛开发开放。

八、福建省海洋经济发展规划和发展重点

福建拥有丰富的海洋资源和和突出的对台区位优势，发展海洋经济基础好、潜力大。福建省委、省政府高度重视海洋经济发展工作。2009年11月，经省政府研究同意，省政府办公厅转发了省发展改革委《关于组织开展我省"十二五"专项规划编制工作的意见》，启动"十二五"建设海洋经济强省等重点专项规划的编制工作。2010年8月中旬，福建省政府与国家发展改革委进行沟通并达成一致意见，国家将以规划代文件批准形式，在组织编制的《海峡西岸经济区发展规划》中明确支持福建省开展全国海洋经济发展试点。

2010 年 9 月初，收到国家发展改革委正式印发的全国海洋经济发展试点工作方案等文件后，福建省政府随即召开了全省推进海洋经济发展试点工作动员会议，对编制《福建省"十二五"海洋经济发展专项规划》和试点总体方案等工作做了全面部署。

福建省发展改革委、省海洋与渔业厅在动员会议后迅速行动，会同省政府发展研究中心组成《福建省"十二五"海洋经济发展专项规划》编制小组，《规划》以《中共中央关于制定国民经济和社会发展第十二个五年规划的建议》《全国海洋经济发展规划纲要》《国家海洋事业发展规划纲要》《国务院关于支持福建省加快建设海峡西岸经济区的若干意见》和已报请国务院审定的《海峡西岸经济区发展规划》为依据，充分吸收了福建省"十二五"规划研究成果，力求突出福建优势，体现福建特色。

《规划》涉及的空间范围为福建省管辖海域和福州、厦门、漳州、泉州、莆田、宁德 6 个沿海设区市及平潭综合实验区的陆域，海域面积13.6 万平方千米、陆域面积 5.47 万平方千米，并将与台湾的两岸海洋开发深度合作以及与周边地区的涉海领域区域合作内容纳入规划。规划期为 2010 年至 2015 年，展望到 2020 年。《规划》第一部分，发展条件与重大意义。包括区位与资源环境优势、发展成就与问题、重大意义。第二部分，总体要求和发展目标。包括指导思想、基本原则、发展定位、发展目标。第三部分，着力优化海洋开发空间布局。突出福建海峡、海湾、海岛特色，提出着力构建"一带一圈六湾十岛"的海洋开发新格局。第四部分，着力构建竞争力强的现代海洋产业体系。提出坚持以产品高端、技术高端为方向，发展壮大以港口群为依托的现代临港产业，加快培育和发展海洋战略性新兴产业，壮大提升海洋传统优势产业，构建优势突出、特色鲜明、核心竞争力强的现代海洋产业体系。第五部分，着力提升海洋科技创新能力。围绕提高海洋科技自主能力，提出加快海洋人才高地建设、加快完善区域海洋科技创新体系、高效推进海洋科技成果转化。第六部分，着力完善海洋资源与生态环境保障体系。提出科学利用海洋资源，构建蓝色生态屏障，建成人海和谐相处、文明宜居的海洋生态文明示范区。第七部分，着力加强涉海基础设施和海洋公共服务能力建设。围绕增强海洋开发的保障和服务能力，提出加快疏港大通道建设、加强海岛基础设施建设、加强海洋公共服务体系建设。第八部分，着力推进海洋经济的开放与合作。提出实施互利共赢的开放战略，围绕发展大港口、大物流、大产业，扩大海洋经济领域的对内合作与对外开放，突出加强闽台合作，推动形成海洋经济大开放、大合作的新局面。第九部分，着力构建海洋科学开发的体制机制。提出从创新海洋综合管理体制、完善海洋开发政策等方面构建科学的海洋开发与综合管理体制机制。第十部分，保障措施。提出从加强组织领导、加强统筹协调、加强监督检查等方面推动落实《规划》。

九、广东省海洋经济发展规划和发展重点

"十二五"时期是广东省加快转变海洋经济发展方式、建设全国海洋经济综合试验区和提升全国海洋经济国际竞争力核心区的重要时期。广东省"十二五"海洋发展规划围绕"加快转型升级、建设幸福广东"的核心任务，以科学发展为主题，以加快转变海洋经济发展方式为主线，以建设海洋经济强省为目标，着力提高海洋经济核心竞争力和综合实力，调整优化海洋经济结构，提升海洋传统优势产业，培育发展海洋战略性新兴产业，加强海洋生态环境修复与保护，促进海洋经济全面协调可持续发展，努力把广东建成提升全国海洋经济国际竞争力的核心区和全国海洋生态文明建设的示范区。

1. 规划发展目标

到 2015 年，我省海洋经济质量和效益明显提高，海洋经济结构战略性调整取得重大进展，现代海洋产业体系基本建立，海洋经济在国民经济中的支柱地位进一步提升，初步建成布局科学、结构合理、人海和谐、具有较强综合实力和竞争力的海洋经济强省。

2. 规划空间布局

按照"集约布局、集群发展、海陆联动、生态优先"的要求,进一步优化海洋主体功能区域布局,着力构建"一核二极三带"的新格局。"一核"即珠江三角洲海洋经济优化发展区,"二极"为粤东、粤西海洋经济重点发展区,"三带"为临海产业带、滨海城镇带和蓝色景观带。以珠江三角洲为核心,同时培育粤东、粤西两个新的增长极,由"三带"构成生产、生活和生态三位一体的广东沿海经济带。

(1)主体功能区规划布局

着力建设珠江三角洲海洋经济优化发展区和粤东、粤西海洋经济重点发展区三大海洋经济主体功能区域,珠江三角洲海洋经济优化发展区重点发展高端制造业、海洋新兴产业、海洋交通运输业和现代海洋服务业;粤东海洋经济重点发展区重点发展临海工业、滨海旅游;粤西海洋经济重点发展区重点发展临海现代制造业、滨海旅游、现代海洋渔业、临海能源产业。

① 珠江三角洲海洋经济优化发展区。构建"三心三带"的空间结构,即以广州、深圳、珠海为三大海洋经济增长中心,形成珠江口东岸的现代服务业型产业带、珠江口西岸的先进制造业型产业带、珠江三角洲沿海的生态环保型重化工产业带。

② 粤东海洋经济重点发展区。重点推进柘林湾、广澳湾、海门湾、惠来海岸、红海湾、南澳岛等区域的开发。加快建设以汕头为中心的粤东沿海城镇群,推进基础设施、产业和环境治理等一体化。

③ 粤西海洋经济重点发展区。以湛江港为中心,构建粤西沿海港口群,加快建设临港重化工产业集聚区。重点推进湛江湾、雷州湾、水东湾、博贺湾、海陵湾和东海岛、海陵岛等重点区域的开发与保护。推动以湛江为中心的粤西沿海城镇群建设。

(2)沿海经济区域布局规划

以海岸带为主轴、以三大海洋经济区为依托、以临港产业集聚区为核心形成临海产业带，以海洋产业群、滨海城镇群、海洋景观、海岸生态屏障为支撑，通过产业、居住、景观带的科学错位布局，打造宜业、宜居、宜游的广东沿海经济带。

① 临港产业集聚区。统筹规划港口发展与临港产业基地建设，以沿海港口和大型开发区为载体，集聚临港大项目，重点发展石化、能源、钢铁、装备制造、船舶、港口物流、滨海旅游、水产品加工流通等支柱产业，加快发展海洋生物医药、海水综合利用、海洋能源等海洋战略性新兴产业，构建国际先进、国内领先的临港产业集聚区。重点发展南沙临港产业集聚区、中山临港产业集聚区、珠海临港产业集聚区、银洲湖、惠州临港产业集聚区、揭阳临港产业集聚区、湛江临港产业集聚区七大临港产业集聚区。培育发展潮州临港产业集聚区、汕尾临港产业集聚区、阳江临港产业集聚区、茂名临港产业集聚区四大临港产业集聚区。

② 滨海城镇经济产业带。统筹区域城镇发展，构建"中心城市—城镇群—中心镇"的沿海城镇空间体系。对珠江三角洲、粤东、粤西沿海地区进行差异化布局规划，构建各具特色的沿海城镇。在城镇规划建设中充分融入海洋元素，构建以珠江三角洲沿海城镇群、粤东沿海城镇群和粤西沿海城镇群为核心的具有岭南沿海文化特色的滨海城镇带。

③ 沿海蓝色景观带。按照整体协调、生态环保、统一规划、分步实施的要求，打造景观优美、设施先进、生态平衡的滨海景观体系。加快滨海绿化带、滨海观光长廊、海岛观光旅游、海岸生态景观的保护建设。

3.海洋产业体系发展规划

以大力提升现代海洋渔业、高端滨海旅游业、海洋交通运输业、海洋油气业、海洋船舶工业五大传统优势海洋产业为基础，以培育发展海洋工程装备制造业、海洋生物医药业、海水综合利用业、海洋新能源产业四大海洋战略性新兴产业为支撑，以集约发展临海石化工业、临海钢铁产业、临海能源产业三大高端临海产业为重点，进一步优化产业结构，沿集聚化、园区化、融合化、生态化的路径，形成具有国际竞争力的现代海洋产业体系。

4. 海洋现代服务业发展

加快培育和发展技术服务、金融保险、公共服务、海洋会展、港口物流等海洋现代服务业。依托南海综合开发，大力推动海洋油气勘探、油气储运和海洋资源利用等技术服务业的发展。加快发展涉海金融、保险等服务业，积极支持有条件的企业通过发行股票、公司债券、短期融资券等多种方式筹集资金。鼓励有条件的海洋经济企业境内外上市，探索设立海洋经济相关政府创投引导基金，引导民间资本参与相关基础设施和公共事业建设。探索海域使用权抵押贷款、船舶租赁等融资新模式。建立和完善海洋保险和再保险市场，探索海洋灾害保险新模式。推进海洋信息体系建设，提供海上通信、海上定位、海洋资料及情报管理等公共服务。在广州、深圳、珠海、湛江等地发展国际海洋会展业。依托主要港口和临港工业基地，规划建设港口物流枢纽和物流园区，建设一批枢纽型现代物流园区，发展各类物流和配送分拨中心。推进海洋服务业标准化、品牌化建设，重点培育和发展一批规模大、实力强的服务业企业，提升海洋服务业现代化水平和竞争力。

5. 海洋科技和教育发展

将科技和教育作为海洋经济发展的重要支撑，充分发挥海洋科技和教育资源的优势，推进科技和教育资源整合，加快科技体制创新、科技创新人才培养、自主创新能力提高，推动科技成果向现实生产力转化。加强海洋科技创新平台建设，促进海洋科技成果转化，发展海洋教育事业。

6. 海岛保护与开发

以科学规划、保护优先、合理开发、持续利用为原则推进珠江口岛群、川岛岛群、南澳岛海域岛群、海陵湾岛群、湛江湾岛群的保护与开发。

7. 海洋经济区域合作

加强广东省与港澳台、闽桂琼等周边地区的海洋经济合作，形成优势互补、互利共赢的区域合作关系，拓展广东省海洋经济的发展空间，增强广东省海洋经济的辐射带动能力。

8. 海洋生态修复与资源保护

坚持开发与保护并重、污染防治与生态修复并举、陆海同防同治，加强海洋与海岸带生态系统建设，确保海洋经济发展规模、发展速度与资源环境承载能力相适应，进一步增强可持续发展能力，实现人海和谐。

十、广西海洋经济发展规划和发展重点

《广西"十二五"海洋经济发展规划》提出，广西将以北部湾经济区为支点，在推动海洋经济发展方面迈出更大步伐，到2015年，力争使海洋产业总产值在全区总产值中所占比重达到9%；北部湾港年吞吐能力达到3.36亿吨以上，修造船及海洋工程装备产业年销售收入超500亿元。《广西国民经济和社会发展"十二五"规划纲要》为广西海洋事业的发展设定了5个目标：海洋综合管理体系进一步完善，海洋可持续发展能力不断增强，海洋公共服务能力显著提高，海洋经济实现又好又快发展，海洋科技创新能力大幅提升。为了实现这些目标，《规划》提出，"十二五"期间，广西将加快发展海洋运输业和物流业、现代渔业、滨海旅游业、修造船业、临海工业等现代海洋产业；加强港口基础设施建设，完善沿海交通和港区集疏运体系，建成沿海和西江修造船基地及梧州海洋起重机械制造、贵港船舶机械装备制造等船舶配套基地。根据该规划，北海、钦州、防城港3个北部湾经济区港口城市将成为广西三大海洋经济主体区域，在沿海地区形成一条"三角形"海洋经济带，打造以石化、钢铁、修造船、电子信息等为重点的海洋产业集聚区。此外，广西还将加快发展海洋电力、海洋生物、海洋化工等新兴海洋产业，加强海洋基础性、前瞻性、关键性技术研发，以转变海洋经济增长方式。广

西将海洋事业作为重点发展领域之一，其构想由来已久。早在 21 世纪初，广西就提出打造"大西南出海口"的概念，但因为没有因地制宜的规划，这一概念始终只是"纸上谈兵"。直到 2008 年国家批准实施《广西北部湾经济区发展规划》，该区才找到了发展海洋经济的突破口。为了将海、陆有效连接，让其成为我国西部地区的重要出海口，2010 年，广西又出台了《关于建设"无水港"加快发展保税物流体系的意见》，提出到"十二五"末要初步形成覆盖该区各主要产业城市和西南各重点城市的"无水港"网络。在一系列政策的强力推动下，2010 年，北部湾港跨入亿吨大港行列，建成了钦州保税港区、南宁保税物流中心、凭祥综合保税区和北海出口加工区等海关特殊监管区，北部湾经济区成为全国发展最快、活力最强、潜力最大的区域之一。此外，北部湾经济区的石化、钢铁、修造船等临港产业的发展也日益成熟。钦州保税港区 3—8 号 5 个 10 万吨级多用途泊位水工工程已于 2011 年 9 月 9 日顺利通过国家验收。据悉，钦州港 30 万吨级航道长 38 千米，底宽 320 米，底标高 21 米，设计水深 25 米，已在 2012 年竣工。航道可满足 30 万吨级大型船舶和其他船舶正常航行，从而带动广西沿海开发和推动北部湾经济区实现跨越式发展。广西壮族自治区副主席林念修表示，广西将进一步发展海洋产业和海洋经济，全力培养海洋人才，强化海洋机构的管理职能，不断加强海洋公共服务、执法维权、科学研究、应急处置等方面的建设。

十一、海南省海洋经济发展规划和发展重点

海南省在"十二五"海洋发展规划中提出，做大做强海洋经济，统筹海陆，优化海洋产业结构，转变海洋经济发展方式，构建与海南省海洋资源相协调的特色海洋经济结构，努力推动我省海洋经济科学发展，逐步实现海洋大省向海洋强省转变。将海南省打造成为我国海洋旅游业改革创新的试验区、世界一流的海岛休闲度假旅游目的地、全国海洋生态文明建设示范区、南海资源开发和服务基地、国家现代海洋渔业示范

基地、国际海洋文化交流的重要平台。

1. 规划经济总目标

"十二五"期间，海洋经济以每年16%以上的速度增长，进一步巩固海洋经济在国民经济中的支柱地位。到2015年，全省海洋生产总值达1 098亿元，比2010年翻1番，三次海洋产业比重为20∶30∶50；到2020年，全省海洋生产总值达2 306亿元，比2010年翻2番，占全省生产总值的比重超过35%，三次海洋产业比重为18∶34∶48。初步建成以海洋旅游业为龙头，以海洋油气化工业、海洋交通业、船舶制造业、海洋渔业为支撑，以海洋新兴产业为补充的特色海洋产业体系。

2. 规划产业发展目标

海洋渔业发展目标。到2015年，全省水产品总量达到220万吨，实现渔业总产值500亿元，平均增速达14%。水产品出口量达25万吨，渔业创汇10亿美元；

滨海旅游业发展目标。到2015年，全省年接待游客达4 760万人次，旅游总收入达540亿元，旅游业增加值占地区生产总值的比重达9%以上；

海洋油气化工业发展目标。到2015年，形成2 000万吨级炼油、300万吨级乙烯、100万吨级对二甲苯、甲醇80万吨/年和醋酸50万吨/年的生产能力；

海洋交通运输业发展目标。到2015年，万吨级港口泊位达到62个，客运吞吐能力达到3 380万人次，货运吞吐量达到2亿吨，集装箱吞吐量为245万标箱；

船舶工业发展目标。到2015年，修船坞容达到100万吨，总产值达到250亿元，增加值100亿元，年平均增速达18%；

海洋矿业发展目标。到2015年，滨海砂矿采选业产值达到10亿元，钛铁矿增加值6亿元，年平均增速达10%。

3. 规划经济区域布局

在海南省所辖海域及本岛沿海地段规划环海南岛沿海的三条产业带

（北部海洋综合产业带、南部滨海旅游产业带、东部滨海旅游－渔农矿业产业带）和西部临海工业园区，南海北、中、南部三个海洋经济区，西、南、中沙群岛和海南岛沿海岛屿两个岛群海洋经济开发区。

4. 规划产业发展布局

环海南岛的海洋经济开发圈包括海南省沿海 12 县市的沿海陆域及海南省管辖的海域。按照中共海南省第四、五次党代会提出的"南北带动，两翼推进，发展周边，扶持中间"的思路，结合海洋经济开发区的区域布局和区域经济协调发展的要求，规划北部海洋综合产业带、南部滨海旅游产业带、西部临海工业园区、东部滨海旅游－渔农矿业产业带四个主导产业不同的产业带。

5. 海域开发布局规划

以北纬 18 度、北纬 12 度为界将南海划分为北、中、南部海区。南海北部海洋开发区指北纬 18 度以北的南海海域；南海中部海洋开发区指北纬 18 度以南、北纬 12 度以北的南海海域；南海南部海洋开发区指北纬 12 度以南的南海海域。

6. 海岛开发布局

海南岛沿海海域的海岛数量为 242 个（不含海南岛），人工岛 2 个，岛礁（干出礁与明礁）38 个。西沙群岛有海岛 32 个，中沙群岛有黄岩岛、中沙大环礁和 40 多个礁、滩、沙，南沙群岛有 235 个岛礁、滩、暗沙。海南省所辖海岛风光秀丽、资源丰富，具有很高的保护和开发价值。

7. 产业发展重点

（1）滨海及海岛旅游业

大力发展滨海及海岛旅游业。逐步形成以休闲度假旅游为主导，海岛观光及海洋专项旅游并存的多元化旅游产品结构。策划特色海洋旅游项目，建设国家级海洋国家公园和海洋主题公园，打造国际知名海洋旅游品牌，力争把海南建设成为我国最大的海洋旅游中心、世界上最大的海洋运动基地以及世界一流的海洋度假休闲旅游胜地。

（2）海洋油气化工产业

重点建设南海油气资源勘探开发服务基地、发展油气加工和化工业、建设国家石油战略储备基地。积极开发利用南海油气资源，全面推进油气化工产业发展，加大与全球知名油气化大企业合作的力度，延长产业链，引进重大项目，完善基础设施建设，力争把海南建设成为技术先进、与国际接轨、可持续发展的现代石油化工基地和石油储备基地，为全面实现海南省油气化工产业发展夯实基础。

（3）海洋交通运输业

加强港口体系、物流中心建设、加快航运业发展。主要突出海口港、洋浦港和八所港港口建设。岛内与三亚港、清澜港构成布局合理、分工明确的"四方五港"格局，外与粤西、广西沿海港口形成开放合作、竞争有序的西南沿海地区港口群，并加强与东南亚地区、珠三角、长三角、环勃海湾地区港口的合作。

（4）海洋船舶工业

充分发挥区位、港口和腹地资源优势，面向南海和东南亚，高起点建设船舶修造和海洋工程制造业，建立大型海洋工程装备修造基地，建设区域性船舶修造基地，组建游艇修造基地。

（5）海洋渔业

压缩近海捕捞，拓展外海捕捞，发展远洋捕捞，提升水产养殖，培育发展休闲渔业，加强渔港体系建设，继续推进渔业结构战略性调整。

（6）海洋矿产业

加强海洋矿产资源勘查，继续加大重要矿区带和重要海洋矿产资源的基础地质调查和矿产勘查；发展海洋矿产精深加工业，发挥海南省锆英砂、钛铁砂矿储量大、品质高的优势，重点发展锆钛化工、硅工业。对于锆、钛、石英砂等采矿权，要在本省内配套深加工，延长产业链；发展绿色矿业，严格矿产资源开发项目的准入。制订严格、科学、可行的生态环境保护和恢复治理措施，并以海滩地质环境恢复治理保证金制度确保落实，促进矿产资源开发利用和环境保护协调发展。

（7）海洋盐业

在海南省海洋经济发展规划的框架下，统筹海南盐业发展。重组盐业企业资产，整合盐业资源。从技术、资金等方面支持盐业产业和产品结构调整，提高工艺技术和装备水平，坚持以销定产，产销基本平衡。稳定原盐生产，发展盐田养殖业和盐产品深加工业，大力开发高附加值产品。

（8）新兴海洋产业

积极发展海洋生物医药，引导企业坚持走"产学研"结合的道路，创新海南海洋中成药的研发机制，加大各种海洋生物保健品开发力度。加快治疗肿瘤等重大、多发性疾病的海洋中成药的研发步伐，带动海南省海洋药物、海洋养殖业和海洋生物技术的蓬勃发展；大力开发海洋能源，以海洋风能利用为重点，全面发展海洋能利用；提高海水淡化能力，加快实施海水淡化示范工程或建立示范区，通过产业化示范，提高海水淡化总体水平。

第二节
我国沿海省市海洋发展战略竞争力比较分析

改革开放以来，海洋在我国沿海省市经济和社会发展中的地位日益重要。随着我国沿海省市对海洋资源的开发及其相关经济产业的发展，海洋经济已经成为我国沿海省市经济的重要组成部分。我国沿海省市海洋经济产业的发展也从自发状态向自觉状态转变。海洋资源相关产业的发展也逐渐有序化、规范化、科学化。科学的海洋发展规划对海洋经济产业的发展效果日益显现。从我国沿海省市多年的发展规划和"十二五发展规划"可以发现，虽然我国沿海省市各自的实际情况不同，但是它们各自的海洋战略发展规划中，也不难看出很多共同的特点。这从另外的一个侧面揭示了我国目前海洋战略的整体思想。

一、经济发展是我国沿海省市海洋战略规划的核心

从我国沿海省市的海洋战略规划来看，经济战略基本上成了其规划的全部战略内容。从我国沿海从北到南每个省市各自规划的海洋战略目标来看，经济目标成为其海洋战略的主要目标。

辽宁的"十二五"海洋战略目标是实现从海洋大省到海洋经济强省的跨越。海洋经济总量提升，全省海洋经济主要产业总产值达到 6 000 亿元，年均增长 14.9%，增加值达到 2 900 亿元，年均增长 12.6%，进入全国沿海省市前六名。制定了海洋渔业、海洋交通运输业、滨海旅游业、船舶修造业四大海洋产业具体发展目标。海洋化工、海洋生物制药和海水综合利用等新兴产业要扩大规模且在全国范围内有一定的示范效应。

天津的"十二五"海洋战略目标是海洋事业全面协调发展，奠定起建设海洋强市的基础，实现海洋经济发展方式实质转变，海洋自主创新能力明显提高，到 2015 年，海洋生产总值达到 5 000 亿元，海洋生产总值规模占全市生产总值的 30% 左右。

江苏的海洋战略目标是至 2015 年，海洋经济总体实力显著增强，使其成为全省经济快速持续发展的重要引擎；海洋产业结构和空间布局显著优化，现代海洋产业体系基本形成；保持海洋经济年均增长速度高于全省经济增长速度，实现海洋经济倍增计划，至 2015 年，海洋生产总值突破 6 800 亿元（2010 年价），占全省地区生产总值的比重达 10% 以上。提高海洋经济发展质量，海洋新兴产业增加值占主要海洋产业的比重提高至 20% 以上。

浙江海洋战略目标是海洋经济综合实力明显增强。海洋经济综合实力、辐射带动力和可持续发展能力居全国前列，在全国的地位进一步提升。基本实现海洋经济强省目标。到 2020 年，全省海洋生产总值力争突破 12 000 亿元，三次产业结构为 5：40：55，科技贡献率达 80% 左右，海洋新兴产业增加值占海洋生产总值的比重达 35% 左右，全面建成海洋经济强省。

广东的海洋战略目标是到 2015 年，广东省海洋经济质量和效益明显提高，海洋经济结构战略性调整取得重大进展，现代海洋产业体系基本建立，海洋经济在国民经济中的支柱地位进一步提升，初步建成布局科学、结构合理、人海和谐、具有较强综合实力和竞争力的海洋经济强省。

海南省的海洋战略目标是"十二五"期间，海洋经济以每年 16% 以上的速度增长，海洋经济在国民经济中的支柱地位进一步巩固。到 2015 年，全省海洋生产总值达 1 098 亿元，比 2010 年翻 1 番，三次海洋产业比重为 20：30：50；到 2020 年，全省海洋生产总值达 2 306 亿元，比 2010 年翻 2 番，占全省生产总值的比重超过 35%，三次海洋产业比重为 18：34：48。初步建成以海洋旅游业为龙头，以海洋油气化工业、海洋交通业、船舶制造业、海洋渔业为支撑，以海洋新兴产业为补充的特色海洋产业体系。

从我国沿海省市的海洋战略目标规划来看，其规划的重点、内容等等都是围绕经济目标而展开的。从长远的角度来看，这种经济优先的海洋战略并不符合我国未来海洋战略的真正需求。

二、海洋资源与地方综合资源统筹规划达成了共识

在我国海洋经济产业发展的早期，海洋产业的发展基本上是某一个领或某一些人群在特定的范围内的经济活动行为。但是，自从 1986 年"海上辽宁"战略规划提出以来，我国海洋经济发展出现了组合、统筹发展的趋势。近年，海陆互动、资源共享、海陆统筹发展思想在沿海省市的海洋战略规划中逐渐显现。海洋经济的发展不再是个体或局部行为，而是海陆多种资源、多产业形成的区域性发展模式。

从我国沿海省市"十二五"海洋战略规划来看，辽宁提出了围绕一带发展、壮大二海建设、统筹双区功能的规划布局；河北提出了促进海陆互动开发，构筑陆海关联型经济增长隆起带的规划布局；天津市在"十二五"规划中规划设计了"双城双港、相向拓展、一轴两带、南北生态"和滨海新区"一核双港三片区"的布局要求，形成"一带五区两场三点"的海洋空间发展布局；山东更是结合全省经济、资源、人才等多重要素制定了山东半岛蓝色经济区战略规划并上报国务院批复；江苏根据其沿海、沿江资源环境承载能力和现有产业基础与发展潜力，陆海统筹，江海联动，优化海洋产业布局，构建江苏"L"型特色海洋经济带，提升北部海洋重化工业板块、中部海洋生态产业板块和南部海洋船舶及海洋工程装备制造业板块的综合竞争力，培育以沿海港口和沿江港口为依托的产业集群，形成"一带三区多节点"的海洋经济空间布局；上海提出了江海联动、海陆统筹，坚持安全、资源、环境协调发展，进一步提高海洋综合管理能力和公共服务水平，为上海经济社会可持续发展提

供支撑保障的发展思想；浙江制定了坚持以海引陆、以陆促海、海陆联动、协调发展，注重发挥不同区域的比较优势，优化形成重要海域基本功能区，推进构建"一核两翼三圈九区多岛"的海洋经济总体发展格局；福建提出着力构建"一带一圈六湾十岛"的海洋开发新格局；广东按照"集约布局、集群发展、海陆联动、生态优先"的要求，进一步优化海洋主体功能区域布局，着力构建"一核二极三带"的新格局。以珠江三角洲为核心，同时培育粤东、粤西两个新的增长极，由"三带"构成生产、生活和生态三位一体的广东沿海经济带；广西提出以北海、钦州、防城港 3 个北部湾经济区港口城市为广西海洋经济发展中心，在沿海地区形成一条"三角形"海洋经济带，打造以石化、钢铁、修造船、电子信息等为重点的海洋产业集聚区；海南省提出在其所辖海域及本岛沿海地段规划环海南岛沿海的三条产业带（北部海洋综合产业带、南部滨海旅游产业带、东部滨海旅游－渔农矿业产业带）和西部临海工业园区，南海北、中、南部三个海洋经济区，西、南、中沙群岛和海南岛沿海岛屿两个岛群海洋经济开发区。以上所有这些省（区、市）海洋战略规划布局，无一不体现了海洋资源与地方综合资源统筹协调的发展思想。

三、海洋科技成为海洋战略规划突破的重点内容

海洋经济经过多年的发展，经济的增长和可持续化面临诸多挑战。人们越来越意识到靠消耗资源和简单的扩大生产发展方式是不可持续的，科学技术在经济发展中的作用日益明显，从技术上寻找海洋经济可持续发展的突破口成为人们的共识。

从沿海省市的规划和具体实施来看，海洋科技战略逐渐成为沿海省市海洋战略的核心。辽宁先后建立了旅顺国家级海珍品科技示范基地、东港市滩涂贝类科技示范基地、长海县海洋牧场科技示范基地、科技兴海技术转移中心大连中心；河北省实施了"科技兴海"工程，在"十二五"规划中，海洋科技和创新是河北海洋规划发展的核心内容。深

入贯彻落实科学发展观，培养壮大海洋科技力量，加强海洋产业关键性技术研究，积极引进国内外先进的技术成果，加速科技成果向现实生产力转化，增强海洋科技创新能力。依靠科技进步，大力发展海洋经济，科学开发海洋资源，培育海洋新兴产业，规划目标是到2015年，海洋科技创新能力显著增强，海洋科研条件明显改善，初步形成比较完善的海洋科技创新体系；攻克一批海水利用成套技术，研究开发一批海洋创新药物、新型海洋生物制品，攻克一批盐生植物开发利用关键技术，形成一批具有明显市场优势的高端产品；培育一批海洋水产良种，开发一批海水健康养殖技术和海洋水产品精深加工技术，培育扶持一批有较强竞争力的海洋科技骨干企业；天津提出了以科技兴海为支撑，到2015年，海洋自主创新能力明显提高，基本建成国家海洋科技研发与转化基地、国家战略性新兴海洋产业基地和国家海洋事业发展基地的发展规划；江苏省提出加强海洋创新平台建设，建设一批海洋科技创新平台；加快海洋科技成果转化，提高海洋科技创新能力，加强涉海院校和人才队伍建设，增强科技教育对海洋经济发展的支撑引领作用；上海提出坚持科技兴海、科学用海，着力建立海洋科技创新体系，加快科技兴海平台建设，加强综合管理和公共服务关键技术研究，推进海洋经济发展高新技术研究的发展规划；浙江提出了加强海洋类院校、涉海人才队伍、海洋科技创新平台和海洋文化建设，增强科教文化对海洋经济发展的支撑引领作用的发展战略规划；福建提出了围绕提高海洋科技自主能力，加快海洋人才高地建设、加快完善区域海洋科技创新体系、高效推进海洋科技成果转化的发展规划；广东提出了将科技和教育作为海洋经济发展的重要支撑，充分发挥海洋科技和教育资源的优势，推进科技和教育资源整合，加快科技体制创新、科技创新人才培养、自主创新能力的提高，推动科技成果向现实生产力转化，加强海洋科技创新平台建设，促进海洋科技成果转化，发展海洋教育事业的发展战略规划。

四、海洋环境影响经济发展的意识越来越强

中国沿海海洋经济高速发展的几十年，也是我国海洋生态环境迅速遭到破坏的几十年。在这过程中，人们逐渐认识到海洋生态环境的破坏不但直接影响人们的生活质量，而且海洋生态环境的恶化和资源的枯竭使某些海洋产业直接面临消失的危险，海洋生态环境逐渐成为直接影响海洋经济可持续发展的重要因素之一。因此，海洋生态环境问题越来越得到了沿海省市的重视，在它们各自的海洋战略规划中，海洋环境保护与治理问题已成为其规划的重要课题。比如辽宁在"十二五"海洋战略规划中提出，在海洋环境方面，要明显减少近岸海域污染和减缓生态恶化势头，使部分污染严重的海湾、河口的环境质量有明显改善。沿海城镇生活污水处理率达到70%以上，生活垃圾无害化处理率达到60%以上，近岸海域水质按功能区划达标率90%以上；河北在"十二五"海洋战略规划中提出，以北戴河及关联区域为重点，逐步建立近岸海域污染防治与生态修复、海洋灾害预测预警和综合防治技术体系，应对海洋灾害的能力明显增强；江苏在"十二五"海洋战略规划中提出，近岸海域海洋功能区水质达标率升至80%，陆源直排口废水排放达标率升至100%，船舶污水收集处理率达60%，海洋特别保护区面积比例达10%，海洋生态环境得到有效保护与修复；上海在"十二五"海洋战略规划中提出，进一步加强海洋生态环境保护，污染物排放总量得到有效控制，全市城镇污水处理率达到85%以上，开展生态修复和保护行动，使海洋生态环境逐步修复；浙江在"十二五"海洋战略规划中提出，海洋生态环境明显改善。海洋生态文明和清洁能源基地建设扎实推进，海洋生态环境、灾害监测监视与预警预报体系健全，陆源污染物入海排放得到有效控制，典型海洋和海岛生态系统获得有效保护与修复，基本建成陆海联动、跨区共保的生态环保管理体系，形成良性循环的海洋生态系统，防灾减灾能力有效提高。到2015年，清洁海域面积力争达到15%以上；福建在"十二五"海洋战略规划中提出，科学利用海洋资源，构建蓝色生态屏

障，建成人海和谐、文明宜居的海洋生态文明示范区；广东在"十二五"海洋战略规划中提出，坚持开发与保护并重、污染防治与生态修复并举、陆海同防同治，加强海洋与海岸带生态系统建设，确保海洋经济发展规模、发展速度与资源环境承载能力相适应，进一步增强可持续发展能力，实现人海和谐。

第五章
我国沿海省市发展海洋经济综合基础竞争力比较研究

中国沿海素有中国黄金海岸线之称，经济比较发达的省市和地区都集中在中国沿海一带。随着海洋意识的加强，开发利用海洋已经成为国人的共识。与此同时，海洋开发利用是一个资金、技术、人才、文化意识等综合要素的系统工程。研究我国沿海省市经济综合发展情况，对在沿海省市优先推进海洋战略的实施规划具有重要的意义。

第一节　我国沿海省市经济社会发展总体概况

一、辽宁省经济社会发展总体概况 [①]

（一）经济总量

辽宁省 2010 年生产总值 18 278.3 亿元，按可比价格计算，比上年增长 14.1%。其中，第一产业增加值 1 631.1 亿元，增长 5.8%；第二产业增加值 9 872.3 亿元，增长 16.7%；第三产业增加值 6 774.9 亿元，增长 12.2%。三次产业生产总值构成为 8.9 : 54 : 37.1。

---

① 国家统计局.中国统计年鉴［M］.北京：中国统计出版社，2011：69-73.

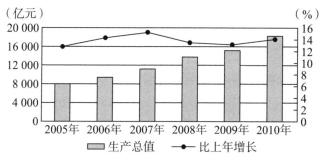

图 5-1 "十一五"辽宁生产总值及增长速度

（二）财政收支

辽宁省 2010 年全年地方财政一般预算收入 2 004.8 亿元，比上年增长 26%。其中，各项税收 1 516.6 亿元，增长 28.1%。在各项税收中，营业税 453.7 亿元，增长 24.7%；增值税 188.8 亿元，增长 15.5%；个人所得税 64.2 亿元，增长 31.2%。全年地方财政一般预算支出 3 194.4 亿元，比上年增长 19.1%。其中，教育支出 404.8 亿元，增长 16.7%；科学技术支出 68.6 亿元，增长 19.4%；社会保障和就业支出 578.5 亿元，增长 14.8%；医疗卫生支出 148.6 亿元，下降 9%；环境保护支出 76.9 亿元，增长 38%；农林水事务支出 285.7 亿元，增长 18.7%。

（三）固定资产投资

辽宁省 2010 年全年全社会固定资产投资 16 043 亿元，比上年增长 30.5%。从产业来看，第一产业投资 358.3 亿元，比上年增长 11%；第二产业投资 7 493.1 亿元，增长 28.2%；第三产业投资 8 191.6 亿元，增长 33.7%。三次产业投资构成由上年的 2.6∶47.5∶49.9 调整为 2.2∶46.7∶51.1。从行业来看，采矿业投资增长 63.8%，制造业投资增长 25.7%，信息传输及计算机服务和软件业投资增长 10.5%，住宿餐饮业投资增长 18.5%，租赁和商务服务业投资增长 1.2 倍，科学研究、技术服务和地质勘查业投资增长 28.7%，居民服务和其他服务业投资增长 49.9%。全年房地产开发投资 3 465.8 亿元，比上年增长 31.3%。全年基础设施建设完成投资 3 839.1 亿元，比上年增长 37%。

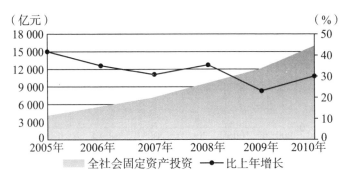

图 5-2 "十一五"辽宁全社会固定资产投资及增长速度

（四）主要经济产业发展状况

全年全部工业增加值 8 684.7 亿元，按可比价格计算，比上年增长 16.8%。规模以上工业增加值按可比价格计算比上年增长 17.8%。在 39 个工业大类行业中，36 个行业增加值保持增长，25 个行业增加值的增速超过全省平均水平。

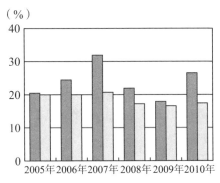

图 5-3 "十一五"辽宁规模以上工业增加值增长速度

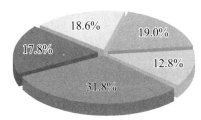

图 5-4 2010 年辽宁规模以上工业增加值行业构成

全年规模以上工业企业新产品产值 2 747.1 亿元，比上年增长 31.4%。其中，装备制造业新产品产值 1 768.4 亿元，增长 16.2%；冶金工业新产品产值 561.6 亿元，增长 1.3 倍；石化工业新产品产值 294.1 亿元，增长 30.6%；农产品加工业新产品产值 62.9 亿元，增长 41%。

全年规模以上工业企业完成出口交货值 3 024.1 亿元，比上年增长 26.4%。其中，交通运输设备制造业完成出口交货值 536.5 亿元，增长 26.7%；通信设备、计算机及其他电子设备制造业完成出口交货值 450.2 亿元，增长 54.2%；农副食品加工业完成出口交货值 294.4 亿元，增长 37.2%；黑色金属冶炼及压延加工业完成出口交货值 266.8 亿元，增长 1.2 倍；通用设备制造业完成出口交货值 180.7 亿元，增长 26.5%；电气机械及器材制造业完成出口交货值 138 亿元，增长 44.1%。

全年规模以上工业企业实现主营业务收入 36 821.8 亿元，比上年增长 33%；利税总额 2 992.6 亿元，增长 44%；实现利润 1 506.3 亿元，增长 59.9%。从支柱产业看，装备制造业实现利润 598.2 亿元，比上年增长 49.1%；冶金工业实现利润 257 亿元，增长 43.6%；石化工业实现利润 161.5 亿元，增长 1.1 倍；农产品加工业实现利润 259.1 亿元，增长 53.3%。从经济类型看，国有企业实现利润 67.2 亿元，比上年增长 1.3 倍；集体企业实现利润 42.9 亿元，增长 54.6%；股份制企业实现利润 760.9 亿元，增长 70.5%；股份合作企业实现利润 10 亿元，增长 71.2%；外商及港澳台商投资企业实现利润 407.4 亿元，增长 35.7%。

全年建筑业增加值 1 187.6 亿元，按可比价格计算，比上年增长 16.2%。具有建筑业资质等级的总承包和专业承包建筑企业共签订工程合同额 7 363.5 亿元，比上年增长 48.8%；上缴税金 144.8 亿元，增长 28%；实现利润 155.1 亿元，增长 30.4%；全员劳动生产率 180 870 元/人（按建筑业总产值计算），增长 12.3%。

（五）国内市场消费情况

全年批发和零售业增加值 1 645.3 亿元，住宿和餐饮业增加值 372.2 亿元，按可比价格计算，分别比上年增长 13.2% 和 14.3%。

全年社会消费品零售总额 6 809.6 亿元，比上年增长 18.6%。批发业零售额 620.8 亿元，增长 14.7%；零售业零售额 5 433.5 亿元，增长 18.2%；住宿业零售额 61.1 亿元，增长 20.8%；餐饮业零售额 694.2 亿元，增长 24.8%。从规模看，限额以上批发零售业零售额 2 195.5 亿元，增长 30.1%；限额以下批发零售业零售额 3 858.8 亿元，增长 11.9%。限额以上住宿餐饮业零售额 204.7 亿元，增长 27.6%；限额以下住宿餐饮业零售额 550.6 亿元，增长 23.4%。

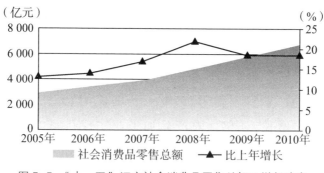

图 5-5 "十一五"辽宁社会消费品零售总额及增长速度

（六）对外经济交流与合作情况

辽宁 2010 年全年实际使用外商直接投资 207.5 亿美元，比上年增长 34.4%。从产业看，第一产业使用外资 1.8 亿美元，增长 31.6%；第二产业使用外资 83.7 亿美元，增长 13%；第三产业使用外资 122 亿美元，增长 54.5%。三次产业实际使用外商直接投资的构成为 0.9∶40.3∶58.8。从行业看，制造业使用外资 76.1 亿美元，增长 9.4%；房地产业使用外资 70.3 亿美元，增长 99%；居民服务和其他服务业使用外资 13.1 亿美元，增长 16%。全年引进国内资金实际到位额 4 103.1 亿元，比上年增长 65.1%。

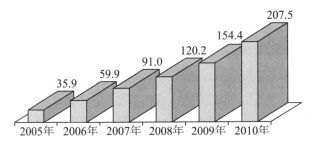

图5-6 "十一五"辽宁实际使用外商直接投资（亿美元）

全年进出口总额 806.7 亿美元，比上年增长 28.2%。其中，出口总额431.2 亿美元，增长 28.9%；进口总额 375.5 亿美元，增长 27.4%。在出口总额中，一般贸易出口 180 亿美元，加工贸易出口 206.1 亿美元，分别增长 29.2% 和 26.5%；国有企业出口 112.4 亿美元，外商投资企业出口 206.4 亿美元，私营企业出口 102.9 亿美元，分别增长 36.4%、25.7% 和28%；机电产品出口 187.4 亿美元，高新技术产品出口 53 亿美元，分别增长 30.8% 和 40.5%。

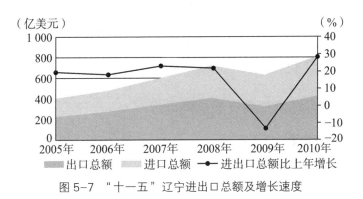

图5-7 "十一五"辽宁进出口总额及增长速度

全年在海外新办各类企业和机构 167 家，总投资额 11 亿美元。对外承包工程和劳务合作新签合同项目 1 422 个，比上年增长 3%。

（七）科学技术与创新

2010 年研究与试验发展（R&D）经费支出 271.4 亿元。专利申请 34 216件，比上年增长 32.6%，其中，发明专利申请 9 884 件，增长 38.7%；

授权专利 17 093 件，增长 40.1%，其中，授权发明专利 2 357 件，增长 18.3%。有 12 项成果获国家科技奖，其中自然科学奖 1 项、技术发明奖 1 项、科技进步奖 10 项；有 269 项成果获省科技进步奖。国家及省级工程技术研究中心 402 家，其中新组建省级工程技术研究中心 10 家。产学研技术联盟达 535 家。签订各类技术合同 1.6 万项，技术合同成交额 130.7 亿元，比上年增长 9.2%。

2010 年高新技术产品增加值按现价计算比上年增长 26.4%，占规模以上工业增加值的 31.2%。高新技术企业达 641 家。

2010 年年末有产品质量检验机构 57 个，其中国家检测中心 18 个；质量认证机构 4 个，产品认证机构 2 个，完成产品认证种类 12 071 种；法定计量技术机构 136 个，强制检定计量器具 198 万台件。2010 年制定、修订地方标准 104 项。有气象雷达观测站点 7 个，卫星云图接收站点 15 个，地震台站 18 个，地震遥测台站 5 个。

2010 年普通本专科招生 25.2 万人，在校生 88 万人，毕业生 22 万人。研究生培养单位招生 2.9 万人，在校生 8.2 万人，毕业生 2.2 万人。特殊教育在校生 8 921 人。

二、河北省经济社会发展总体概况 [①]

（一）经济总量

河北省 2010 年全省生产总值实现 20 197.1 亿元，比上年增长 12.2%。其中，第一产业增加值 2 562.8 亿元，增长 3.5%；第二产业增加值 10 705.7 亿元，增长 13.4%；第三产业增加值 6 928.6 亿元，增长 13.1%。三次产业增加值占全省生产总值的比重分别为 12.7%、53.0% 和 34.3%。

---

① 国家统计局. 中国统计年鉴［M］. 北京：中国统计出版社，2011：79-81.

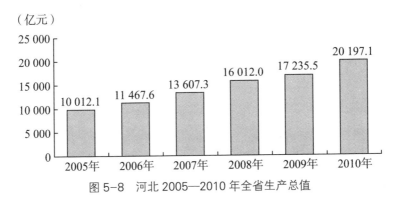

图 5-8　河北 2005—2010 年全省生产总值

（二）财政收支状况

河北省 2010 年全部财政收入 2 410.5 亿元，比上年增长 19.3%，其中地方一般预算收入完成 1 330.8 亿元，增长 24.7%。税收收入 1 074.0 亿元，增长 28.0%。财政支出 2 778.9 亿元，增长 18.4%。

民营经济实现增加值 11 579.8 亿元，比上年增长 14.1%；占全省生产总值的比重达 57.3%，同比提高 1.8 个百分点。实缴税金 1 279.3 亿元，增长 26.5%，占全部财政收入的比重为 53.1%；完成出口 159.0 亿美元，占全省出口总值的 70.4%，提高 4.2 个百分点；就业人员 1 509.4 万人，增长 5.1%。

（三）投资能力

2010 年全社会固定资产投资完成 15 082.5 亿元，比上年增长 22%。其中，重大工程完成投资 6 759.0 亿元，增长 44.0%。曹妃甸工业区和沧州渤海新区分别完成投资 687.7 亿元和 227.8 亿元。青兰高速邯郸西至涉县段，承朝高速公路、承唐高速公路，河北国华沧东发电有限责任公司黄骅发电厂二期，河北国华电厂定州发电有限公司扩建二期，石家庄市二环快速路提升工程，河北承德围场御道口牧场 150 MW 风电场建设项目，沽源县东辛营建投能源 20 万千瓦风场项目，河北亿隆公司年产 5 万吨发电机主轴制造项目，英利能源（中国）有限公司年产 300 兆瓦单晶硅太阳能电池项目，南堡经济开发区管委会四方物流一期项目，胜芳国际家具博览有限公司家具博览城建设，河北钢铁集团承钢老厂区改造，开滦（集团）有限责任公司技改项目等一批重大项目建成投产。全年房地产开发投资 2264.8 亿元，比上年增长 49.0%。

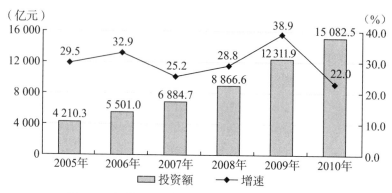

图 5-9　河北 2005—2010 年全社会固定资产投资

城镇投资中第一产业投资 318.5 亿元，比上年增长 30.3%；第二产业投资 5 602.6 亿元，比上年增长 11%；第三产业投资 7 000.8 亿元，增长 34%。城市基础设施完成投资 3 244.2 亿元，增长 27.1%。高新技术产业投资增长 22.3%，其中生物技术与现代医药、新材料、新能源、航空航天投资分别增长 42.2%、30.8%、18.7% 和 3.7 倍。

（四）主要经济产业发展情况

2010 年全部工业增加值 9 554.0 亿元，比上年增长 13.5%。规模以上工业增加值 8 182.8 亿元，增长 16.5%。

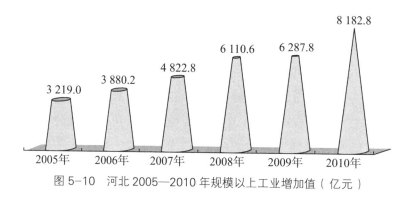

图 5-10　河北 2005—2010 年规模以上工业增加值（亿元）

规模以上工业中，装备制造业增加值比上年增长 26.7%，高于全省规模以上工业 10.2 个百分点，占规模以上工业的比重达 17.2%，同比提高 1.0 个百分点；钢铁工业增长 12.1%；石化工业增长 9.0%；医药工业增长 16.9%；建材工业增长 16.9%；食品工业增长 13.9%；纺织服装业增长 21.0%。高新技术产业增加值增长 28.5%，高于全省规模以上工业 12 个百分点，同比提高 9 个百分点。其中新能源、电子信息和先进制造领域分别增长 62%、38.8% 和 31.4%。全省规模以上工业实现利润 1 754.5 亿元，比上年增长 41.9%。全年全社会建筑业增加值 1 151.7 亿元，比上年增长 12.4%。

（五）国内市场消费势力

2010 年社会消费品零售总额实现 6 821.8 亿元，比上年增长 18.3%。其中城镇消费品零售额完成 5 203.0 亿元，增长 19.0%；乡村消费品零售额完成 1 618.8 亿元，增长 16.3%。

（六）对外经济交流与合作

2010 年进出口总值完成 419.3 亿美元，比上年增长 41.5%。其中，出口总值 225.7 亿美元，增长 43.9%；进口总值 193.6 亿美元，增长 38.9%。机电产品和高新技术产品分别出口 83.4 亿美元和 35.7 亿美元，分别增长 44.2% 和 74.5%，占全省出口总值的 37.0% 和 15.8%。纺织纱线、织物及制品出口 13.4 亿美元，增长 46.7%；汽车出口 4.4 亿美元，增长 51.5%；服装及衣着附件出口 28.7 亿美元，增长 42.2%；钢材出口 34.2 亿美元，增长 93.0%；农产品出口 12.3 亿美元，增长 19.8%。

图 5-11 河北 2005—2010 年进出口总值

全年实际利用外资 43.7 亿美元，比上年增长 18.2%。其中外商直接投资 38.3 亿美元，增长 6.5%。在外商直接投资中，制造业占 67.9%；房地产业占 13.6%；批发和零售业占 3.1%；交通运输、仓储和邮政业占 1.6%。全年新批外商直接投资企业（项目）246 个，增长 14.4%；新批合同外资 32.9 亿美元，增长 26.3%。

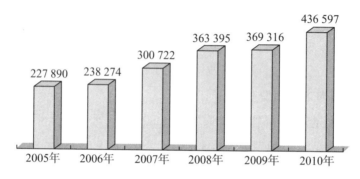

图 5-12　河北 2005—2010 年实际利用外资额（万美元）

年对外承包工程完成营业额 28.5 亿美元，比上年减少 0.6%；对外劳务合作完成营业额 0.3 亿美元，减少 8.2%。

2010 年引进省外技术 5 420 项，比上年增长 1.1%；引进资金 1 949.8 亿元，增长 31.3%；引进人才 8.2 万人，增长 6.1%。

（七）科学技术与创新

2010 年用于科技活动的经费支出为 240 亿元，比上年增长 11.3%。其中研究与发展（R&D）经费支出 160 亿元，增长 18.7%，占全省生产总值的 0.79%，同比提高 0.01 个百分点。年末从事科技活动人员 20 万人，增长 7.3%，其中科学家和工程师 13 万人，增长 7.3%。建设省级以上企业技术中心 250 家、工程技术研究中心 107 家、重点实验室 78 家。全年组织实施高新技术产业化项目 133 项，其中滚动实施的在建国家重大专项和示范工程项目 52 项，新增国家重大专项和示范工程项目 20 项。全年共登记省级以上科技成果 2 903 项，其中国际领先的 48 项，国际先进的 507 项，国内领先的 1 858 项，国内先进的 487 项。全年专利申请量 12 300 件，授权量 10 061 件，分别比上年增长 8.3% 和 47.1%。全年共签订技术合同

4 517 份，技术合同成交金额 19.3 亿元，分别增长 2.9% 和 12.1%。

2010 年，全省产品质量、体系认证机构 2 个，完成对 8 952 个企业的产品认证。共有法定计量技术机构 149 个，全年强制检定计量器具 173.4 万台（件）。2010 年制定、修订省级标准 206 项。全省共有天气雷达观测站点 5 个，卫星云图接收站点 4 个。有地震台站 28 个，地震遥测台网 2 个。测绘部门审核地图 40 件。全省省级地质环境监测站 12 个。

2010 年研究生教育招生 11 326 人，比上年增长 5.0%；在校研究生 31 452 人，增长 11.0%；毕业生 7 875 人，增长 7.9%。普通高等学校 110 所，招生 33.9 万人，增长 3.0%；在校学生 110.5 万人，增长 4.2%；毕业生 29.7 万人，增长 5.1%。中等职业学校在校生 128.1 万人。

表 5-1　2010 年河北职业和高等教育招生和在校生情况

指　标	学校数 / 个	招生数 / 万人	在校生数 / 万人	毕业生数 / 万人
普通高等学校	110	33.9	110.5	29.7
中等职业学校	919	51.5	128.1	40.8

三、天津市经济社会发展总体概况 [①]

（一）经济总量

2010 年天津市生产总值（GDP）完成 9 108.83 亿元，按可比价格计算，比上年增长 17.4%。从三次产业看，第一产业实现增加值 149.48 亿元，增长 3.3%；第二产业增加值 4 837.57 亿元，增长 20.2%；第三产业增加值 4 121.78 亿元，增长 14.2%。三次产业结构为 1.6 ∶ 53.1 ∶ 45.3。

① 国家统计局 . 中国统计年鉴 [M] . 北京：中国统计出版社，2011：57-61.

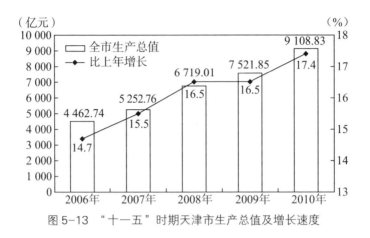

图 5-13 "十一五"时期天津市生产总值及增长速度

（二）财政收支

2010 年天津市地方一般预算收入完成 1 068.81 亿元，增长 30.1%。2010 年地方税收收入完成 776.65 亿元，增长 26.6%，增幅比上年提高 14.2 个百分点。企业所得税收入增长 32.6%，营业税增长 26.9%，增值税增长 20.3%，个人所得税增长 20.5%。

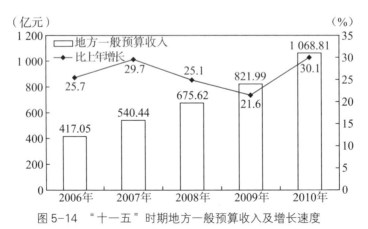

图 5-14 "十一五"时期地方一般预算收入及增长速度

2010 年天津市一般预算支出 1 351.3 亿元，增长 23.0%。其中，社会保障和就业、医疗卫生、环境保护和城乡社区事务等改善民生支出分别增长 20.2%、28.6%、87.8% 和 38.9%，合计支出 589.5 亿元，占全市一般预算支出的 43.6%，比上年提高 4.1 个百分点。

（三）固定资产投资

2010 年天津市全社会固定资产投资完成 6 511.42 亿元，比上年增长 30.1%。其中城镇投资 6 114.34 亿元，增长 30.1%；农村投资 397.08 亿元，增长 29.7%。在城镇固定资产投资中，第一产业完成投资 45.74 亿元，同比下降 2.7%；第二产业完成投资 2 704.04 亿元，增长 32.8%，其中工业八大优势产业投资增长 38.0%，拉动城镇投资增长 13.9 个百分点；第三产业完成投资 3 364.56 亿元，增长 28.5%。三次产业完成投资分别占城镇投资的比重为 0.8 ： 44.2 ： 55.0。

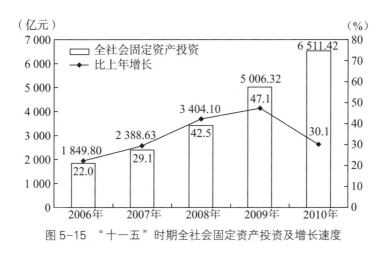

图 5-15　"十一五"时期全社会固定资产投资及增长速度

重大项目及新开工大项目带动作用明显增强。有力地带动了全市经济的平稳较快增长，完成投资 1 418.04 亿元，增长 60.5%，拉动城镇投资增长 11.3 个百分点。

（四）主要经济产业发展

2010 年天津市工业增加值完成 4 410.70 亿元，增长 20.8%，拉动全市经济增长 11.1 个百分点，贡献率达到 63.5%。工业总产值突破 17 000 亿元，达到 17 016.01 亿元，增长 31.4%；其中规模以上工业总产值 16 660.64 亿元，增长 31.7%。在规模以上工业总产值中，轻工业 2 712.40 亿元，增长 23.6%；重工业 13 948.23 亿元，增长 33.4%。

工业结构进一步优化。航空航天、石油化工、装备制造、电子信息、生物医药、新能源新材料、轻纺和国防八大优势产业完成工业总产值15 268.58 亿元，占全市规模以上工业总产值的比重为 91.6%，比上年提高 0.9 个百分点。高新技术产业产值完成 5 100.84 亿元，占规模以上工业总产值的 30.6%，提高 0.6 个百分点。新产品产值完成 5 019.25 亿元，增长 30.2%。

2010 年天津市规模以上独立核算工业企业主营业务收入完成 17 130.98亿元，增长 38.2%。实现利税总额 1 683.24 亿元，增长 58.7%。其中税金546.83 亿元，增长 41.2%；利润 1 136.41 亿元，增长 68.7%。盈利居前的五大行业分别是石油和天然气开采业（540.47 亿元）、交通运输设备制造业（157.37 亿元）、通用设备制造业（74.92 亿元）、通信设备计算机及其他电子设备制造业（49.45 亿元）、化学原料及化学制品制造业（37.56 亿元）。

建筑业稳步发展。2010 年，全市建筑业增加值完成 426.87 亿元，增长 12.0%；总产值完成 2 473.25 亿元，增长 29.4%。全市房地产业增加值完成 328.60 亿元，比上年下降 0.9%。房地产开发投资 866.64亿元，增长 17.9%。

（五）对外经济交流与合作

出口实现恢复增长。全市外贸进出口总额完成 822.01 亿美元，增长28.8%。其中进口 446.84 亿美元，增长 31.7%；出口 375.17 亿美元，增长 25.5%。在出口产品中，机电产品出口 262 亿美元，高新技术产品出口149.8 亿美元，分别占全市出口的 69.8% 和 39.9%，同比分别提高 1.6 个和0.1 个百分点。

2010 年天津市合同外资额 152.96 亿美元，增长 10.5%；实际直接利用外资 108.49 亿美元，增长 20.3%。其中服务业实际直接利用外资57.39 亿美元，增长 17.4%，占全市的 52.9%；制造业实际直接利用外资49.62 亿美元，增长 28.0%，快于全市 7.7 个百分点。新批和增资合同外资额 5 000 万美元以上项目 89 个，1 亿美元以上项目 8 个。全市有 383

家外商投资企业增资，外方增资额 51.3 亿美元，占全市合同外资额的
33.5%。国内招商引资快速增长。全市实际利用内资 1 633.82 亿元，比
上年增长 31.5%。

（六）科技与创新

2010 年天津市市级科技成果完成 2 010 项，其中基础理论成果 189
项，应用技术成果 1 771 项，软科学成果 50 项。在科技成果中，属于国
际领先水平 87 项，达到国际先进水平 337 项。全市 13 项科技成果获得
国家科学技术奖，涉及新材料、化学、内燃机、电力等多个领域。组建
科技服务队 43 个，选派农业科技特派员 1 136 人。专利拥有量快速增长，
受理专利申请 25 142 件，增长 31.0%；专利授权 10 998 件，增长 52.4%；
年末全市有效专利 29 672 件，增长 44.6%。签订技术合同 9 541 项，成交
额 119.79 亿元，增长 12.8%。创新体系建设取得积极进展。全社会研发经
费支出占生产总值的比重提高到 2.5%。新认定高新技术企业 132 家，获
得国家级新产品认定 20 项。启动实施科技"小巨人"成长计划。新增国
家级企业技术开发中心 4 家，总数达到 28 家；新增市级企业技术开发中
心 38 家，累计达到 330 家。年末全市有国家级重点实验室 6 个，国家部
局级重点实验室 38 个，国家级工程（技术）研究中心 31 个，国家级科
技产业化基地 15 个。人才引进和培养机制更加健全。2010 年天津市全市
引进各类人才 5 348 人，新建博士后工作站 14 个，博士后流动站和工作
站总数达到 198 个，在站博士后 860 余人。高级以上技术工人达到 29.4
万人，比上年增长 9.3%，占全市技术工人队伍的 25.4%。

2010 年，天津市有普通高校 55 所，中等专业学校 43 所，职业中学
31 所，技工学校 39 所。高等教育质量不断提升。新增本科专业 36 个、
国家精品课 34 门、教学团队 10 个、特色专业 15 个，入选数量均位居全
国前列。围绕优势产业发展，启动 198 个品牌特色专业建设。全市普通高
校共招收本专科学生 13.31 万人，毕业 10.54 万人，年末在校 42.92 万人，
专任教师 2.81 万人。招收研究生 1.52 万人，毕业生 1.14 万人，年末在校

生 4.10 万人，指导教师 0.61 万人。年末在校成人本专科生 7.17 万人，网络本专科生 3.42 万人。发放国家助学贷款 1.01 亿元，6 116 名贫困学生受益。职业教育改革进入新阶段。全面完成职业教育改革试验区建设，与教育部签署共建国家职业教育改革创新示范区协议，实现由试验区到示范区的升级。海河教育园区一期建设工程完工。高水平举办 2010 年全国职业院校技能大赛。年末在校学生中，中等专业学校 7.48 万人，职业中学 3.09 万人，技工学校 3.01 万人，成人中专 1.04 万人。

四、山东省经济社会发展总体概况[①]

（一）经济总量

2010 年山东省实现生产总值（GDP）39 416.2 亿元，按可比价格计算，比上年增长 12.5%。其中，第一产业增加值 3 588.3 亿元，增长 3.6%；第二产业增加值 21 398.9 亿元，增长 13.4%；第三产业增加值 14 429.0 亿元，增长 13.0%。产业结构调整取得明显成效，三次产业的比例为 9.1 ∶ 54.3 ∶ 36.6。

图 5-16　山东 2005—2010 年全省生产总值及增长速度

---

① 国家统计局.中国统计年鉴［M］.北京：中国统计出版社，2011：83-85.

（二）财政金融

2010 年山东省财政收支稳定增长。地方财政一般预算收入 2 749.3 亿元，比上年增长 25.1%，其中，税收收入 2 149.9 亿元，增长 25.0%，占地方财政收入的 78.2%。地方财政支出 4 144.5 亿元，增长 26.8%。其中，环境保护支出增长 46.8%，科学技术支出增长 33.1%，医疗卫生支出增长 32.9%，农林水事务支出增长 26.8%，教育支出增长 25.5%，社会保障和就业支出增长 25.2%。

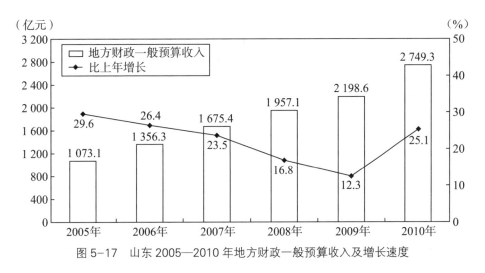

图 5-17　山东 2005—2010 年地方财政一般预算收入及增长速度

金融市场运行平稳。2010 年年末本外币各项存款余额 41 653.7 亿元，比年初增加 6 483.1 亿元。其中，企事业单位存款余额 11 920.0 亿元，新增 1 825.1 亿元；居民储蓄存款余额 19 773.3 亿元，新增 2 549.6 亿元。2010 年年末本外币贷款余额 32 536.3 亿元，比年初增加 5 150.4 亿元。资本市场取得积极进展。年末拥有境内上市公司 124 家，比上年增加 26 家，新上市公司募集资金 253.6 亿元。

（三）资产投资能力

2010 年山东省全社会固定资产投资 23 279.1 亿元，比上年增长 22.3%。其中，城镇投资 18 846.8 亿元，增长 22.1%；农村投资 4 432.3 亿元，增长 23.2%。建设资金充足，到位资金 25 374.1 亿元，增长 23.8%，其中，自筹资金增长 25.2%，占到位资金的 72.6%。

2010 年山东省三次产业投资结构由上年的 3.2 ∶ 51.1 ∶ 45.7 调整为 2.4 ∶ 48.7 ∶ 48.9。服务业投资 11 376.8 亿元，比上年增长 26.9%。重点领域和薄弱环节投资力度加大，高新技术产业投资增长 36.7%，改建和技术改造投资增长 31.8%，民生事业投资增长 36.0%。民间投资活力增强，完成投资 18 478.9 亿元，增长 25.7%，占全社会投资的 79.4%，比重比上年提高 2 个百分点。房地产开发投资 3 251.8 亿元，比上年增长 33.9%。

图 5-18　山东 2005-2010 年全社会固定资产投资额及增长速度

（四）主要经济产业发展

2010 年山东省规模以上工业企业（年主营业务收入 500 万元及以上的工业法人企业）47 010 家，比上年增加 3 453 家，增长 7.9%。规模以上工业增加值增长 15.0%。其中，非公有工业增长 16.7%，私营企业增长 19.0%。

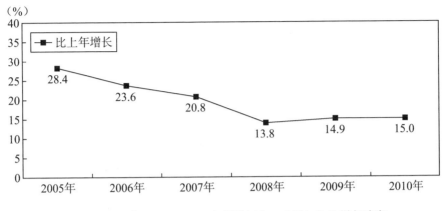

图 5-19　山东 2005—2010 年规模以上工业增加值的增长速度

2010 年山东省制造业发展较快，实现增加值比上年增长 16.1%，高于规模以上工业增加值 1.1 个百分点。装备制造业保持高速增长，实现增加值增长 23.1%，高于规模以上工业增加值 8.1 个百分点。高新技术产业比重不断上升，实现产值 31 602.1 亿元，增长 28.9%，占规模以上工业总产值的 35.2%，比重比上年提高 2.3 个百分点。规模以上工业实现主营业务收入 89 168.0 亿元，增长 26.8%，比上年提高 12.5 个百分点；实现利润6 040.3 亿元，增长 37.6%，提高 23.2 个百分点；实现利税 9 689.6 亿元，增长 34.1%，提高 21.2 个百分点。工业经济效益综合指数达到 293.8，提高 41.4 个百分点。产销率 98.6%，提高 0.1 个百分点。2010 年山东省建筑企业完成建筑业总产值 5 495.1 亿元，比上年增长 20.0%；实现利税 427.3亿元，比上年增长 17.8%。

（五）国内市场消费能力

2010 年山东省社会消费品零售总额 14 211.6 亿元，比上年增长18.6%。

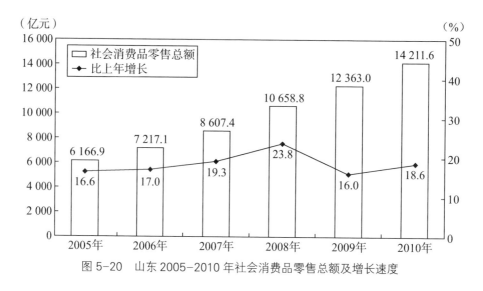

图 5-20 山东 2005-2010 年社会消费品零售总额及增长速度

其中城镇市场零售额 11 388.4 亿元，比上年增长 19.5%；乡村市场零售额 2 823.2 亿元，比上年增长 15.2%。餐饮收入 1 493.7 亿元，比上年增长 19.7%；商品零售 12 717.9 亿元，比上年增长 18.5%。

（六）对外经济交流与合作

2010 年山东省全年进出口总额 1 889.5 亿美元，比上年增长 35.9%。其中，出口 1 042.5 亿美元，增长 31.1%；进口 847 亿美元，增长 42.2%。发达经济体市场仍占主导地位，出口商品结构不断优化，机电产品出口额占全省出口总额的 43.2%，高新技术产品出口额占 16.9%。资源类商品进口大幅增长，其中，天然橡胶进口额增长 1.2 倍，铜材进口额增长 1.2 倍，棉花进口额增长 93.3%，铁矿砂进口额增长 81.7%，粮食进口额增长 56.3%，煤进口额增长 50.0%。

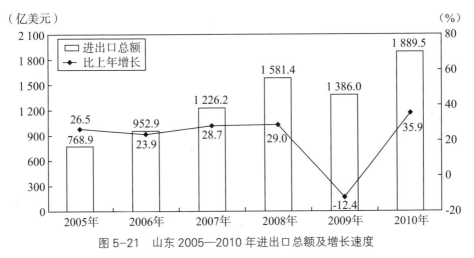

图 5-21　山东 2005—2010 年进出口总额及增长速度

2010 年山东省合同外资 136.3 亿美元，增长 56.5% ；实际到账外资 91.7 亿美元，增长 14.5%。境外投资取得新进展。新核准设立境外企业（机构）360 家，比上年增长 20.4% ；协议投资总额 22.2 亿美元，增长 62.7%。对外承包劳务工程新签合同额 109.3 亿美元，增长 17.2% ；完成营业额 60.2 亿美元，增长 18.3% ；外派各类劳务人员 47 300 人，增长 2.2%。

（七）科学技术与创新

2010 年山东省获得国家级科技成果奖励 36 项，其中，国家发明奖 4 项，国家科学进步奖 31 项，国际合作奖 1 项。获得省科学技术奖励 499 项，其中省科学技术最高奖 2 人。取得重要科技成果 2 367 项，其中，农业领域 391 项，工业领域 751 项，医疗、卫生领域 750 项，其他领域 475 项。专利申请和授权数量持续快速增长。专利申请量 8.1 万件，比上年增长 20.9%，其中，发明专利申请量 1.7 万件，增长 23.4%。专利授权量 5.1 万件，增长 49.2%，其中，发明专利授权量 4 106 件，增长 43.3%。

山东省有住鲁两院院士 37 人；新增新世纪百千万人才工程国家级人选 25 人；山东省有突出贡献的中青年专家 700 人，新增 100 人；享受国务院政府特殊津贴专家 2 776 人。获得高级专业技术职务资格 16 305 人。

新增设博士后科研工作站 49 个，招收博士后 524 人。实施鲁南地区和黄河三角洲地区人才引进项目 206 项，引进院士等高层次专家 60 人，高级专业技术人才 180 人。

创新平台建设再上新台阶。2010 年，国家级工程技术研究中心达到 26 家，新增 8 家；省级工程技术研究中心 744 家，新增 119 家。企业国家重点实验室达到 10 个，新批准筹建 5 个；省部共建国家重点实验室培育基地 6 个，新增 3 个；新建国家级科技合作基地 5 家。着力提高企业技术创新能力，共有国家创新型试点企业 35 家，新增 9 家；省级创新型试点企业 392 家，新增 196 家；认定省级创新型企业 58 家。

山东省拥有研究生培养机构 31 所，招生 2.3 万人，在校研究生 6.5 万人；普通高等教育学校 133 所，招生 49.6 万人，在校生 163.1 万人。

表 5-2　2010 年各类教育基本情况

项目 类别	学校数		招生数		在校学生数	
	数量 / 所	比上年 增减 / 所	人数 / 万人	比上年增 长 /%	人数 / 万人	比上年 增长 /%
研究生教育	31	持平	2.3	8.2	6.5	13.7
普通高等教育	133	5	49.6	−1.1	163.1	2.4
中等职业学校	640	−69	42.7	5.4	113.2	−2.9

五、江苏省经济社会发展总体概况 [①]

（一）经济总量

2010 年江苏省实现生产总值 40 903.3 亿元，比上年增长 12.6%。其中，第一产业增加值 2 539.6 亿元，增长 4.3%；第二产业增加值 21 753.9 亿元，增长 13.0%；第三产业增加值 16 609.8 亿元，增长 13.1%。三次

---

① 国家统计局.中国统计年鉴［M］.北京：中国统计出版社，2011：87-89.

产业增加值比例调整为 6.2 ∶ 53.2 ∶ 40.6。全年实现高新技术产业产值
30 354.8 亿元，增长 38.1%，占规模以上工业总产值的比重达 33%，比上
年提高 3 个百分点；实现服务业增加值 16 731.4 亿元，增长 13.0%，占
GDP 比重为 40.9%，提高 1.0 个百分点。战略性新兴产业快速增长，六大
新兴产业全年销售收入达 20 647 亿元，比上年增长 38.0%。非公有制经
济进一步发展，实现增加值在地区生产总值中的份额达 65.2%，其中私营
个体经济比重为 40.2%。城乡区域协调发展水平提高。城乡居民收入比为
2.52 ∶ 1，收入差距是全国较小的省份之一。三大区域均呈较快发展态
势，苏中、苏北大部分经济指标增幅继续超过全省平均水平，对全省经
济增长的贡献率达 39%。

（二）财政与金融

2010 年江苏省财政收入增长较快。原口径财政总收入达 11 743.2 亿
元（不含海关代征两税和关税等），比上年增长 39.7%。其中，地方财
政一般预算收入 4 079.9 亿元，增长 26.4%，增收 851.1 亿元；基金收入
3 564.3 亿元，增长 100.4%。财政支出一般预算支出 4 843.8 亿元，同比
增长 18.6%；基金预算支出 3 340.4 亿元，增长 95.3%。2010 年教育支出
854.6 亿元，同比增长 25.6%；公共安全支出 321.0 亿元，增长 12.7%；
社会保障和就业支出 355.4 亿元，增长 18.8%；城乡社区事务支出 605.2
亿元，科学技术支出 146.8 亿元，分别增长 27.4% 和 25.5%。2010 年年末
江苏省金融机构人民币存款余额比年初增加 10 134.3 亿元，比上年少增
1 670.2 亿元；其中，居民储蓄存款增加 3 253.9 亿元，比上年少增 105.4
亿元；企业存款增加 2054.1 亿元，比上年少增 3 636.7 亿元。2010 年年
末金融机构人民币贷款余额比年初增加 6 824.3 亿元，比上年少增 2 313.3
亿元；其中短期贷款增加 2 998.3 亿元，比上年多增 439.1 亿元。2010 年
江苏省全省境内上市公司由上年末的 128 家增加到 169 家，在上海、深
圳证券交易所筹集资金 791.8 亿元，其中首发融资 470.7 亿元。2010 年
证券经营机构股票交易额 76 897.2 亿元，比上年增长 5.8%；期货经营机

构代理交易额 215 753.2 亿元，比上年增长 135.4%。境内上市公司总股本 900 亿股，比上年末增长 36.7%；市价总值 13 867.6 亿元，比上年末增长 56.3%。2010 年年末共有证券公司 5 家，证券营业部 306 家；期货公司 11 家，期货营业部 74 家，证券投资咨询机构 3 家。

（三）投资能力

2010 年江苏省全年完成全社会固定资产投资 23 186.8 亿元，比上年增长 22.4%；其中，城镇固定资产投资 17 418.9 亿元，增长 22.1%。在全社会投资中，国有及国有控股投资 5 285.8 亿元，增长 20%；外商港澳台经济投资 3 019.6 亿元，增长 12.5%；民间投资 14 881.4 亿元，增长 25.5%，其中私营个体经济投资 8 433.1 亿元，增长 22.7%。民间投资占全社会投资的比重达 64.2%，比上年提高 1.6 个百分点。

2010 年江苏省第一产业投资 55.2 亿元，比上年增长 22.5%；第二产业投资 8 250.8 亿元，增长 21.7%；第三产业投资 9 113.0 亿元，增长 22.4%。第二产业投资中，工业投资 8 196.3 亿元，增长 22.5%。其中，制造业投资 7 645.9 亿元，增长 25.8%；高新技术产业投资 2 188.3 亿元，增长 44.6%，占工业投资的比重达 26.7%。主要工业行业投资中，化学原料及化学制品制造业投资 825.9 亿元，专用设备制造业投资 525.4 亿元，电气机械及器材制造业投资 767.1 亿元，通信设备、计算机及其他电子设备制造业投资 904.4 亿元，仪器仪表及文化、办公用机械制造业投资 254.7 亿元，分别增长 27.4%、26.5%、48.9%、50.9% 和 50.4%。第三产业投资中，交通运输仓储和邮政业投资 973.1 亿元，增长 14.2%；房地产开发投资 4 301.9 亿元，增长 28.9%；科学研究、技术服务和地质勘察业投资 114.3 亿元，增长 15.2%；水利、环境和公共设施管理业投资 1 455.5 亿元，增长 17.2%；文化、体育和娱乐业投资 156.5 亿元，增长 25.7%。

（四）主要经济产业发展

2010 年江苏省规模以上工业增加值 21 223.8 亿元，比上年增长 16.0%，其中，轻、重工业增加值分别为 6 019.1 亿元、15 204.8 亿元，分别增长 14.6% 和 16.6%。国有工业增加值 1 319.4 亿元，增长 11.1%；集体工业增加值 266.9 亿元，增长 4.2%；股份制工业增加值 9 709.4 亿元，增长 15.9%；外商港澳台投资工业增加值 8 683.9 亿元，增长 16.5%。在规模以上工业中，国有控股工业增加值 2 729.1 亿元，增长 13.6%；私营工业增加值 6 971.4 亿元，增长 17.9%。

2010 年江苏省规模以上工业企业实现主营业务收入 90 635.0 亿元，比上年增长 27.3%；实现利税 8 897.2 亿元，增长 34.9%；实现利润 5 705.9 亿元，增长 43.6%。企业亏损面 8.6%，比上年末下降 3.1 个百分点；亏损企业亏损额 186.9 亿元，下降 34.9%。工业经济效益综合指数为 241，提高 18.9 个百分点。在规模以上工业中，交通运输设备制造业产值 6 449.0 亿元，比上年增长 35.0%；医药制造业产值 1 399.1 亿元，增长 28.6%；专用设备制造业产值 3 218.4 亿元，增长 32.0%；电气机械及器材制造业产值 8 689.6 亿元，增长 33.1%；通用设备制造业产值 6 108.3 亿元，增长 29.2%；通信设备、计算机及其他电子设备制造业产值 12 951.5 亿元，增长 25.3%。产品结构继续优化，实现工业新产品产值 7 853.8 亿元，比上年增长 27.5%；在列入统计的 75 种主要工业产品中，保持增长的有 56 种，下降的有 19 种。2010 年江苏省全省建筑企业实现利税总额 1 009.8 亿元，比上年增长 28.7%。

（五）国内市场消费能力

2010 年江苏省全年实现社会消费品零售总额 13 482.3 亿元，比上年增长 18.7%。城乡市场均保持良好增长。城镇消费品市场实现零售额 11 965.5 亿元，增长 19.2%；乡村消费品市场实现零售额 1 516.8 亿元，增长 15.1%。按消费形态分，批发和零售业零售额 12 207.2 亿元，增长 18.5%；住宿和餐饮业零售额 1 275.1 亿元，增长 20.1%。限额以上批发和零售企业经营状况良好，全年实现商品销售额 20 185.8 亿元，增长 29.4%，其中批发业 15 321.8 亿元，零售业 4 864.0 亿元，分别增长 30.2% 和 26.7%。

（六）对外经济交流与合作

2010 年进出口总额 4 657.9 亿美元，比上年增长 37.5%。其中，出口 2 705.5 亿美元，增长 35.8%；进口 1 952.4 亿美元，增长 39.9%。出口商品结构进一步优化，高技术含量产品出口增加。机电产品、高新技术产品出口额分别为 1 883.4 亿美元和 1 256.9 亿美元，分别占出口总额的 69.6% 和 46.5%。其中计算机与通信技术产品出口 840.1 亿美元，占高新技术产品出口额的 66.8%。外商投资企业出口 1 923.2 亿美元，增长 31.1%，占出口总额的 71.1%。私营企业出口额为 483.4 亿美元，增长 55.0%，占出口总额的 17.9%。对欧盟、美国、日本的出口额分别为 698.1 亿美元、583.4 亿美元、254.6 亿美元，比上年分别增长 41.6%、29.2%、30.1%；对东盟、韩国的出口额分别为 210.7 亿美元、137.2 亿美元，分别增长 26.3%、36.0%；对拉丁美洲、非洲、俄罗斯的出口额分别为 145.5 亿美元、63 亿美元和 36.5 亿美元，分别增长 61.4%、32.9% 和 105.0%。吸引外资规模继续保持全国第一，利用外资结构不断改善。2010 年新批外商投资企业 4 661 家，新批协议外资 568.3 亿美元；实际到账外资 285.0 亿美元，比上年增长 12.5%。新批及净增资 3 000 万美元以上的大项目 660 个。2010 年服务业新批外商直接投资企业 1 490 家，协议外资 140.7 亿美元；实际到账外资 81.5 亿美元，增长 22.8%。开发区建设取得新进展。全省开发区完成进出口总额 3 585.9 亿美元，其中出口总额 2 027.3 亿美元；实际到账外资 222.3 亿美元，增长 16.6%，占全省总量的 77.9%。"走出去"势头迅猛。全年新批境外投资项目 408 个，比上年增长 22.9%，中方协议投资 21.8 亿美元，增长 104.6%。全年新签对外承包工程和劳务合作合同额 62.1 亿美元，增长 23.3%；完成营业额 59.7 亿美元，增长 17.5%。

（七）科学技术与创新

2010 年江苏省全省科技进步贡献率达 54%。全年申请专利 23.6 万件，比上年增长 35.3%，其中发明专利 5 万件，增长 58.2%；授权专利 13.8 万件，增长 58.5%，其中发明专利 7 210 件，增长 35.5%。企业专利产出大幅提高，全省企业共申请专利 12.5 万件，授权专利 7.2 万件，分别比上年增长 57.4% 和 53.3%。全省有 46 项成果获国家科技奖，其中自然科学奖 4 项、技术发明奖 1 项、科技进步奖 41 项。全年共签订各类技术合同 2 万项，技术合同成交额达 317.1 亿元，比上年增长 12.4%。

高新技术产业保持强劲发展势头。2010 年，组织实施省重大科技成果转化专项资金项目 158 项，总投入 12.7 亿元。全省按国家新标准认定高新技术企业累计达 3 093 家。2010 年认定省级高新技术产品 4 923 项，国家重点新产品 201 项，自主创新产品 516 项。已建国家级高新技术特色产业基地 77 个，其中 2010 年新建 9 个。全省国家和省级高新技术产业开发区实现技工贸总收入 29 522 亿元，比上年增长 21.9%。

科技研发投入比重继续提升。2010 年全社会研究与发展（R&D）活动经费 840 亿元，占地区生产总值的 2.1%。全省从事科技活动人员 68 万人，其中研究与发展（R&D）人员 38 万人。全省拥有中国科学院和中国工程院院士 98 人。各类科学研究与技术开发机构 6 300 个，其中政府部门属独立研究与开发机构 149 个，高等院校属科研机构 450 个，大中型工业企业办科研机构 2 350 个。已建国家和省级高技术研究重点实验室、重大研发机构、工程技术研究中心、科技公共服务平台等科技基础设施 2 048 个，比上年增加 987 个，经国家认定的企业技术中心 21 个。

质量检验得到加强。2010 年，全省共有产品质量检验机构 177 个、国家检测中心 31 个；监督抽查产品 314 种，比上年增长 19%。全省共有产品质量、体系认证机构 4 个，完成强制性产品认证的企业 8 558 个；法定计量技术机构 159 个，强制检定计量器具 499.6 万台件，比上年下降 13%；制定、修订地方标准 239 项。

2010 年，全省共有普通高校 124 所，普通高等教育招生 43.3 万人，在校生 164.9 万人，毕业生 47.9 万人；研究生教育招生 4.3 万人，在校研究生 12.6 万人，毕业生 3.0 万人。全省中等职业教育在校生达 102.0 万人（不含技工学校）。

六、上海市经济社会发展总体概况 [①]

（一）综合经济总量

2010 年上海市全年实现上海市生产总值（GDP）16 872.42 亿元，比上年增长 9.9%（图 5-22）。其中，第一产业增加值 114.15 亿元，下降 6.6%；第二产业增加值 7 139.96 亿元，增长 16.8%；第三产业增加值 9 618.31 亿元，增长 5%。"十一五"时期上海市生产总值达到 69 054.99 亿元，按可比价格计算，年均增长 11.1%。

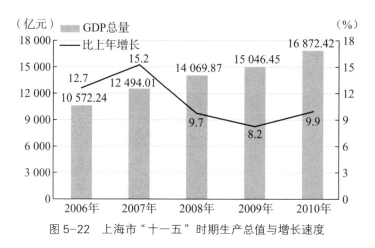

图 5-22　上海市"十一五"时期生产总值与增长速度

（二）财政金融情况

2010 年上海地方财政收入 2 873.58 亿元，比上年增长 13.1%。其中，增值税 388.62 亿元，增长 4.3%；营业税 933.91 亿元，增长 11.2%；个人所得税 261.2 亿元，增长 13.3%；企业所得税 606.05 亿元，增长 25.8%。全年地方财政支出 3 302.89 亿元，比上年增长 10.5%。其中，一般公共

---

① 国家统计局. 中国统计年鉴［M］. 北京：中国统计出版社，2011：91-92.

服务支出 226.02 亿元，增长 14.5%；公共安全支出 187.25 亿元，增长 14.6%；社会保障和就业支出 362.56 亿元，增长 8.6%；医疗卫生支出 160.07 亿元，增长 20.5%；城乡社区事务支出 475.47 亿元，下降 14.6%。

（三）投资能力

2010 年上海完成全社会固定资产投资总额 5 317.67 亿元，比上年增长 0.8%（图 5-23）。其中，城市基础设施投资 1 497.46 亿元，下降 29.1%。从产业投向看，第一产业投资 16.4 亿元，比上年增长 43.8%，占全社会固定资产投资总额的比重为 0.3%；第二产业投资 1 435.37 亿元，增长 0.6%，所占比重为 27%；第三产业投资 3 865.9 亿元，增长 0.8%，所占比重为 72.7%。从投资主体看，国有经济投资 2 234.12 亿元，比上年下降 14.7%，占全社会固定资产投资总额的比重为 42%；集体经济投资 183.07 亿元，增长 38.4%，所占比重为 3.4%；股份制经济投资 1 200.26 亿元，增长 2.2%，所占比重为 22.6%；外商及港澳台投资 686.95 亿元，增长 11.2%，所占比重为 12.9%。"十一五"时期全社会固定资产投资总额达到 23 804.15 亿元，年均增长 10%。

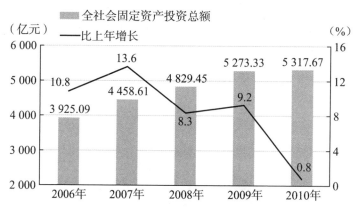

图 5-23　上海"十一五"时期全社会固定资产投资总额与增长速度

（四）主要经济产业发展

2010 年上海实现工业增加值 6 456.78 亿元，比上年增长 17.5%（图 5-24）。其中，规模以上工业增加值 6 225.98 亿元，增长 18.4%。在规模以上工业增加值中，轻工业增加值 1 866.21 亿元，增长 15.9%；重工业增加值 4 359.77 亿元，增长 19.5%。全年工业总产值 31 038.57 亿元，比上年增长 22.9%。其中，规模以上工业总产值 30 003.57 亿元，增长 23.1%。"十一五"时期全市工业总产值达到 124 305.48 亿元，年均增长 12.6%。

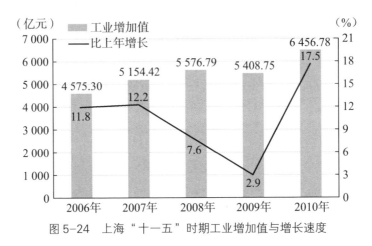

图 5-24　上海"十一五"时期工业增加值与增长速度

2010 年电子信息产品制造业、汽车制造业、石油化工及精细化工制造业、精品钢材制造业、成套设备制造业、生物医药制造业六个重点发展工业行业完成工业总产值 19 863.27 亿元，比上年增长 26.6%，占全市规模以上工业总产值的比重达到 66.2%（图 5-25）。

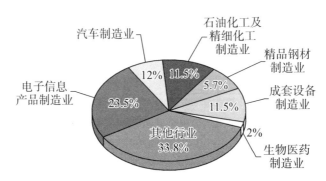

图 5-25　2010 年上海六个重点发展工业行业占工业总产值的比重

2010 年高技术产业完成工业总产值 6 958.01 亿元，比上年增长 33.7%，占全市规模以上工业总产值的比重为 23.2%。微型电子计算机、汽车等主要工业产品产量增长较快。2010 年规模以上工业企业实现利润总额 2 216.55 亿元，比上年增长 56.7%；实现税金总额 1 373.98 亿元，增长 24.5%。

（五）国内市场消费能力

2010 年上海批发和零售业实现增加值 2 512.89 亿元，比上年增长 13.1%。全年实现商品销售总额 37 383.25 亿元，比上年增长 24.2%。其中，批发销售额 32 184.13 亿元，增长 25.8%。

2010 年实现社会消费品零售总额 6 036.86 亿元，比上年增长 17.5%。主要消费领域：吃的商品零售额 1 819.88 亿元；穿的商品零售额 682.12 亿元；用的商品零售额 3 179 亿元。

（六）对外经济交流与合作

2010 年上海关区进出口总额 6 846.45 亿美元，比上年增长 32.8%。其中，进口总额 2 613.05 亿美元，增长 37.3%；出口总额 4 233.4 亿美元，增长 30.2%。2010 年上海市进出口总额 3 688.69 亿美元，比上年增长 32.8%（图 5-26）。其中，进口总额 1 880.85 亿美元，增长 38.5%；出口总额 1 807.84 亿美元，增长 27.4%。

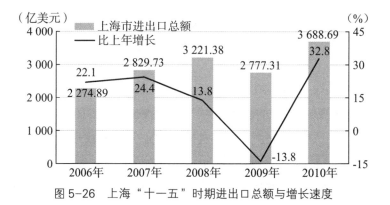

图 5-26 上海"十一五"时期进出口总额与增长速度

2010 年批准外商直接投资合同项目 3 906 项，比上年增长 26.4%；吸收外资合同金额 153.07 亿美元，增长 15.1%；实际到位金额 111.21 亿美元，增长 5.5%。2010 年第三产业吸收外商直接投资实际到位金额 88.31 亿美元，增长 16%，占全市实际利用外资的比重达到 79.4%。至 2010 年年末，在上海投资的国家和地区已达 149 个。2010 年新增跨国公司地区总部 45 家、投资性公司 22 家、外资研发中心 15 家。至 2010 年年末，在上海落户的跨国公司地区总部达到 305 家，投资性公司 213 家，外资研发中心 319 家。

（七）科学技术与创新

2010 年研究与试验发展（R&D）经费支出 477 亿元，相当于全市生产总值的比例为 2.83%（图 5-27）。

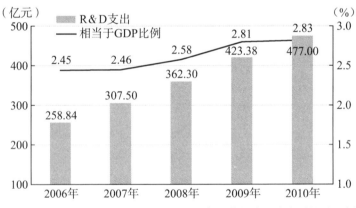

图 5-27 上海"十一五"时期 R&D 支出及其相当于生产总值的比例

2010 年共取得重要科技成果 2 318 项。其中，属于国际领先的有 188 项，达到国际先进水平的有 698 项。在已颁布的 2010 年度国家科学技术奖励获奖人员和项目中，上海共有 58 项（人）获奖，占获奖总数的 16.3%。2010 年受理专利申请量 7.12 万件，比上年增长 14.4%。其中，发明专利 2.62 万件，增长 18.9%。2010 年专利授权量 4.82 万件，增长 38.1%。其中，发明专利 6 867 件，增长 14.5%。至 2010 年年末，全市共有 42 家国家级企业技术中心和分中心、323 家市级企业技术中心。2010 年新认定高新技术企业 629 家。至 2010 年年末，全市共认定高新技术企业总数 3 129 家。高技术成果产业化加快推进。2010 年新认定高新技术成果转化项目 634 项。其中，电子信息、生物医药、新材料等重点领域的项目占 84.1%；拥有自主知识产权的项目占 100%。至 2010 年年末，全市共认定高新技术成果转化项目 7 215 项。其中，71.6% 的项目已实现产业转化。年内启动实施高新技术产业化重大项目 53 个，22 个产业技术创新战略联盟和 12 个技术创新服务平台相继成立。2010 年共签订各类技术交易合同 2.62 万项，比上年下降 3.4%；合同金额 525.45 亿元，增长 7.3%。上海共有普通高等学校（含独立学院）66 所。至 2010 年年末，全市共有 54 家机构培养研究生。2010 年研究生教育共招生 3.86 万人，在校研究生 11.17 万人，毕业生 2.82 万人。至 2010 年年末，全市共有 20 所民办普通高校，在校学生 9.4 万人；全市共有独立设置的成人高校 17 所，成人中等专业学校 26 所，职业技术培训机构 787 所，老年教育机构 277 所。

七、浙江省经济社会发展总体概况 [①]

（一）经济总量

2010 年浙江生产总值为 27 227 亿元，比上年增长 11.8%（图 5-28）。其中，第一产业增加值 1 361 亿元，第二产业增加值 14 121 亿元，第三产业增加值 11 745 亿元，分别增长 3.2%、12.3% 和 12.1%。三次产业增加值结构由 2005 年的 6.7：53.4：39.9 调整为 2010 年的 5.0：51.9：43.1（图 5-29）。

---

① 国家统计局. 中国统计年鉴［M］. 北京：中国统计出版社，2011：93-95.

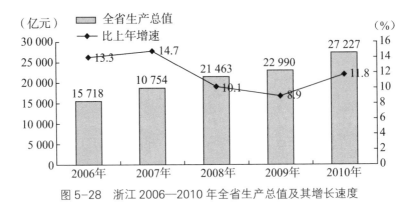

图 5-28　浙江 2006—2010 年全省生产总值及其增长速度

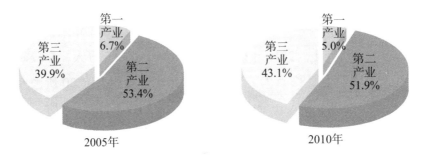

图 5-29　浙江 2005 年和 2010 年的三次产业增加值结构图

（二）财政状况

2010 年浙江财政一般预算总收入 4 895 亿元，比上年增长 18.8%，地方一般预算收入 2 608 亿元，增长 21.7%，增速分别比上年提高 8.3 和 10.9 个百分点。

（三）投资能力

2010 年，全社会固定资产投资 12 488 亿元，比上年增长 16.3%（图 5-30），其中限额以上投资 11 564 亿元，增长 16.7%；限额以上非国有控股投资 7 615 亿元，增长 21.6%，占全部限额以上投资的 65.9%。

图 5-30 浙江 2006—2010 年固定资产投资及其增长速度

在限额以上固定资产投资中，第一产业投资 60.3 亿元，比上年增长 5.3%；第二产业投资 4 698 亿元，增长 9.6%，其中工业投资 4 650 亿元，增长 9.3%；第三产业投资 6 806 亿元，增长 22.4%。全年房地产开发投资 3 030 亿元，比上年增长 34.4%。

（四）主要经济产业发展

2010 年，规模以上工业增加值 10 397 亿元，增长 16.2%，轻、重工业增加值分别增长 14.6% 和 17.4%。规模以上工业销售产值 50 368 亿元，增长 30.2%。国有及国有控股工业企业增加值 1 811 亿元，比上年增长 11.6%。规模以上工业企业完成出口交货值 10 683 亿元，增长 27.6%；出口交货值占销售产值的比重为 21.2%，比上年下降 0.4 个百分点。

规模以上工业企业新产品产值为 10 143 亿元，比上年增长 42.9%，新产品产值率为 19.6%，比上年提高 1.7 个百分点。制造业中，高新技术产业增加值 2 396 亿元，比上年增长 18.5%，占规模以上工业的比重为 23%。汽车产量为 31.9 万辆，增长 15.2%，其中轿车产量为 27.4 万辆，增长 25%。2010 年规模以上工业企业实现利润 3 003.6 亿元，比上年增长 47.3%。其中，国有及国有控股企业实现利润 368.2 亿元，增长 27.3%；股份制企业实现利润 322.1 亿元，增长 24.5%；外商及港澳台投资企业实现利润 944.3 亿元，增长 53.8%；私营企业实现利润 1 090.4 亿元，增长

54.2%。工业企业产品销售率 97.5%，比上年下降 0.3 个百分点。

2010 年建筑业增加值 1 633 亿元，比上年增长 17.4%。资质以上建筑企业利润总额 355 亿元，比上年增长 29.4%；税金总额 385 亿元，增长 31.4%。

（五）国内市场消费能力

2010 年，社会消费品零售总额 10 163 亿元，比上年增长 19.0%，扣除价格因素，实际增长 14.5%（图 5-31）。其中，城镇消费品零售额 8 932 亿元，比上年增长 19.2%；乡村消费品零售额 1 231 亿元，增长 17.9%。按行业分，批发零售贸易业零售额 9 105 亿元，增长 19.2%；住宿餐饮业零售额 1 058 亿元，增长 17.0%。

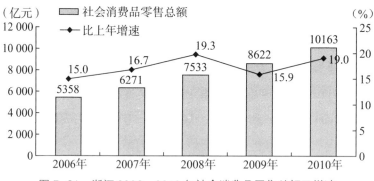

图 5-31　浙江 2006—2010 年社会消费品零售总额及增速

（六）对外经济交流与合作

2010 年，进出口总额为 2 535 亿美元，比上年增长 35%，其中进口 730 亿美元，增长 33.4%；出口 1 805 亿美元，增长 35.7%，出口占全国的比重从上年的 11.1% 提高到 11.4%。

新批外商直接投资项目 1 944 个，比上年增加 206 个，合同外资 200.5 亿美元，实际到位外资 110 亿美元，分别比上年增长 25.2% 和 10.7%。第三产业利用外资继续保持良好势头，合同外资 81.1 亿美元，实际到位外资 41.4 亿美元，分别比上年增长 41.9% 和 21.8%，各占外资总额的 40.5% 和 37.7%。

（七）科学技术与创新

2010 年，全省拥有普通高校 80 所（含筹建 1 所）。2010 年研究生招生 16 575 人，在校研究生 47 991 人，毕业生 11 156 人；普通本专科招生 26.01 万人，在校生 88.49 万人，毕业生 23.37 万人。各类中等职业教育（不含技工学校）招生 24.15 万人，在校生 64.22 万人，毕业生 18.74 万人。

2010 年全社会科技活动经费支出 830 亿元，比上年增长 15.7%，相当于生产总值的 3.06%。研究和发展（R&D）经费支出相当于生产总值的 1.82%，比上年提高 0.09 个百分点。财政科技投入 121.4 亿元，比上年增长 22.3%；财政科技拨款占财政支出的比重为 3.8%。2010 年年末拥有县及县以上独立的研究开发机构 147 家，省级以上重点实验室、工程技术研究中心 202 家，其中国家重点实验室 12 家，省部共建国家重点实验室培育基地 6 家，省级重点实验室（含工程技术研究中心、试验基地）136 家，省级高新技术企业研发中心 1 146 家，企业研究院 35 家，国家认定的企业技术中心 48 家，拥有省级区域科技创新服务中心（生产力促进中心）124 家，国家级示范生产力促进中心 12 家。2010 年专利申请 12.07 万件，专利授权 11.46 万件，分别比上年增长 11.2% 和 43.4%。2010 年技术市场合同登记 12 826 份，技术交易额 59.1 亿元。2010 年年末有 128 家产品质量检验机构，其中国家检测中心 24 个，产品质量、体系认证机构 5 个。有 5 881 家企业获得强制性产品认证 41 974 张，有 29 547 家企业获得了管理体系认证。法定计量技术机构 77 个，2010 年强制检定计量器具 111 万台件。全年测绘生产总值 15.14 亿元，测绘基础经费总投入 3.62 亿元，完成 1∶10 000 比形图测制与更新 1 819 幅,1∶5 000 比形图 124 幅。

八、福建省经济社会发展总体概况 ①

（一）经济总量

2010 年福建全年实现地区生产总值 14 357.12 亿元，比上年增长 13.8%。其中，第一产业增加值 1 363.67 亿元，增长 3.3%；第二产业增加值 7 365.46 亿元，增长 18.5%；第三产业增加值 5 627.99 亿元，增长 9.7%。人均地区生产总值 39 432 元，比上年增长 13.0%。三次产业比例为 9.5 ： 51.3 ： 39.2。"十一五"期间，全省地区生产总值年均增长 13.8%，超出"十一五"计划目标 4.8 个百分点，高于"十一五"时期平均增速 3.1 个百分点。

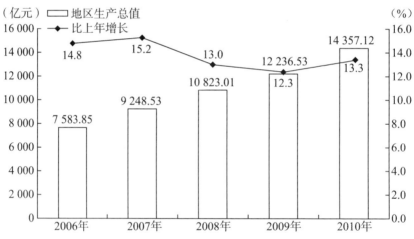

图 5-32 福建"十一五"时期地区生产总值（GDP）及其增长速度

（二）财政状况

2010 年，财政总收入 2 056.01 亿元，比上年增长 21.3%，其中，地方级财政收入 1 151.49 亿元，增长 23.5%；财政支出 1 678.71 亿元，增长 18.9%。全省国税税收收入（含海关代征）1 392.78 亿元，增长 23.6%；全省地税系统组织各项收入 1 141.89 亿元，增长 27.8%。

---

① 国家统计局. 中国统计年鉴［M］. 北京：中国统计出版社，2011：97-99.

（三）投资能力

2010 年全社会固定资产投资 8 273.42 亿元，比上年增长 30.0%，其中，城镇投资 7 460.07 亿元，增长 31.4%，农村投资 813.34 亿元，增长 19.2%。2010 年全社会固定资产投资按三次产业分，第一产业投资 158.92 亿元，增长 28.1%；第二产业投资 2 968.21 亿元，增长 25.3%，其中工业投资 2 942.21 亿元，增长 26.1%；第三产业投资 5 146.29 亿元，增长 33.0%。

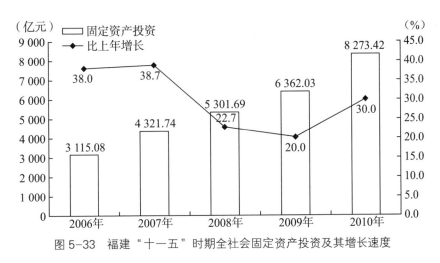

图 5-33 福建"十一五"时期全社会固定资产投资及其增长速度

表 5-3　2010 年全社会固定资产投资情况

指　标		投资额 / 亿元	比上年增长 /%
全社会固定资产投资		8 273.42	30.0
按地域分	城镇	7 460.07	31.4
	农村	813.34	19.2
按产业分	第一产业	158.92	28.1
	第二产业	2 968.21	25.3
	第三产业	5 146.29	33.0

在城镇投资中，第一产业投资增长 37.6%；第二产业投资增长 28.1%，其中，工业投资增长 28.7%；第三产业投资增长 33.2%。

房地产开发投资 1 818.86 亿元，比上年增长 60.1%。在建重点项目完成投资 1 936 亿元，占全社会投资的 23.4%。

（四）主要经济产业发展

2010 年，全部工业增加值 6 242.33 亿元，比上年增长 18.4%，其中规模以上工业增加值 6 053.21 亿元，增长 20.5%。工业产品销售率 97.84%，比上年提高 0.50 个百分点。

2010 年，在规模以上工业企业中，国有企业、外商及港澳台投资企业和股份制企业分别完成增加值 273.74 亿元、2 886.57 亿元和 2 553.93 亿元，分别增长 14.0%、19.4% 和 22.5%。

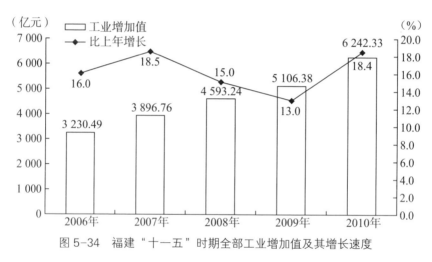

图 5-34 福建"十一五"时期全部工业增加值及其增长速度

2010 年，规模以上工业的 37 个行业大类中有 34 个增加值增速在两位数以上。其中，燃气生产和供应业增加值比上年增长 33.1%，通用设备制造业增长 28.0%，农副食品加工业增长 21.0%，皮革、毛皮、羽毛（绒）及其制品业增长 19.0%，纺织业增长 17.2%，化学纤维制造业增长 10.5%，石油加工、炼焦及核燃料加工业增长 35.3%，化学原料及化学制品制造业增长 22.8%，有色金属冶炼及压延加工业增长 20.2%，非金属矿物制品业增长 14.9%，黑色金属冶炼及压延加工业增长 12.9%，电力、热力的生产和供应业增长 12.5%。规模以上工业中三大主导产业实现增加值 2 204.32 亿元，增长

26.3%。其中，机械装备业实现增加值 1 039.70 亿元，增长 26.8%；电子信息业实现增加值 467.44 亿元，增长 32.6%；石油化工业实现增加值 697.17 亿元，增长 21.3%。高技术产业实现增加值 591.97 亿元，比上年增长 28.7%。

2010 年，规模以上工业企业实现利润 1 231.33 亿元，比上年增长 55.6%。其中，股份制企业实现利润 452.80 亿元，增长 57.0%；外商及港澳台投资企业实现利润 651.00 亿元，增长 44.5%；私营企业实现利润 271.55 亿元，增长 56.4%；国有及国有控股企业实现利润 168.00 亿元，增长 92.0%。全社会建筑业实现增加值 1 123.13 亿元，比上年增长 19.1%。

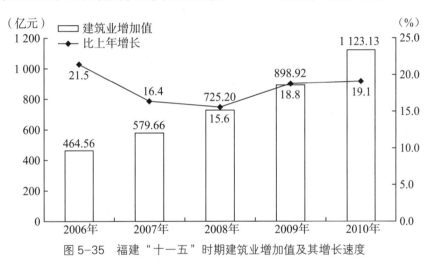

图 5-35　福建"十一五"时期建筑业增加值及其增长速度

（五）国内市场消费能力

2010 年，全年社会消费品零售总额 5 310.01 亿元，比上年增长 18.5%。按地域来分，城镇消费品零售额 4 725.87 亿元，增长 19.6%；乡村消费品零售额 584.14 亿元，增长 10.2%。

2010 年，在限额以上批发零售业零售额中，家具类比上年增长 65.3%，家用电器和音响器材类增长 50.2%，金银珠宝类增长 40.8%，汽车类增长 36.0%，石油及制品类增长 34.7%，通讯器材类增长 31.7%，服装鞋帽针纺织品类增长 30.5%，食品饮料烟酒类增长 27.1%，体育、娱乐用品类增长 8.3%。

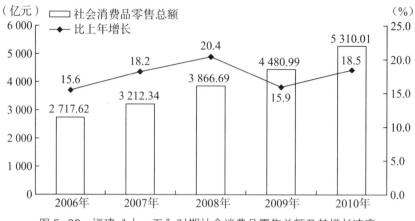

图 5-36 福建"十一五"时期社会消费品零售总额及其增长速度

（六）对外经济交流与合作

2010 年进出口总额 1 087.82 亿美元，比上年增长 36.6%。其中，出口 714.97 亿美元，增长 34.1%；进口 372.86 亿美元，增长 41.6%。顺差为 342.11 亿美元，比上年增加 72.22 亿美元。

表 5-4　2010 年进出口主要分类情况

		绝对数 / 亿美元	比上年增长 /%
进出口总额		1 087.82	36.6
出口额		714.97	34.1
出口额	一般贸易	438.44	35.9
	加工贸易	235.98	26.4
	机电产品	293.96	32.8
	高新技术产品	131.75	25.8
进口额		372.86	41.6
进口额	一般贸易	192.36	41.8
	加工贸易	144.03	48.6
	机电产品	176.46	46.5
	高新技术产品	124.36	48.4

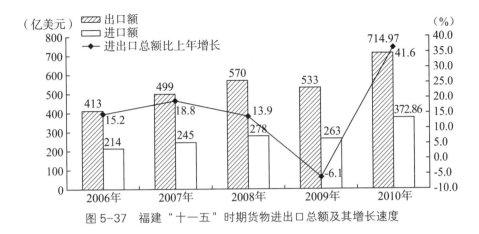

图 5-37 福建"十一五"时期货物进出口总额及其增长速度

2010 年，批准设立外商直接投资项目 1 139 个，比上年增长 21.3%。按历史可比口径统计，合同外资金额 121.20 亿美元，增长 33.5%；实际利用外商直接投资 103.16 亿美元，增长 2.5%。按验资口径统计，合同外资金额 73.76 亿美元，增长 37.6%；实际利用外商直接投资 58.03 亿美元，增长 1.1%。

2010 年，新批境外投资企业 207 家，协议投资总额 14.2 亿美元，其中，中方投资 8.14 亿美元，分别比上年增长 25%、190% 和 87%。对外承包工程完成营业额 2.35 亿美元，增长 34.6%；对外劳务合作完成营业额 2.32 亿美元，下降 6.3%。

（七）科学技术与创新

2010 年，研究与试验发展（R&D）经费支出 165 亿元，增长 21.9%，占全省生产总值的 1.20%，比重比上年提高 0.09 个百分点。全省新启动 10 个省级科技重大专项，新增 31 个省级工程技术研究中心、5 个省级重点实验室。全省 7 项科研成果获 2010 年度国家科学技术奖，其中，主持完成国家技术发明奖二等奖 1 项、国家科技进步奖二等奖 3 项，参与完成国家科技进步奖一等奖 1 项、二等奖 2 项。全省推荐申报省科学技术奖项目 485 项，共有 187 项获年度省科学技术奖，其中，一等奖 12 项，二等奖 57 项，三等奖 118 项。全省新认定高新技术企业 224 家，共有 1 126

家。新增国家级知识产权维权援助中心 2 个、国家知识产权工作示范城市 1 个、中小企业知识产权战略推进工程实施城市 1 个、全国企事业知识产权示范创建单位 9 家。2010 年，全省专利申请 21 994 件，专利授权 18 063 件，分别比上年增长 25.3% 和 60.1%。2010 年年共登记技术合同 5 137 项，技术合同成交金额 38.12 亿元，比上年增长 45.3%。

2010 年年末，全省共有产品检测实验室 598 个，国家产品质量监督检验中心 16 个。全省现有独立的认证机构 1 个、分支机构 22 个，累计 12 803 家企业获得 20 022 张产品及管理体系认证证书，获证数量比上年增长 11.2%。新建社会公用计量标准 63 项，累计建立 1 076 项。全省共有法定计量技术机构 69 个，国家城市能源计量中心 1 个，全年强制检定工作计量器具 137 万台（件）。2010 年制定、修订国家标准 31 项、行业标准 23 项、地方标准 114 项（其中新制定 103 项），累计全省共制定国家标准 710 项、行业标准 585 项、地方标准 1 131 项，分别比上年增长 4.6%、4.1% 和 10.0%；2010 年新获批 1 个全国专业标准化技术委员会，累计达 37 个。中国名牌产品累计 100 个；新增国家地理标志产品 8 个，累计 48 个。新评福建名牌产品 528 个，累计 1 554 个，比上年增长 6.9%。

2010 年，全省共有国家级地面气象观测站 70 个，其中国家基准气候站 5 个、国家基本气象站 23 个、国家一般气象站 42 个；高空气象探测站 4 个，其中移动高空探测站 1 个；天气雷达观测站 6 个，其中移动天气雷达站 1 个。全省共有地震前兆台站 40 个，前兆测项 173 个；测震台站 48 个，强震动观测台站 39 个；GPS 观测基准站 11 个，基本站 14 个。全省共有 957 个海洋环境监测站位、13 个监测区域、17 个生物质量站位、5 个海漂垃圾监测区域。

2010 年基础测绘共完成 148 幅 1：10 000 数字线划图（DLG）的更新。至 2010 年年底，福建省 1：10 000 基础测绘行政区陆域图幅总数累计 4 689 幅，省级基础地理信息数据库建设 DEM、数字正射影像图（DOM）累计各达 4 689 幅、4 689 幅；省级基础地理信息数据库建设

DLG 累计达 4 669 幅。2010 年向社会提供大地控制成果 3 767 点，3D 数字地图 27 014 幅（数据量为 707GB）；公开出版地图 50 种。

2010 年全日制研究生教育招生 1.03 万人，在校全日制研究生 3.09 万人，毕业生 0.82 万人。普通高等教育招生 20.25 万人，在校生 64.78 万人，毕业生 15.34 万人。高校毕业生就业率为 86.2%。各类中等职业教育招生 20.15 万人，在校生 53.60 万人，毕业生 15.53 万人。成人高等教育招生 3.60 万人，在校生 9.90 万人。

九、广东省经济社会发展总体概况 [①]

（一）经济总量

2010 年广东全省生产总值（GDP）45 472.83 亿元，比上年增长 12.2%。其中，第一产业增加值 2 286.86 亿元，增长 4.4%，对 GDP 增长的贡献率为 1.7%；第二产业增加值 22 918.07 亿元，增长 14.5%，对 GDP 增长的贡献率为 62.9%；第三产业增加值 20 267.90 亿元，增长 10.1%，对 GDP 增长的贡献率为 35.4%。三次产业结构为 5.0∶50.4∶44.6。在现代产业中，先进制造业增加值 9 466.35 亿元，增长 16.9%；现代服务业增加值 11 102.80 亿元，增长 7.8%。在第三产业中，批发和零售业增长 14.1%，住宿和餐饮业增长 9.1%，金融业增长 6.0%，房地产业增长 2.1%。民营经济增加值 19 620.96 亿元，增长 13.1%。

（二）财政情况

2010 年地方财政一般预算收入 4 515.72 亿元，增长 23.8%；其中，税收收入 3 801.88 亿元，增长 21.5%。

（三）投资能力

2010 年全社会固定资产投资 16 113.19 亿元，比上年增长 20.7%。按城乡来分，城镇投资 12 870.25 亿元，增长 23.9%；农村投资 3 242.94 亿元，增长 9.4%。按投资主体分，国有经济投资 5 150.08 亿元，增长 22.4%；民间

---

① 国家统计局.中国统计年鉴［M］.北京：中国统计出版社，2011：101-105.

投资 8 625.20 亿元, 增长 24.0%; 港澳台、外商经济投资 2 337.91 亿元, 增长 6.8%。按地区分, 珠三角地区投资 11 355.80 亿元, 增长 18.2%; 东翼投资 1 475.51 亿元, 增长 29.7%; 西翼投资 1 100.32 亿元, 增长 35.4%; 山区投资 2 181.56 亿元, 增长 21.3%。按三次产业分, 第一产业投资 181.83 亿元, 增长 40.0%; 第二产业投资 5 234.92 亿元, 增长 17.5%, 其中工业投资 5 204.29 亿元, 增长 17.2%; 第三产业投资 10 696.44 亿元, 增长 22.0%。2010 年房地产开发投资 3 659.69 亿元, 比上年增长 23.6%。

（四）主要经济产业发展

2010 年广东全部工业完成增加值 21 374.81 亿元, 比上年增长 14.8%。规模以上工业增加值 20 063.62 亿元, 增长 16.8%; 九大支柱产业增加值比上年增长 16.7%, 其中电子信息、电气机械及专用设备、石油及化学三大新兴支柱产业增长 16.2%, 纺织服装、食品饮料、建筑材料三大传统支柱产业增长 17.2%, 森工造纸、医药、汽车及摩托车三大潜力产业增长 18.6%。高技术制造业增加值增长 17.8%, 其中, 医药制造业增长 21.0%, 航空航天器制造业增长 5.8%, 电子及通信设备制造业增长 17.0%, 电子计算机及办公设备制造业增长 21.9%, 医疗设备及仪器仪表制造业增长 12.5%。在先进制造业中, 装备制造业增加值增长 19.4%, 钢铁冶炼及加工业增长 16.0%, 石油及化学行业增长 9.9%。在装备制造业中, 汽车制造业、船舶制造业、飞机制造及修理业、环境污染防治专用设备制造业分别增长 19.9%、14.5%、5.8% 和 8.4%; 在钢铁冶炼及加工业中, 炼铁业下降 43.5%, 炼钢业和钢材加工业分别增长 2.6% 和 17.3%; 在石油及化学行业中, 石油和天然气开采业下降 16.9%, 石油加工、炼焦及核燃料加工业增长 20.4%, 化学原料及化学制品制造业增长 14.5%, 橡胶制品业增长 22.8%。传统优势产业增加值增长 20.2%, 其中纺织服装业增长 19.9%, 食品饮料业增长 11.1%, 家具制造业增长 18.9%, 建筑材料业增长 21.3%, 金属制品业增长 20.2%, 家用电力器具制造业增长 21.6%。2010 年建筑企业实现增加值 1 543.26 亿元，增长 11.3%；实现利润总额 194.96 亿元，增长12.5%；利税总额 364.37 亿元，增长 10.9%。

（五）国内市场消费能力

2010 年社会消费品零售总额 17 414.66 亿元，比上年增长 17.3%。按地域分，城镇消费品零售额 14 853.20 亿元，增长 17.5%；农村消费品零售额 2 561.46 亿元，增长 16.0%。按行业分，批发和零售业零售额15 521.26 亿元，增长 17.7%；住宿和餐饮业零售额 1 893.40 亿元，增长14.3%。

（六）对外经济交流与合作

2010 年进出口总额 7 846.63 亿美元，比上年增长 28.4%。其中，出口4 531.99 亿美元，增长 26.3%；进口 3 314.64 亿美元，增长 31.5%。进出口差额 1 217.35 亿美元，比上年增加 149.20 亿美元。

2010 年新签外商直接投资项目 5641 个，合同外资金额 246.01 亿美元，分别比上年增长 29.8% 和 40.1%。实际使用外商直接投资金额 202.61 亿美元，增长 3.7%；其中制造业占 56.1%，房地产业占 16.2%，租赁和商务服务业占 4.5%，批发和零售业占 9.8%，科学研究、技术服务和地质勘查业占 2.1%，交通运输、仓储和邮政业占 2.8%。

2010 年经核准境外投资协议金额 22.78 亿美元；对外承包工程完成营业额 82.08 亿美元，比上年增长 8.2%；对外劳务合作完成营业额 5.84 亿美元，下降 1.8%；承包工程和劳务合作年末在外人员共 3.85 万人。

（七）科学技术与创新

2010 年年末，县及县级以上国有研究与开发机构、科技情报和文献机构 416 个。大中型工业企业拥有技术开发机构 2 200 个，比上年增加294 个。全省科学研究与试验发展（R&D）人员 34 万人，比上年增长19.8%。全省 R&D 经费支出约 800 亿元，增长 22.5%；其中基础研究经费支出 15 亿元，增长 15.1%。

2010 年获省部级以上科技成果 431 项，其中基础理论成果 30 项，应用技术成果 398 项，软科学成果 3 项。2010 年申请专利量 152 907 件，增长 21.7%；其中发明专利 40 866 件，增长 26.7%。专利授权量 119 346 件，增长 42.7%；其中发明专利授权量 13 691 件，增长 20.6%。经 PCT（专利合作条约）提交专利申请 6 678 件，增长 51.2%。2010 年经各级科技行政部门登记技术合同 17 558 项；技术合同成交额 242.50 亿元。

2010 年，全省高新技术企业 4 600 家；高新技术产品产值 3 万亿元，增长 17.0%。拥有国家工程实验室 7 家，国家级工程研究中心 19 家；已建立省级工程研究中心 484 家，国家级企业（集团）技术中心 49 家，省级企业技术中心 432 家。高技术产业化示范工程项目 76 项。认定技术创新专业镇 309 个，建立专业镇技术创新平台 250 个。

2010 年，全省共有国家产品质量监督检验中心 42 个，法定产品质量监督检验机构 6 个，法定质量计量综合检测机构 19 个，法定计量技术机构 90 个，标准化技术机构 13 个，特种设备综合检验机构 28 个。获得资质认证的实验室 1 658 家，获得管理体系认证企业 48 996 家，产品获得 3C 认证企业 9 704 家。

十、广西壮族自治区经济社会发展总体概况 [①]

（一）经济总量

2010 年广西全年全区生产总值（GDP）9 502.39 亿元，比上年增长 14.2%。其中，第一产业增加值 1 670.37 亿元，增长 4.6%；第二产业增加值 4 510.83 亿元，增长 20.5%；第三产业增加值 3 321.19 亿元，增长 11.1%。第一、二、三产业增加值占地区生产总值的比重分别为 17.6%、47.5% 和 34.9%。第一、二、三产业对经济增长的贡献率分别为 5.5%、64.8% 和 29.7%。

[①] 国家统计局.中国统计年鉴［M］.北京：中国统计出版社，2011：107-109.

（二）财政状况

2010年财政收入1 228.75亿元，比上年增长27.1%，其中一般预算收入772.30亿元，增长24.4%。各项税收收入534.02亿元，增长27.9%。一般预算支出1 994.42亿元，增长23.0%。

（三）投资能力

2010年全社会固定资产投资7 859.07亿元，比上年增长37.7%。其中，城镇固定资产投资7 161.84亿元，增长38.8%；农村固定资产投资697.23亿元，增长27.4%。在城镇固定资产投资中，基本建设投资3 479.48亿元，增长33.1%；更新改造投资2 215.9亿元，增长42.7%；房地产开发投资1 206.22亿元，增长48.2%；其他投资260.24亿元，增长45.7%。

在城镇固定资产投资中，按投资主体来看，国有投资2 958.58亿元，比上年增长29.5%；非国有投资4 203.26亿元，增长46.2%，其中民间投资3 836.54亿元，增长49.0%。按产业分，第一产业投资160.98亿元，增长13.3%；第二产业投资2 655.2亿元，增长38.4%，其中工业投资2 627.33亿元，增长38.7%；第三产业投资4 345.66亿元，增长40.2%。

（四）主要经济产业发展

2010年全部工业增加值3 860.46亿元，比上年增长20.4%。规模以上工业增加值3 009.93亿元，增长23.7%；产品销售率94.6%；工业新产品产值991.20亿元，增长35.3%；工业品出口交货值353.91亿元，增长37.4%。

2010年规模以上工业中，农副食品加工业增加值312.39亿元，比上年增长3.9%，其中制糖业增加值144.10亿元，下降7.5%；电力、热力生产和供应业增加值303.30亿元，增长16.7%；交通运输设备制造业增加值303.15亿元，增长21.7%；黑色金属冶炼及压延加工业增加值288.07亿元，增长17.0%；非金属矿物制品业增加值219.05亿元，增长33.0%；有色金属冶炼及压延加工业增加值203.95亿元，增长21.9%；化学原料及化学制品制造业增加值169.41亿元，增长17.5%；木材加工及木、竹、藤、棕、草制品业增加值 104.14 亿元，增长 46.5%。

2010 年规模以上工业经济效益综合指数为 261.58，比上年提高 42.85 个百分点；主营业务收入 9 059.82 亿元，增长 41.98%；利税总额 879.81 亿元，增长 50.6%；利润总额 465.76 亿元，增长 75.8%。

按行业分，农副食品加工业实现利润 89.71 亿元，比上年增长 99.8%；交通运输设备制造业实现利润 67.08 亿元，增长 61.3%；非金属矿物制品业实现利润 48.23 亿元，增长 104.6%；电力热力行业实现利润 46.55 亿元，增长 48.8%；专用设备制造业实现利润 27.90 亿元，增长 67.0%；有色金属冶炼及压延加工业实现利润 24.29 亿元，增长 744.5%；化学原料及化学制品制造业实现利润 20.53 亿元，增长 388.4%；黑色金属冶炼业实现利润 16.96 亿元。

2010 年全社会建筑业增加值 650.37 亿元，比上年增长 21.0%。全区具有资质等级的总承包和专业承包建筑业企业实现利润 22.98 亿元，增长 16.2%；上缴税金 43.71 亿元，增长 35.2%。

（五）国内市场消费能力

2010 年社会消费品零售总额 3 271.81 亿元，比上年增长 19.0%。按经营地统计，城镇消费品零售额 2 858.47 亿元，增长 19.1%；乡村消费品零售额 413.34 亿元，增长 18.2%。按行业分，批发和零售业实现零售额 2 966.83 亿元，增长 18.8%；住宿和餐饮业实现零售额 304.98 亿元，增长 20.0%。

（六）对外经济交流与合作

2010 年货物进出口总额 177.06 亿美元，比上年增长 24.3%。其中，货物出口 96.10 亿美元，增长 14.8%；货物进口 80.96 亿美元，增长 37.8%。进出口差额 15.14 亿美元。从出口企业性质看，国有企业出口 12.61 亿美元，增长 24.8%；外商投资企业出口 20.32 亿美元，增长 59.1%；私营企业出口 61.42 亿美元，增长 3.7%。

2010 年批准项目合同外资额 20.95 亿美元，比上年增长 30.5%。实际使用外商直接投资额 9.12 亿美元，下降 11.9%。2010 年区外境内实际到位资金 3 491 亿元，增长 49.8%。2010 年对外承包工程和劳务合作完成营业额 5.66 亿美元，比上年增长 23.3%。

（七）科学技术与创新

2010 年，广西壮族自治区安排科学研究与技术开发计划项目 1 346 项，资助经费 28 700 万元。其中，技术研究与开发经费 25 000 万元；自然科学基金 3 200 万元；自治区主席科技资金 500 万元。取得省部级以上登记科技成果 500 项。其中，应用技术成果 447 项；软科学研究成果 9 项；基础理论成果 44 项。获广西科学技术进步奖 142 项，其中，科学技术特别贡献奖 2 项；科学技术进步一等奖 5 项，二等奖 34 项，三等奖 76 项；自然科学一等奖 1 项，二等奖 7 项，三等奖 14 项；技术发明二等奖 1 项，三等奖 2 项。专利申请量 5 117 件，授权专利 3 647 件。共签订技术合同 258 项，技术合同成交金额 41 361.65 万元。2010 年普通高等教育招生 18.38 万人，在校生 56.75 万人，毕业生 13.81 万人。

十一、海南省经济社会发展总体概况 [①]

（一）经济总量

2010 年海南生产总值突破 2 000 亿元大关，达到 2 052.12 亿元，比上年增长 15.8%，增速提高 4.1 个百分点，比全国 GDP 增速高 5.5 个百分点。其中，第一产业增加值 539.32 亿元，增长 6.3%；第二产业增加值 566.55 亿元，增长 19.2%；第三产业增加值 946.25 亿元，增长 19.6%。人均地区生产总值突破 3 000 美元大关。2010 年全省人均生产总值 23 644 元，按现行汇率折算为 3 505 美元，登上了 3 000 美元的新台阶。

（二）财政状况

2010 年全省全口径一般预算收入 528.64 亿元，比上年增长 40.4%。

---

① 国家统计局. 中国统计年鉴 [M]. 北京：中国统计出版社，2011：113-115.

其中，地方一般预算收入 271.06 亿元，增长 52.1%，比全国财政收入增速高 30.8 个百分点，增幅全国第一。2010 年列入统计监测的 420 家规模以上工业企业综合效益指数为 310.5%，比上年提高 14.0 个百分点，创历年新高；盈亏相抵后实现利润总额 117.28 亿元，增长 31.1%。全省银行业金融机构盈利 61.20 亿元，比上年增长 51.9%。

（三）投资能力

2010 年，全年全社会固定资产完成投资总额 1 331.46 亿元，比上年增长 32.8%，比全国增长 23.8% 快 9 个百分点。其中，城镇固定资产投资 1 257.50 亿元，增长 33.4%；农村投资 73.96 亿元，增长 24.0%。2010 年 137 个重点项目完成投资 553.6 亿元，占全部投资的 44.0%。2010 年房地产开发完成投资 467.87 亿元，同比增长 62.5%，占城镇固定资产投资额的 37.2%，是拉动投资快速增长的主力。

（四）主要经济产业发展

2010 年，全省工业完成增加值 380.76 亿元，比上年增长 17.6%。其中，规模以上工业增加值 354.80 亿元，增长 18.5%，增速加快 11 个百分点。按轻、重工业分，轻工业增加值 83.10 亿元，增长 16.7%；重工业增加值 271.70 亿元，增长 19.1%。按经济类型分，国有企业增长 20.8%，集体企业增长 82.0%，股份合作企业下降 3.5%，股份制企业增长 28.6%，外商及港澳台投资企业增长 11.8%，其他经济类型工业增长 0.9%。工业产品产销衔接良好，产销率达 97.5%。

从企业生产情况看，大中型企业生产增势强劲，推动了工业加快增长。一汽海马、金海浆纸、海南矿业、海口供电公司、中海石油化学公司、海宇锡板、红塔卷烟、海洋石油富岛股份等企业对规模以上工业总产值增长的贡献率达到 59.2%。金海 160 万吨造纸一期、英利 100 兆瓦多晶硅太阳能电池一期、中航特玻一期、海马 10 万台发动机技改、80 万吨甲醇、汉地阳光石油化工、威隆造船一期、东方四更风电场一期、汉河 100 万吨水泥二期、华盛水泥三期等一批工业项目建成投产，形成新的经济增长点。2010 年全省建筑业完成增加值 185.79 亿元，比上年增长 23.3%。

（五）国内市场消费能力

2010 年，全省实现社会消费品零售总额 623.82 亿元，比上年增长 19.5%。按经营地分，城镇零售额 555.34 亿元，增长 20.2%；乡村零售额 68.48 亿元，增长 14.0%。按消费形态分，商品零售额 536.98 亿元，增长 19.5%；餐饮收入 86.84 亿元，增长 19.7%。

（六）对外经济交流与合作

2010 年，全省对外贸易进出口总值 108.02 亿美元（含中石化海南炼油厂），比上年增长 21.2%。其中，出口总值 23.91 亿美元，增长 25.8%；进口总值 84.11 亿美元，增长 20.0%。2010 年全省实际利用外资总额 15.23 亿美元，比上年增长 61.5%。其中，外商直接投资 15.12 亿美元，增长 61.2%。新签利用外资协议合同数 72 项，下降 18.2%；新签协议合同规定外商投资额 4.02 亿美元，下降 3.7%。

（七）科学技术人才与创新

2010 年，全省新增省级工程技术研究中心 5 家、省级重点实验室 6 家，分别比上年增长 66.7% 和 50.0%。全省获得国家科技进步奖 1 项，组织实施国家火炬计划项目 10 项、科技型中小企业技术创新基金项目 17 项、国家 973 计划前期研究专项课题 5 项、国家星火计划项目 13 项、国家农业科技成果转化资金项目 17 项、国家重点新产品计划项目 5 项、国家自然科学基金项目 72 项。2010 年共申请专利 1 019 项，较上年减少 2%；获得专利授权 714 项，比上年增长 13.3%。

第二节
我国沿海省市经济社会发展综合竞争力比较分析

我国沿海十一个省（区、市）土地面积占全国陆地面积的 13.6%，而国内生产总值（GDP）占全国 59.2% 以上，工农业总产值占全国 64.7% 以上，沿海口岸进出口贸易总额占全国 80% 以上。在沿海地区经济实力日益增强的趋势下，区域发展的不平衡性越发明显。因此，对该十一个省（区、市）的经济发展状况进行分析，评价其经济发展水平并提出合理的建议极其必要。本章节研究区为拥有海岸带的省市、自治区，自南向北依次为：海南、广西、广东、福建、浙江、上海、江苏、山东、天津、河北、辽宁。

一、因子分析与因子分析法

主成分分析法是通过线性组合将原变量综合成几个主成分并用较少的综合指标来代替原来较多指标（变量）的方法。在多变量分析中，某些变量间往往存在相关性。是什么原因使变量间有关联呢？是否存在不能直接观测到的但影响可观测变量变化的公共因子？因子分析法（Factor Analysis）就是寻找这些公共因子的模型分析方法，它是在主成分分析的基础上构筑若干意义较为明确的公因子，以它们为框架分解原变量，以此考察原变量间的联系与区别。

例如，随着年龄的增长，儿童的身高、体重会随着变化，具有一定的相关性，身高和体重之间为何会有相关性呢？因为存在着一个同时影响身高与体重的生长因子。那么，我们能否通过对多个变量的相关系数矩阵的研究，找出同时影响或支配所有变量的共性因子呢？因子分析就是从大量的数据中"由表及里""去粗取精"，寻找影响或支配变量的多变量统计方法。

可以说，因子分析是主成分分析的推广，也是一种把多个变量化为少数几个综合变量的多变量分析方法，其目的是用有限个不可观测的隐变量来解释原始变量之间的相关关系。

因子分析主要用于：① 减少分析变量个数；② 通过对变量间相关关系的探测，将原始变量进行分类。即将相关性高的变量分为一组，用共性因子代替该组变量。

（一）因子分析模型

因子分析法是从研究变量内部相关的依赖关系出发，把一些具有错综复杂关系的变量归结为少数几个综合因子的一种多变量统计分析方法。它的基本思想是将观测变量进行分类，将相关性较高即联系比较紧密的变量分在同一类中，不同类变量之间的相关性则较低，那么每一类变量实际上就代表了一个基本结构，即公共因子。对于所研究的问题就是试图用最少个数的不可测的所谓公共因子的线性函数与特殊因子之和来描述原来观测的每一分量。

因子分析模型描述如下。

① $X = (x_1, x_2, \cdots, x_p)¢$ 是可观测的随机向量，均值向量 $E(X) = 0$，协方差矩阵 $\text{Cov}(X) = \sum$，且协方差矩阵$\sum$与相关矩阵 R 相等（只要将变量标准化即可实现）。

② $F = (F_1, F_2, \cdots, F_m)¢$（$m < p$）是不可测的向量，其均值向量 $E(F) = 0$，协方差矩阵 $\text{Cov}(F) = I$，即向量的各分量是相互独立的。

③ $e = (e_1, e_2, \cdots, e_p)¢$ 与 F 相互独立，且 $E(e) = 0$，e 的协方差矩阵$\sum$是对角阵，即各分量 e 之间是相互独立的，则模型如下：

$$x_1 = a_{11}F_1 + a_{12}F_2 + \cdots + a_{1m}F_m + e_1$$
$$x_2 = a_{21}F_1 + a_{22}F_2 + \cdots + a_{2m}F_m + e_2$$
$$\cdots\cdots$$
$$x_p = a_{p1}F_1 + a_{p2}F_2 + \cdots + a_{pm}F_m + e_p$$

上述模型称为因子分析模型，由于该模型是针对变量进行的，各因子又是正交的，所以也称为 R 型正交因子模型。

其矩阵形式为：$x = AF + e$

这里，

① $m \pounds p$；

② $\mathrm{Cov}(F, e) = 0$，即 F 和 e 是不相关的；

③ $D(F) = I_m$，即 F_1，F_2，$\cdots$，F_m 不相关且方差均为1。

我们把 F 称为 X 的公共因子或潜因子，矩阵 A 称为因子载荷矩阵，e 称为 X 的特殊因子。

$A = (a_{ij})$，a_{ij} 为因子载荷。数学上可以证明，因子载荷 a_{ij} 就是第 i 变量与第 j 因子的相关系数，反映了第 i 变量在第 j 因子上的重要性。

（二）模型的统计意义

模型中 F_1，F_2，$\cdots$，F_m 叫作主因子或公共因子，它们是在各个原观测变量的表达式中都共同出现的因子，是相互独立的不可观测的理论变量。公共因子的含义必须结合具体问题的实际意义而定。e_1，e_2，$\cdots$，ep 叫作特殊因子，是向量 x 的分量 x_i（$i = 1$，2，$\cdots$，p）所特有的因子，各特殊因子之间以及特殊因子与所有公共因子之间都是相互独立的。模型中载荷矩阵 A 中的元素（a_{ij}）是因子载荷。因子载荷 a_{ij} 是 x_i 与 F_j 的协方差，也是 x_i 与 F_j 的相关系数，它表示 x_i 依赖 F_j 的程度。可将 a_{ij} 看作第 i 个变量在第 j 公共因子上的权，a_{ij} 的绝对值越大，表明 x_i 与 F_j 的相依程度越大，或称公共因子 F_j 对于 x_i 的载荷量越大。为了得到因子分析结果的经济解释，因子载荷矩阵 A 中有两个统计量十分重要，即变量共同度和公共因子的方差贡献。

因子载荷矩阵 A 中第 i 行元素之平方和记为 h_{i2}，称为变量 x_i 的共同度。它是全部公共因子对 x_i 的方差所作出的贡献，反映了全部公共因子对变量 x_i 的影响。h_{i2} 大表明 x 的第 i 个分量 x_i 对于 F 的每一分量 F_1，F_2，$\cdots$，F_m 的共同依赖程度大。

将因子载荷矩阵 A 的第 j 列（$j=1$，2，$\cdots$，m）的各元素的平方和记为 g_{j2}，称为公共因子 F_j 对 x 的方差贡献。g_{j2} 就表示第 j 个公共因子 F_j 对于 x 的每一分量 x_i（$i=1$，2，$\cdots$，p）所提供方差的总和，它是衡量公共因子相对重要性的指标。g_{j2} 越大，表明公共因子 F_j 对 x 的贡献越大，或者说对 x 的影响和作用就越大。如果将因子载荷矩阵 A 的所有 g_{j2}（$j=1$，2，$\cdots$，m）都计算出来，使其按照大小排序，就可以依此提炼出最有影响力的公共因子。

二、经济指标体系的建立

反映一个地区经济发展水平的指标众多，为了能客观、全面地描述各地区经济的发展状况，必须建立适当的指标体系。在选取经济指标时主要考虑了以下 3 个原则：① 能准确地反映沿海省（区、市）的经济实力；② 具有一般性，统计标准基本一致；③ 可信度高，即采用第一手资料，不使用有缺失的数据。根据以上原则共选取了 10 个指标，数据来源于我国沿海 2010 年经济发展统计报告，具体数据如表 5-5 所示[①]。

---

① 吕宗华. 东部沿海地区 10 城市社会经济指标的因子分析［J］. 国土与自然资源研究，2006（3）：2.

表5-5 2010年沿海省（区、市）经济指标

指标	海南	广西	广东	福建	浙江	上海	江苏	山东	天津	河北	辽宁
地区生产总值/亿元X1	2 064.50	9 569.85	46 013.06	14 737.12	27 722.31	17 165.98	41 425.48	39 169.92	9 224.46	20 394.26	18 457.27
第二产业增加值/亿元X2	127.57	1 130.14	3 594.83	1 517.53	2 389.44	1 216.54	3 187.56	2 336.66	852.39	1 747.85	2 070.48
工业增加值/亿元X3	84.58	996.62	3 371.16	1 291.33	2 139.57	1 127.46	2 812.71	1 965.31	788.74	1 570.17	1 863.64
固定资产投资/亿元X4	1 317.00	7 057.60	15 623.70	8 199.10	12 376.00	5 108.90	23 184.30	23 280.50	6 278.10	15 083.40	16 043.00
社会消费品零售总额/亿元X5	639.30	3 312.00	17 458.40	5 310.00	10 245.40	6 070.50	13 606.80	14 620.30	2 902.60	6 821.80	6 887.60
进出口总额/亿美元X6	103.71	195.49	8 340.06	1 105.50	2 872.50	3 654.43	4 987.83	2 251.60	916.12	620.52	952.92
财政收入/亿元X7	270.99	771.99	4 517.04	1 151.49	2 608.47	2 873.58	4 079.86	2 749.38	1 068.81	1 331.85	2 004.84
城镇居民人均消费支出/元X8	15 581.05	17063.89	23 897.80	21 781.31	27 359.02	31 838.08	22 944.26	19 945.83	24 292.60	16 263.43	17 712.58
农村居民人均纯收入/元X9	5 275.37	4 543.41	7 890.25	7 426.86	11 302.55	13 977.96	9 118.24	6 990.28	10 074.86	5 957.98	6 907.93
每十万人在校大学生/人X10	2 036.02	1 530.41	2 036.80	2 144.32	2 285.44	4 299.63	2 819.17	2 201.78	4 412.33	1 950.59	2 670.52

三、经济指标的因子分析

（一）数据分析

在进行因子分析前，先对因子分析的适宜性进行检验，从原始变量的相关结果分析可以得知，选取的 10 个经济指标之间存在较强的相关关系，因此适合做因子分析。对原始数据进行标准化以消除指标间不同量纲对分析结果的影响，建立起指标间的相关系数矩阵，计算其特征值和累积贡献率，根据特征值大于 1 的原则，提取出 2 个主因子。由表 5-6 可知，前 2 个特征值的方差累积贡献率已经达到 90.81%，所以取前 2 个特征值建立因子载荷矩阵。由于初始因子载荷矩阵结构不够简明，各因子的含义不够突出，为此采用方差最大正交旋转变换，使各变量在某些因子上产生较高的载荷，而在其余因子上载荷较小，从而得到旋转后的因子载荷矩阵。

（二）因子的命名及解释

对旋转后的因子载荷矩阵进行进一步分析得到：主因子 1 中绝对系数值较大的有地区生产总值、社会消费品零售总额、第二产业增加值、工业增加值、第三产业增加值、财政收入、固定资产投资、进出口总额，该因子主要是衡量地区的生产与贸易能力，因此将主因子 1 命名为主导经济发展因子；主因子 2 中绝对系数值较大的有农村居民家庭人均纯收入、城镇居民人均消费支出、城镇居民人均可支配收入、每十万人在校大学生数量，该因子主要是反映人们的人均收入与文化水平，因此将主因子 2 命名为人民生活质量因子。

（三）沿海省（区、市）经济实力因子得分和综合得分

在提取主因子的基础上，利用主因子得分表计算综合得分，具体方法是：因子经正交旋转后再利用回归法计算出各因子的得分，并以各因子的方差贡献率占总方差贡献率的比重为权重计算沿海省（区、市）的综合得分，并对其进行排名，借助 SAS 软件计算得出的结果如表 5-6 所示。各主因子得分及综合得分给出了各省（区、市）经济实力的量化描

述，综合得分值越高表示经济综合实力越强。[①]

对表5-6进行分析可知，主因子1得分排名前3的地区依次为：广东、江苏、山东，反映出这三个地区主导经济发展突出，生产与贸易能力强，投资能力强，经济总量大。主因子2得分排名前3的地区依次为：上海、天津、浙江，反映出这三个地区人民的生活质量高，普遍生活水平好，经济发展后劲足。综合得分排名前5的地区依次为：广东、江苏、浙江、上海、山东，反映出这五个地区经济的综合实力强，竞争力大。

表5-6 沿海省市各主因子得分和综合得分及排名

地区	主因子1得分	主因子1排名	主因子2得分	主因子2排名	综合得分	综合排名
海南	−1.473 34	11	−0.671 42	8	−1.187	11
广西	−0.773 26	9	−1.002 55	10	−0.855	10
广东	1.650 65	1	0.275 8	4	1.160	1
福建	−0.492 78	8	−0.168 54	6	−0.377	8
浙江	0.426 54	4	0.632 56	3	0.500	3
上海	−0.492 11	7	2.218 78	1	0.476	4
江苏	1.390 86	2	0.060 47	5	0.916	2
山东	0.925 06	3	−0.708 51	9	0.342	5
天津	−1.019 52	10	1.008 78	2	−0.295	7
河北	−0.074 2	6	−1.168 8	11	−0.465	9
辽宁	−0.067 9	5	−0.476 58	7	−0.214	6

（四）基于因子得分的聚类分析

聚类分析是研究事物分类的一种方法，是将一批样本或变量按照它们在性质上的亲疏程度加以分类。实质是按照距离的远近将数据分为若干个

[①] 康文豪，徐步云，张晓宁.基于因子分析对我国沿海省市（区）经济发展状况的综合评价［J］.中国市场，2012（2）：2.

类别，以使类别内数据的差异尽可能小，类别间的差异尽可能大。在上述因子分析的基础之上，对因子分析产生的新变量（因子得分）进行系统聚类分析，样本之间采用类平均距离，综合分析 SAS 运行结果中的各统计量，结果表明分为 3 类时效果最好。上海和天津为第一类；广东、江苏、山东和浙江为第二类；海南、广西、河北、福建和辽宁为第三类。

四、比较分析结论与建议

通过因子分析和聚类分析法，从微观和宏观两个层面上定量分析了沿海各省（区、市）经济发展的综合实力水平，结合各省（区、市）2010 年的实际经济情况作出如下综合评价。

第一类中的上海与天津两直辖市的人民生活质量因子得分最高，且上海尤为突出。上海完善的金融机构与成熟的贸易系统带来了极为可观的经济收益，但主导经济发展因子得分的逊色反映出上海城市经济发展的内在动力与速度有所不足，上海应抓紧我国大力推行海洋战略这个时机，充分发挥其在海洋装备制造业领域的优势，为经济的后工业化发展奠定更坚实的基础。天津坚持沿海都市型农业发展方向，并以滨海新区为载体发展金融。但从主导经济发展因子得分较低进而得知天津存在第三产业发展滞后、产业研发及技术创新能力较低等不足。

第二类中的广东、江苏、山东和浙江四个大省依托优越的地理条件，大力发展生产，对外对内频繁地贸易往来，经济总量在全国一直处于前列，但均存在区域发展不平衡的问题。对于广东与江苏，主导经济发展因子得分最为突出，说明生产与贸易能力极强；但人民生活质量因子得分稍低，折射出两省应着手协调区域经济差异，全面提高人民生活水平。山东海岸线仅次于广东省，居第二位，海洋资源丰富，总体实力较强，但东、西部发展水平差距明显，居民收入水平较低，充分利用半岛蓝色经济区建设发展机遇，发展创新型经济，培育内需市场，把改善人民的生活水平放在首要位置。浙江人均经济水平较高，但生产与贸易能力稍弱，应推进新型城市化和社会主义新农村建设，大力发展海洋经济，推动城乡、区域、陆海统筹发展，切实增强发展的全面性和协调性。

第三类中的海南、广西、河北、福建与辽宁五个省份经济综合实力在沿海地区处于中下水平，亟须推进经济转型升级，争取综合实力迈上新的台阶。海南毗邻港澳，面临东盟各国，地处南海国际海运要道，是我国唯一的热带旅游胜地和最大的经济特区，应充分利用区位、资源与政策等优势，发展特色经济。广西与河北经济基础较为薄弱，加快产业结构调整，依靠科技创新全面提升行业技术水平和市场竞争力，加快推进城乡发展。福建与辽宁形成了一定的产业规模，经济发展正处于全面振兴的新阶段，理应抓住机遇，调整优化经济结构，突破经济平稳较快发展的重点难点，夯实经济平稳较快发展的科技支撑，实现经济又好又快地发展。

第三节
我国沿海省市海洋经济发展要素承载能力比较分析

海洋发展综合要素承载能力是指海洋开发纵横因素如地区经济、科技、生态环境等为海洋事业发展提供的潜在能力。通过海洋综合要素承载能力测评对我国沿海省市海洋综合要素进行比较分析，首先，我们收集我国沿海 11 个省（区、市）海洋综合要素承载能力各个指标的数据。数据来源主要是我国海洋统计年鉴、统计公报、每一个沿海省（区、市）海洋管理部门对海洋综合要素的监测统计公报，以及相关的海洋信息网站。通过科学的计算方法计算出每个省（区、市）的各项指标，对于个别不可获得的指标数据，利用经济学原理的相关数据指标进行替代。

　　测评我国 11 个沿海省（区、市）的海洋综合要素承载能力指标主要就是比较分析当前我国沿海省（区、市）海洋综合要素承载能力情况。由于海洋综合要素承载能力各年份基本没有变化，所以只对我国沿海省市海洋综合要素承载能力进行横向测评。原始数据通过收集计算获得，在测评之前，我们对原始收集数据进行标准化处理。我们分别用熵值法和灰色关联法分析标准化处理后的数据，并借助 MATMAB 软件对我国沿海 11 个省（区、市）海洋环境承载能力建立模型进行评价。计算出每个省（区、市）每年度的环境承载能力得分。测评结果如下。

表 5-7　2010 年我国沿海省（区、市）的环境承载能力得分 [①]

熵值法		灰色关联法			
省（区、市）	评价得分	省（区、市）	等权关联得分	省（区、市）	加权关联得分
上海	0.209 75	广东	0.900 05	广东	0.627 84
广东	0.190 99	山东	0.874 22	上海	0.558 75
海南	0.113 31	上海	0.865 06	海南	0.497 92
天津	0.087 222	海南	0.858 98	山东	0.493 93
山东	0.088 583 4	浙江	0.856 93	天津	0.456 24
浙江	0.079 454	天津	0.854 07	浙江	0.445 03
辽宁	0.069 368	江苏	0.850 1	辽宁	0.442 9
福建	0.057 344	辽宁	0.849 24	福建	0.413 39
江苏	0.041 034	福建	0.844 74	江苏	0.413 2
河北	0.033 622	广西	0.837 56	广西	0.390 25
广西	0.032 07	河北	0.833 11	河北	0.387 69

① 康文豪，徐步云，张晓宁. 基于因子分析对我国沿海省市（区）经济发展状况的综合评价 [J]. 中国市场，2012（2）：2.

分析两种方法三种评价模型所得的测评得分可知，不同评价模型的省市排序存在一定的差异，这是由于测评模型基于的理论不同，在实际应用中存在适应性问题。熵值法测评的结果显示，所有的沿海省市中，上海和广东的环境承载能力测评得分明显高于其他省（区、市）；海南、天津、山东、浙江紧随其后，处于第二梯队；福建和江苏的海洋综合要素承载能力在所有沿海省（区、市）中仅高于河北和广西，处于第三梯队；河北和广西的海洋综合要素承载能力在沿海省（区、市）中处于最后两位，表明其海洋综合要素承载能力最薄弱。灰色关联模型在实际运用中，一般分为等权关联模型和加权关联模型两类，等权关联就是赋予所有测评指标相同的权重，加权关联就是针对不同指标的重要性以及样本数据差异性的特点赋予不同指标不同的权重。在沿海省（区、市）环境承载力测评中，等权灰色关联测评模型的结果是各个省市的测评得分相差不大，广东、山东和上海的海洋综合要素承载能力相对其他沿海省市（区）处于优势地位，海南、浙江、天津和江苏在沿海省（区、市）海洋综合要素承载能力测评中居中，辽宁、福建、广西和河北的海洋综合要素承载能力处于最低水平。等权关联模型和熵值法这两种评价模型的测评结果尽管不是完全一致的，但这两种方法在对沿海省（区、市）海洋综合要素承载能力测评运用上是有一定的实用性和参考价值。所以结合两种方法对沿海省市海洋综合要素承载能力进行测评分析也是必要的，加权关联模型正是基于前面两种关联模型，重新建立模型，然后对沿海省市海洋综合要素进行测评。加权关联模型测评结果显示，广东和上海的海洋综合要素承载能力在所有沿海省市区中处于绝对优势地位。海南、山东、天津、浙江和辽宁处于第二梯队。福建、江苏，广西和河北的海洋综合要素承载能力最低。

通过以上三种不同方法对我国沿海海洋综合要素承载能力进行了测评，分析发现，熵值法和灰色关联法的测评结果还是存在一定的差异。如果只采用一种方法对沿海海洋综合要素承载能力进行测评未免有些偏颇。理想的方法是综合运用几种方法。为此，采用 KENDALL 一致性检验法对两种方法的三种评价排序结果进行一致性检验。如果排序结果具有一致性，则说明三种方法基本一致。此时可以将三种方法的得分进行标准化处理，然后计算标准得分之和，最后按标准得分之和进行排序，记为最后评价结果。检测结果如下：

表5-8　我国沿海省（区、市）海洋综合要素承载力测评得分 Kendall 一次性检验

T	0.951 5
X^2	28.545
$X^2_{0.005}$（10）	25.188
结果	$X^2 > X^2_{0.005}$（10）

在检验结果的概率保证度为 99.5% 的情况下，在对沿海省（区、市）海洋综合要素承载能力测评方法中，熵值法和灰色关联法这两种方法的三种排序结果具有一致性，可以将这三种排序结果结合起来进行综合评价。

将各方法得分进行 Z-score 标准化处理，然后求标准得分之和，最后按标准得分之和进行排序，得到最后评价结果如下：

表5-9　我国沿海省（区、市）海洋综合要素承载能力测评标准化得分[①]

省（区、市）	熵权标准得分	等权关联标准化得分	加权关联标准化得分	标准化总得分	排名
广东	0.167 7	0.337 8	2.179 1	4.684 5	1
上海	0.199 1	0.449 4	1.248 2	1.896 7	2
山东	−0.008 5	0.943 8	0.374 9	1.310 2	3
海南	0.037 5	0.121 3	0.428 7	0.587 5	4

---

① 康文豪，徐步云，张晓宁. 基于因子分析对我国沿海省市（区）经济发展状况的综合评价 [J]. 中国市场，2012（2）：2.

续表

省（区、市）	熵权标准得分	等权关联标准化得分	加权关联标准化得分	标准化总得分	排名
天津	−0.006 2	−0.143 7	−0.132 9	−0.282 8	5
浙江	−0.019 2	0.010 6	−0.283 9	−0.292 5	6
辽宁	−0.036 1	−0.404 4	−0.312 6	−0.753 1	7
江苏	−0.083 6	−0.358 0	−0.712 8	−1.154 3	8
福建	−0.056 2	−0.647 3	−0.710 2	−1.413 7	9
广西	−0.089 6	−1.034 8	−1.022 0	−2.155 3	10
河北	−0.096 0	−1.274 9	−1.056 5	−2.427 4	11

得分标准化之后，沿海省（区、市）海洋综合要素承载能力平均值应该为零，如果将海洋综合要素承载能力得分大于 2 的定为第一集团，得分 0~2 为第二集团，得分 −2~0 为第三集团，小于 −2 的为第四集团，则可以将我国沿海省（区、市）海洋综合要素承载能力归类为如下：

表 5-10　我国沿海省市海洋综合要素承载能力类型划分

类型（综合得分）	沿海省（区、市）
第一集团（>2）	广东
第二集团（0~2）	上海、山东、海南
第三集团（−2~0）	天津、浙江、辽宁、江苏、福建
第四集团（<−2）	广西、河北

通过多种方法建立海洋综合要素承载力模型，对沿海省市海洋综合要素承载力进行了客观的测评，然后结合各种测评结果，综合评价出我国沿海省市当前的海洋综合要素承载力状况。综上所述，我国沿海各省市海洋综合要素承载力存在显著的差异性，广东省得分明显高出其他沿海省市，在所有测评单位中处于第一集团；上海、山东和海南得分在 0 到

2 之间，虽然远低于广东省的综合得分，但是要高于全国平均得分，处于第二集团之中。在该集团中，上海和山东得分又明显高于海南省，这两个省的海洋综合要素承载力水平在所有沿海省市中也是较高的。海南省的海洋综合要素承载力水平尽管处在第二集团中，但是其得分水平仅仅高出平均水平一点。第三集团囊括了大多数省市，包括天津、浙江、辽宁、江苏和福建。从测评综合得分来看，这些省市的得分在 0 到 −1.5 之间，都低于平均水平得分。这说明这些省市的海洋综合要素承载力水平在所有沿海省市中不高，但是又呈现一定的差异性，天津和浙江的得分比较接近平均得分，这两省的海洋综合要素承载力水平处于全国平均水平附近，略低于平均水平。江苏和福建的综合测评得分比全国平均得分低很多，在第三集团中，江苏和福建的海洋综合要素承载力水平也是较弱的；第四集团包括广西和河北两省，这两个省的综合得分都小于 −2，其海洋环境承载力在所有沿海省市中是最低的。

第六章
我国沿海省市海洋经济发展资源供给
竞争力比较研究

我国是一个海洋大国，拥有 18 400 多千米的大陆海岸线，依照《联合国海洋法公约》，中国拥有 300 万平方千米的管辖海域，沿海 500 平方米以上的岛屿 6 536 个，海洋资源丰富。沿海八省两市一区，地区总人口 4 亿多，工农业总产值占全国总产值的 60% 左右，海洋产业已初具规模，形成了相对完整的海洋产业体系。沿海海洋资源的开发和利用在中国经济和社会发展中的作用将越来越重要。

第一节　我国沿海省市海洋资源概况

（一）辽宁省海洋资源概况

1. 海洋空间资源

辽宁全省拥有海岸线 2 878.5 km，其中，大陆岸线 2 178.3 km，岛屿岸线 700.2 km；全省滩涂总面积约 1 696 km²，约占全国的 9.7%，居全国第六位，其中辽东湾沿岸滩涂面积 1 020 km²，约占全省的 60%，黄海北部沿岸滩涂约 676 km²，约占全省的 40%；全省有岛、坨、礁 506 个，其中面积 0.01 km² 以上的岛屿 205 个，总面积 189.21 km²；全省湿地面积共约 2 132 km²。

2. 港口资源

辽宁省海岸线漫长，有着良好的建港条件，全省已形成以大连、营口港为中心，丹东、锦州、葫芦岛港为两翼，连结沿海地方中小港的海上交通运输体系以及 40 余条海上通道，大连港、营口港、锦州港已分别同 100 多个国家和地区形成海上贸易网络。

3. 海洋生物资源

辽宁海岸带和近海水域已鉴定的海洋生物 520 多种，其中浮游生物约 107 种，底栖生物约 280 种，游泳生物包括头足类和哺乳动物约有 137 种。现已为渔业开发利用的经济种类 80 余种，包括鱼类、虾蟹类、头足类等经济生物资源及大量的海洋、滨岸和岛屿珍稀生物物种，毛虾、对虾、海蜇是全国三大地方捕捞品种。

4. 滨海旅游资源

辽宁沿海旅游资源丰富，初步营造了以中国著名旅游城市大连为中心的辽宁南部旅游区、以中国最大的边境城市丹东为中心的东部旅游区和以锦葫历史文化名城为中心的辽宁西部旅游区，建设了以大连为中心，以丹东、葫芦岛市为两翼，贯通辽宁沿海各市的 6 个滨海旅游带。

5. 海洋矿产资源

海洋矿产资源种类多，分布广，现探明和发现的矿产资源主要有石油、天然气、铁、煤、硫、岩盐、重砂矿、多金属软泥（热液矿床）等。石油、天然气主要分布在辽东湾，石油资源量约有 7.5 亿吨，天然气资源量约有 1 000 亿立方米，已探明具有开发价值的石油储量 1.25 亿吨，天然气储量 135 亿立方米。滨海砂矿主要有金刚石、沙金、锆英石、型砂、砂砾等，开发前景广阔。

6. 海洋能资源

海洋能资源是一种可再生资源，通常指潮汐能、波浪能、海流能、海水温差能和海水盐差能等。辽宁海洋能的蕴藏量约为 700 万千瓦，在全国海洋能蕴藏量中约占 0.67%。其中潮汐能约为 193.6 万千瓦，约占全国潮汐能的 1.05%；波浪能约 152 万千瓦，约占全国波浪能的 1%；温差能约为 150 万千瓦，约占全国温差能的 0.3%；海流能约为 100 万千瓦，约占全国海流能的 1.1%；盐差能约为 100 万千瓦，约占全国盐差能的 1.1%。

（二）河北省海洋资源概况

1. 空间海岸

河北省海岸线总长度为 625.7 千米，其中大陆岸线长 487.3 千米，在多变复杂的河北海岸，尤以淤泥粉沙质岸段海岸线变化明显。海域高潮线陆域在 500 平方米以上的海岛是 132 个，其中北段 95 个，南段 37 个。海岛陆域总面积 8.43 平方千米，其中北段 6 平方千米，南段 2.43 平方千米。海岛就地理位置和组合状况看，有大蒲河口诸岛、滦河口诸岛、曹妃甸诸岛和大口河口诸岛；就地貌形态、物质组成及结构看，河北海岛有 6 种类型，即离岸沙坝岛、蚀余岛、河口沙坝岛、贝壳岛、河口沙嘴岛和人工岛。河北省海岛规模较小，面积大于 1 平方千米的只有 2 个，形状多为长条状和斑点状，其中长条状岛屿约占 44%，斑点状岛屿占 41%，其余为不规则长条状、钩状及其他形状。海岛植物种类稀少，植被覆盖率极低。但石臼坨和月坨诸岛自然生态环境相对稳定，共有植物 156 种，分属 44 科、118 属，其中蕨类植物 2 科、2 属、2 种，被子植物 42 科、116 属、154 种。各海岛无河流、洼淀，浅层淡水储量极少，锰含量过高，无开采价值，只有深层地下水资源可以利用，埋深为 108.5~356.2 米，200 米以下的淡水含氟量严重超标，不能饮用，可采资源主要在 108.5 米到 196.4 米之间，储量为 3 801.3 万立方米，基本可满足海岛开发需要。河北海区潮间带面积 1 167.9 平方千米。其中北段 860.2 平方千米，南段 307.7 平方千米。地貌类型齐全而多样，自北向南有岩滩、砾石滩、海滩、潮滩、河口三角洲、潟湖等。分布于海岸东北老龙头至戴河口的基岩海岸潮间带有：① 滩面较窄的岩滩，主要分布在秦皇岛港、山海关、北戴河小东山，宽 50~300 米，向海坡度 10°左右，由于波浪侵蚀形成有海蚀崖、海蚀穴、海蚀柱、海蚀平台、海蚀拱等；② 分布于老龙头、金山嘴一带和石河口至沙河口间的砾石滩；③ 分布于海湾内侧，北戴河鸽子窝以北到汤河和小金山至戴河海滨浴场的海滩。分布于南张庄至大清河口岸段，以及大清河口右岸外沙岛向海侧的是砂质海岸潮间带，其中有：① 南张庄至大清河口及大清河口右侧沙岛外侧的海滩，滩上有滩脊、滩槽、滩角发育，高潮带贝壳碎屑富集；② 滦河口至曹妃甸内侧的潟湖；③ 各河口和较大河口均有发育的河口沙嘴和河口沙坝；④ 滦河口外及滦河口右侧，直到大清河口外侧的离岸沙坝等多种地貌。分布于大清河口右岸到涧河口和天津以南的是淤泥质海岸潮间带，其中有：① 大清河口右岸至南堡岸外的开放式潟湖，潟湖多是海滩与潮滩的过渡地带，滩面较宽，坡度较缓，生物量丰富；② 在南堡至涧河间及天津以南地区的典型潮滩，滩面一般达 3~5 千米，坡度 0.9‰左右，由陆向海分成高潮滩、中潮滩、低潮滩，其中低潮滩约占滩面的一半以上；③ 从大口河口至歧口均有分布的贝壳堤等地貌类型。在全省滩涂面积中，泥滩占 68.91%，沙滩占 30.89%，礁石滩占 0.2%。

2. 海洋生物

河北省海洋滩涂生物在 1984 年调查时计有 163 种，隶属 15 门 100 科，其中多毛类 20 种，单壳类 25 种，双壳类 33 种，甲壳类 41 种，藻类 16 种，腔肠动物 4 种，棘皮动物 2 种，鱼类 9 种，其他 13 种。全省潮间带平均总生物量为 249.42 克/平方米，平均生物量最高的是双壳类，为 173.45 克/平方米；全省年平均总生物密度为 879.01 个/平方米，其中双壳类密度最高，为 411.65 个/平方米。秋季的潮间带生物数量和年平均总生物量密度大于春季，秋季平均生物量为 328.99 克/平方米，年平均总生物量密度达 1 339.81 个/平方米，分别为春季的 1.9 倍和 3 倍。

河北潮间带具有经济价值的贝类有以下 7 种：四角蛤蜊，集中分布在滦南县咀东至北堡滩段，乐亭、丰南和海兴县也有，分布面积 2.32 万亩[①]，资源量约 3 821 吨；文蛤，主要分布在滦南和乐亭两县，分布面积 3.5

———————————

① 亩为非法定单位，考虑到生产实际，本书继续保留，1亩≈666.7 m²

万亩，资源量约 2 613 吨，可供养殖滩涂约有 21 万亩；大连湾牡蛎，集中分布在滦南县大庄河口的北岗、南岗以及青龙河口的高岗堡附近，分布面积约 1 964 亩，资源存量为 1 473 吨；彩虹明樱蛤，分布面广而分散，在乐亭和滦南两县较为密集，全省分布约占 51.2 万亩，存量达1 300 吨；还有青蛤、光滑蓝蛤和托氏昌螺。潮间带除有贝类，尚有资源较丰富的多种蟹类。

河北省浅海底栖生物计 206 种，隶属 11 个门类，其中软体动物 79种，甲壳类 50 种，多毛类 31 种，棘皮动物 15 种，脊椎动物（鱼类）11种，腔肠动物 8 种，脊索动物 5 种，腕足类 1 种，益虫 2 种，纽虫和星虫各 1 种，其他 2 种。浅海底栖生物平均生物量为 21.32 克／平方米，其中以软体动物数量为高，其生物量为 8.58 克／平方米，棘皮动物生物量为 4.2 克／平方米，脊索动物生物量为 2.41 克／平方米，甲壳类生物量为 1.95 克／平方米。浅海底栖生物的栖息密度以东部海区为大，平均达186.2 个／平方米，而生物量分布高的西部海区其栖息密度却最低，仅为60.6 个／平方米。在近岸海域，生物量最高的毛蚶和栖息密度最大的文昌鱼是具有经济价值的代表种。河北省浮性鱼卵、仔稚鱼，沿岸海域已鉴定出硬骨鱼类的浮性卵子和上层仔稚幼鱼，隶属 10 目 27 科 40 属共 48种。优势种有青鳞鱼、鳀鱼、黄鲫等鲱鳀科鱼类，约占全年卵、仔鱼总量的 81.56% 和 83.86%，其中鳀鱼生物量最高，卵和仔稚鱼约占全年总量的 75.5% 和 22.18%；鲥鱼卵量约占全年总卵量的 13.05%；梭鱼的卵量和仔稚鱼分别约占全年总量的 1.13% 和 9.63%；重要经济种有蓝点马鲛、银鲳、带鱼、小黄鱼等。沿岸海域均有产卵场，多数种类产卵场主要在渤海湾沿岸的歧口至大口河一带浅水区和曹妃甸一带深水区，6 月份是产卵量的高峰期。

河北省游泳生物沿海在 1984 年可采集到 101 种，其中鱼类 86 种，无脊椎动物 15 种，海区全年资源量鱼类约为 45 456 吨，无脊椎动物约为 6 825 吨。各海区出现的鱼类数量及其种数组成各异，秦皇岛海区出现的鱼类有 78 种，唐山海区 69 种，沧州海区 47 种。全海区鱼类平均生物量为 65.3 千克 / 网·时，年平均密度 3 437 尾 / 网·时。沿海鱼类组成：① 尾均重在 20 克以下的小杂鱼约占生物量组成的 66.9%，占密度组成的 88.2%，有黄鲫、日本鳀鱼、棘头梅童鱼、焦氏舌鳎、鲚鱼、赤鼻棱鳀、钝尖尾虾虎鱼、叫姑鱼和黑鳃梅童鱼；② 尾均重在 20~100 克的有银鲳、蓝点马鲛、小黄鱼、鱿鱼和白姑鱼，占生物组成的 3.3%，占密度组成的 1.2%；③ 尾均重在 100~300 克的有孔鳐、绿鳍马面鲀和黄姑鱼，占生物组成的 6.5%，占密度组成的 0.5%；④ 尾均重在 300 克以上的有鲈鱼、半滑舌鳎、牙鲆和黄盖鲽，占生物组成的 12.0%，占密度组成的 0.2%。沿海大型的经济无脊椎动物有 15 种，其中：尖足类 5 种，即短蛸、长蛸、日本枪乌贼、曼氏无针乌贼和双喙耳乌贼；蟹类 2 种，即三疣梭子蟹和日本鲟；虾类 8 种，即对虾、鹰爪虾、中国毛虾、日本鼓虾、脊尾白虾、葛氏长臂虾、脊尾褐虾、虾蛄。主要种的生物量组成，以三疣梭子蟹所占比例最大，为 35.2%，虾蛄占 27.5%，日本鲟占 11.5%，中国对虾占 8.5%，日本枪乌贼占 8.1%，曼氏无针乌贼占 3.3%，短蛸占 2.2%，长蛸占 0.7%。

3. 海洋化工资源

作为河北省海洋化工资源的海水，取之不尽，用之不竭。从海水中提取海盐的历史悠久，自春秋秦汉以来，沿海就利用海水煮盐，明嘉靖元年（公元 1522 年）海丰场率先易煎为晒。海盐除部分用于食用外，还用于盐化工业生产，且其品种、数量日益增加和质量逐渐提高，海水随之得到充分利用。河北盐区拥有丰富的苦卤资源。早在明代就利用海水晒盐后的母液为原料生产卤块，并列为贡品，清朝卤块和芒硝生产初具规模。1958 年前，作为盐化工产品的仍是用作豆制品凝固剂的卤块和皮类加工用的芒硝。1958 年开始土法生产多种盐化产品，有卤块、无水芒硝、钾镁肥、盐酸、氯化镁、钠镁肥、粗硝、氯化钾、烧碱、金属钠等十多种。1970 年河北对海水的利用进入了机械化时代，到 90 年代，对海水的充分利用又有进展，已能生产钾、溴、镁、硝四个系列的多个品种，行销十几个省市。

（三）天津市海洋资源概况

天津市拥有海岸线长约 153.67 千米，管辖海域面积约 3 000 平方千米。滩涂资源面积为 370 平方千米。天津地处渤海沿岸，海洋资源丰富。渤海素有"天然鱼池"之称，盛产多种鱼、虾、贝类等水产品，还有丰富的其他海洋资源。渤海湾海洋动物和植物共有约 170 种以上，其中近海底栖动物 142 种。天津沿岸还是我国主要产盐区之一，海盐资源丰富，其他海洋资源还有石油和天然气、海洋能源等。天津市区位优势明显，腹地广阔，是华北、西北广大地区最近的出海口，是欧亚大陆桥中国境内距离最短的东部起点，在环渤海经济圈中起着重要的作用。2005 年，全市总人口 939.31 万人，其中，沿海区 100.95 万人。全市地区生产总值3 697.62 亿元，其中，沿海地带 1 448.51 亿元。

（四）山东省海洋资源概况

山东省海洋资源丰富，类型齐全。根据海洋资源的内在属性，山东省的海洋资源分为 5 类。

1. 海洋生物资源

山东省近海海洋生物约 1 400 种，其中浮游植物 118 种，以硅藻占绝对优势，海洋经济藻类有海带、石花菜、裙带菜、条斑紫菜、鹿角菜、江蓠等；浮游动物 77 种；海洋底栖生物 418 种；潮间带生物 510 种；海洋游泳生物鱼虾类 260 多种；哺乳动物 15 种。其中具有重要经济价值的鱼、虾、贝、蟹类有 80 多种。

2. 海洋矿产资源

山东省具有一定工业价值的海洋矿产资源已发现 20 多种，在全国占重要地位的有石油、天然气、煤、黄金、滨海砂矿、菱镁矿和建筑石材等。海洋矿产资源中，石油主要分布在渤海南部的渤海湾—莱州湾的海滩和浅海地区，石油资源总量约 20 亿吨。砂金、锆石、石英砂等滨海砂矿主要分布在山东半岛沿岸，莱州湾东部诸河流入海河口附近的砂金矿的地质储量与产量均占全国第 1 位。

3. 海洋能源资源

山东省海洋能理论蕴藏量为 1 400 万千瓦，包括海水运动过程中产生的潮汐能、波浪能等。据统计，山东省潮汐能理论装机容量为 660 万千瓦，可开发利用的装机容量为 14 万千瓦。自 1958 年起，山东省先后建立了一些潮汐电站，1978 年建成的乳山白沙口潮汐电站装机容量为 960 千瓦，是全国最大的潮汐电站。波浪能总功率为 385 万千瓦，在渤海龙口、北隍城海区和黄海成山角、千里岩、小麦岛波浪较大，波浪能集中。

4. 海洋化学资源

山东近海海水中有 80 多种化学元素，目前已达到工业利用规模的主要有食盐、镁、钾、溴等。山东近岸海水盐度较高，暖温带季风气候对滩晒制盐十分有利。沿海从海岸线向陆 10~20 千米范围内还贮存着丰富的地下卤水资源，原盐生产中利用地下卤水的比重已达 60% 以上。

5. 海洋空间资源

对海洋空间资源的开发利用，主要包括海洋运输、港口建设和滨海旅游等。山东海岸线曲折绵长，海湾众多，胶州湾、龙口湾、芝罘湾、威海湾、石岛湾、古镇口湾等都具有建港的优良条件，全省海岸可建 10 万 ~20 万吨级以上深水泊位的港址共有 23 处，在丰富的港口资源基础上已建成了比较发达的港口群，共有港口 26 处，泊位 244 个，万吨级泊位 69 个，最大停泊能力为 20 万吨级。

6. 滨海旅游资源

山东省的青岛、烟台、威海、东营等市分别形成了各具特色的滨海旅游项目。青岛市在海滨度假旅游、海上观光游、海洋科技、海岛生态旅游的基础上，推出了青岛海洋节，开拓了帆船表演、海洋科研修学游等以海为主体的多种新型旅游项目；烟台市重点向海外推出"海滨历史和海洋生态旅游"等 4 条黄金线路；威海市以海滨自然风光、历史文化、民俗风情和人文景观为重点推出了多种大型旅游项目；东营市以黄河入海口为主体吸引物，发展以黄河口、胜利油田、湿地生态为主要特色的旅游项目。

（五）江苏海洋资源概况

江苏海域地处我国中部，海洋资源丰度指数列全国第六位，密度指数列全国第二位，综合指数居全国第四位，是我国海洋资源较为丰富的区域。

1. 空间资源

江苏沿海由南到北分布着南通、盐城、连云港三市的 15 个县（市、区）。全省海岸线长 954 千米，面积约 18 万平方千米，其中内水 2.18 万平方千米，领海 0.98 万平方千米，毗邻区 1 万平方千米，专属经济区 14 万多平方千米。全省沿海滩涂和辐射沙洲 0.654 万平方千米，−15 米等深线以内浅海海域面积 2.5 万平方千米，分别占全国同类资源的 1/4 和 1/5，−40 米等深线以内浅海海域面积 8.9 万平方千米，也居各省（区、市）首位。江苏海岛数量不多，仅在南部的长江口北支和北部的连云港地区分布着兴隆沙、永隆沙、东西连岛、前三岛（平岛、达山岛、车牛山岛）等 16 个小岛，总面积约 67 平方千米，岛屿岸线 67.7 千米。江苏沿海拥有良好的港航资源，其中连云港港深水阔，2000 年有万吨级码头 25 座，吞吐量 2 867 万吨，为我国第九大海港；地处长江口的南通港兼得江海两利，已建万吨级码头 9 座，吞吐量达 3 859 万吨，在内河港口中名列前茅、沿海港口中位居第八。此外，长江口、近海深水水道、北部基岩海岸散布着数十处可建大中型港口的理想港址，可建万吨级泊位的岸线长度约 100 千米，其中相当大比重可建 5 万吨级码头，盐城沿海的西洋可建 5 万 ~10 万吨级码头，南通沿海的黄沙洋、烂沙洋、小庙洪可建 10 万 ~20 万吨级码头。

2. 生物资源

江苏海域地跨暖温带和北亚热带，水温适中，长江等众多入海河流输送大量有机物质入海，生物生存自然条件较好，生物资源较为丰富。

（1）鱼类资源

江苏沿海分布着长江口、吕泗、大沙、海州湾四大渔场，总面积15.4万平方千米，有鱼类150种以上。目前对江苏海域鱼类的资源蕴藏量底数不清，估计当在百万吨以上。

（2）贝类及其他软体类动物等资源

江苏海域滩涂广阔，潮间带软体动物总生物量为17.6万吨~17.9万吨，贝类有文蛤、毛蚶、牡蛎、竹蛏、青蛤、四角蛤、泥螺等数十种，其中文蛤等优势品种14.5万吨，年可捕量0.6万吨。在北部基岩海岸、海岛地区，还分布有扇贝、鲍鱼、刺参等海珍品。此外，甲壳类、头足类动物资源颇为丰富，仅在北部岛屿小范围调查就发现甲壳类动物24种、头足类动物6种，资源蕴藏量2000多吨。

（3）藻类资源

江苏海域藻类资源较为丰富，达200种以上，仅北部海岛潮间带就发现有68种。藻类中的条斑紫菜从南到北均有分布，经济价值也最高。其他有较高经济价值的品种包括海带、鼠尾藻、萱藻、刺松藻、海蒿子、海萝、小石花菜、蜈蚣藻、树枝软骨藻、凹顶藻等数十种。

3. 矿产与能源资源

江苏海域及沿海矿产资源较为贫乏，尚无有商业开采价值的地下矿种发现。北部海域海水含盐度较高，海州湾及开山岛等附近海域全年盐度在24至30之间，利于盐业生产，可作为一种矿产。

值得重视的是，江苏海域及沿海的能源资源相当丰富，其中非再生能源主要有南黄海的石油、天然气。目前，已探明天然气储量为230亿立方米，据初步勘探估测，面积为10万平方千米的黄海储油沉积盆地的石油地质储量在2.9亿吨以上。再生性能源如下所述。① 风能资源。江苏沿海风能资源较为丰富。其中北部海区近岸和近海岛屿的风能资源十分丰富，西连岛的风能储量约为大陆沿岸的2~6倍，前三岛的风能储量约为西连岛的1.7~2倍，属风能丰富区；北部沿海的燕尾港至废黄河口一带及南部沿海的北坎（西蒋家沙）至吕泗（腰沙）、海复一带，风能储量为一般沿海岸线的 3 倍左右，属风能较丰富区。长江口北支及多数其余沿海岸线属风能可利用区。值得一提的是，南部、中部海域离岸数十千米到百千米左右的辐射沙洲风能资源极为丰富。太阳沙、河豚沙、蒋家沙、毛竹沙、外毛竹沙等沙洲的风能储量要高于西连岛，甚至不逊于前三岛。② 潮汐能资源。江苏沿海潮汐能资源主要分布于长江口北支、一些喇叭型河口及辐射沙洲强潮水道。其中长江北支江口为一个喇叭型潮汐河口，潮差大（测得最大潮差达 5.95 米）、流速快（潮头经过地区最大平均流速可达每秒 3.5 米以上）。初步估算年发电量可达 26.4 亿千瓦时，装机容量为 70 万千瓦。小洋口、灌河口、射阳河口均有强潮汐能蕴藏。另外，在黄沙洋等地还发现一些有开发价值的强潮水道。③ 太阳能资源。江苏沿海太阳能资源较丰富，且呈北高南低分布。其中北部海区是江苏太阳辐射最丰富的区域，前三岛又高于大陆沿岸，长江口北部地区也是太阳辐射较丰富区域之一，均具良好的开发前景。

4. 旅游资源

江苏沿海拥有国家级、省级风景名胜区各一个，国家级自然保护区两个，旅游资源具有一定的区域特色。北部旅游资源相对富集，分布在基岩海岸、沙滩海岸、基岩海岛，包括充满神话色彩的花果山、全省第一高峰玉女峰、古代文化荟萃的孔望山、海豚多次出没的灌河口。中部有盐城国家级珍禽自然保护区、大丰国家级麋鹿自然保护区。南部有面积广袤、贝类丰富的滩涂旅游区，神秘的海洋生物礁蛎蚜山，绿色江海小岛兴隆沙、永隆沙，佛教名山狼山等。

5. 淡水资源

江苏沿海拥有丰富的淡水资源。一是降水较为丰富，年降水量在 800 毫米至 1 000 毫米之间；二是分布有长江、东台河、斗龙港、新洋港、射阳河、废黄河、灌河、新沂河、沭河等大小河流，淮河在此借苏北灌溉总渠入海，年平均过境径流总量约 9 860 亿立方米，为全国之最；海岸带范围内还有 3.5 亿立方米深层地下水可供开采。但这一区域淡水资源分布不够均匀，呈南多北少状态，处南缘的长江径流高达 9 513 亿立方米，其他河流总计才近 300 亿立方米。

（六）上海海洋资源概况

上海海域位于《全国海洋经济发展规划纲要》中的第七个经济发展区（长江口—杭州湾经济区），是我国海洋经济发展最具潜力的地区之一。目前，与上海海洋经济活动密切相关的海洋资源主要有海洋空间资源（岸线、港口、航道、路由管线和滩涂）和海洋生物资源、滨海旅游资源、可再生能源等。

1. 海洋空间资源

上海 −20 m 等深线以内海域面积约 7 000 km²，略大于陆域的 6 340 km²，现辖 3 个有居民岛和 11 个无居民岛。

（1）海岸线资源

可以开发利用的海岸线约 470 km，其中大陆海岸线 183 km（长江口南岸 110.3 km，杭州湾北岸 72.5 km），崇明、长兴和横沙三岛拥有约 287 km 海岸线；水深 10 m 的深水岸线约 90 km，其中长江口南岸 35 km，崇明岛南岸 22 km，长兴岛 14 km，杭州湾北岸 10 km，横沙岛 8 km。可开发利用的岸线不多，深水岸线已基本开发（规划）完毕。

（2）港口航道

2003 年，上海港码头长度 57 536 m，泊位数 651 个，其中万吨级泊位 125 个，分为洋山港区、长江口南岸港区、杭州湾北岸港区、崇明岛港区、长兴岛南岸港区、横沙汊道港区、横沙岛南岸港区、黄浦江港区 8 个主要港区。2005 年上海港货物吞吐量达 4.43 亿 t，为世界第一；现有 4 条主要航道，分别为南港—北槽长江入海主航道、杭州湾内的金山航道、漕泾东西航道及洋山港航道。

（3）滩涂资源

0 m 以上滩地总面积 645.7 km²，0 m 等深线至 −5 m 等深线之间的滨海浅滩总面积 2 040.3 km²，合计面积 2 686.0 km²，总体向海、向东南淤涨，近 20 年淤积速率有所下降，可能是受到长江上游工程的影响。

（4）路由管线资源

现有注册登记的海底管线 24 条，包括 6 个国际海底光缆系统的 9 条路由、国内通信电缆、市内通信电缆、输电电缆、输气及输水管道等；规划中的海底液化天然气（LNG）管道 1 条，海底引水管道 1 条。主要登陆点为芦潮港、崇明东滩，理论上还可铺设 20 条，由于受海洋工程、保护区等环境条件约束，实际可铺设数远小于理论数。

2. 海洋生物资源

上海海域有浮游植物 456 种，浮游动物 342 种，近海底栖生物 276 种，潮间带生物 131 种，鱼卵仔鱼 60 种。典型渔业资源有中华绒螯蟹、鳗鲡苗以及中华鲟等珍稀动物。20 余年来，长江口门以内区域浮游生物种类下降明显，底栖生物种类和密度下降显著，浮游植物密度明显增加，浮游动物密度和生物量略有增加。

3. 滨海旅游资源

2004 年，滨海共有 241 个旅游单体，其中的浦东华夏文化旅游区、南汇滨海、奉贤海湾、金山滨海等已具有一定的规模，"碧海金沙"等多个重大旅游项目正在建设之中。

4. 海洋可再生能源

海域风能年有效蕴积量为 1 100~3 300 kW·h/m²，从沿岸到海上依次增大，佘山海域为最大，年均有效风能密度在 360 W/m² 以上，具备商业开发利用价值。波浪能以长江口外海域最大，杭州湾海域次之，与浙江等地相比储量偏低。潮汐能总蓄积量为 1 541 万 kW，能量密度为 1.3~2.8 kW/km²，以杭州湾北岸为最高，北支海域最具开发潜力。

（七）浙江海洋资源概况

浙江是海洋大省，拥有 26 万平方千米海域，是浙江陆域面积的 2.6 倍，大陆海岸线和海岛岸线长达 6 500 多千米，占全国海岸线总长的

20.3%，居全国第 1 位；在近岸海域内，分布着陆地面积大于 500 平方米的海岛 3 061 个，占全国总岛屿数的 2/5。辽阔的海域蕴藏着丰富的生物和非生物资源、空间资源和环境资源，"港、渔、景、油、涂"等海洋资源得天独厚，组合匹配理想。

1. 丰富而又相对集中的港口航道资源

浙江海岸曲折，海湾、河口相间、岛与岸之间常常形成潮汐通道的冲刷槽，从而形成了数量可观、具有深水条件和深水航道的天然港口、锚地和航道水门，在浙江省海洋资源中占有重要地位。

浙江沿海港口类型齐全，分布均匀。按地理位置可分为河口港、海岸港、岛屿港三类；按地域可分浙北、浙中、浙南等区域，各地区大、中、小港资源基本配套。浙江省的深水岸线资源主要集中在乍浦、北仑、舟山、大麦屿和温州七里、洞头等地，沿海共有可建万吨以上港口的岸线 253 km，其中可建成 10 万吨级以上深水泊位的岸线为 105.8 km，各处的深水岸线均有深水航道与外海相连。其中以舟山群岛的深水岸线最为丰富，占全省的一半以下，北仑—金塘海域进港航道最小水深为 17.6 m，可以全天候通航和靠泊第四代、第五代和超大型集装箱船舶，是我国东南沿海建设大型深水港的理想港址。全省还具有众多各种性质的大小锚地，可供各类船舶避风、过驳、停泊。经过长期建设，浙江省沿海地区的港口日益发展。全省沿海已建成宁波港、舟山港、嘉兴港、台州港、温州港为骨干的沿海港口群体，拥有大、中、小海港 34 个，其中已经具有较大规模的港口 5 个，生产性泊位 877 个，其中万吨级以上泊位 58 个。码头长度 5.39 千米，年货物综合通过能力 21 606 万吨，集装箱吞吐能力 198.5 万 TEU。2002 年全省沿海港口货物吞吐量达 2.57 亿吨，比 1998 年增加 1.38 亿吨，货物周转量 913 亿吨千米，比 1998 年增长 10 倍。

2. 位于全国前列的海洋渔业资源

浙江海域位于亚热带季风气候带，温暖湿润，热量丰富，雨量充沛，生物生产量大，多支水流交汇，带来大量的饵料。沿岸海流与台湾暖流交汇，使得近海盐度低且季节变化大，营养盐丰富的众多岛屿及难以计数的岩礁周围的浅海海域和潮间带为海洋生物栖息提供了良好的场所。以上有别于其他海域的环境特点，使浙江海域成为我国海洋渔业资源蕴藏量最为丰富、渔业生产力最高的渔场。浙江渔场面积有 22.27 万平方千米，渔业资源品种多、质量优、生长迅速、世代更新快，近海最佳可捕量占到全国的 27.3%，分布着 1 390 多个大小岛屿的舟山渔场是我国主要经济鱼类的集中产区。海洋捕捞的主要对象是游泳生物，其中具有较高经济价值和较高产量的有带鱼、马面鲀、乌贼、小黄鱼、鳗鲕、梭子蟹、海蜇、鲳鱼、鳓鱼等，其他如石斑鱼、鲥鱼、毛鲿鱼、对虾以及潮间带生物中的缢蛏、泥蚶、牡蛎、贻贝、杂色蛤和青蛤等也都是很有经济价值的种类。大型海藻中，坛紫菜、羊栖菜、石花菜等都有较大的资源量。在养殖方面，浙江省浅海、港湾和滩涂养殖资源丰富，养殖条件优越，养殖品种多样（有鱼、虾、贝、蟹等五大类 40 余种）。2002 年全省海水水产总产量达 409.33 万吨，产值 232.96 亿元，出口 24.03 万吨，出口值 6.66 亿美元。

3. 丰富多彩的滨海及海岛旅游资源

浙江沿海气候宜人，自然环境独特，汇集着山、海、崖、岛、礁等多种自然景观和成千上万种海洋生物。同时又是历史上开发最早的地区，历代劳动人民在这里留下了丰富的历史文化遗产。因此，浙江沿海的旅游资源兼有自然和人文、海域和陆域、古代和现代、观赏和品尝等多种类型，美不胜收。

浙江海洋旅游区有 3 个省级风景名胜区，1 个国家级自然保护区，总面积 2 万平方千米。

浙江沿海地区分布着舟山普陀山、嵊泗列岛 2 个国家级风景名胜区，又有舟山桃花岛、岱山、洞头列岛、桃渚、玉苍山等 5 个省级风景名胜区，此外，还有南麂列岛国家级海洋自然保护区，拥有杭州、绍兴、宁波、临海等全国历史文化名城，以及为数众多的国家级和省级重点文物保护单位。

据浙江海岛资源综合调查，浙江主要海岛共有可供旅游开发的景区（点）450余处，景区（点）的陆域面积为188 km，约占海岛陆域总面积的9.70%。其中，可供旅游开发的成片海蚀景观60余处，适宜开发为海水浴场的沙滩有48处，长度总计约为33 km，还有峰、石、洞景观150余处，人文景观、历史胜迹100余处。海蚀景观中规模较大、气势比较壮观的有嵊泗县东绿华的"礁岸长城"、嵊山岛的东崖、马迹山的石城门头、普陀山的观音跳及潮音洞、朱家尖的龙洞、桃花岛的悬鹁鸪岛景区、象山县的渔山列岛、大陈岛的甲午岩、洞头区的半屏山等。海水浴场沙滩以嵊泗县的泗礁岛为最多，有基湖沙滩、南长涂沙滩等9处，总长6.3 km；朱家尖岛有7处沙滩，总长6.3 km，单个沙滩最大的为岱山县的后沙滩，又称"鹿栏晴沙"，长3 600 m，宽300 m。桃花岛对峙山的安期峰、舟山岛的黄杨尖，为浙江省海岛的第一、第二高峰，植被覆盖率在80%以上，环境幽静，常有云雾笼罩；舟山普陀山、平阳南麂岛、玉环大鹿岛、洞头的仙叠岩及岱山大街岛等处有着千姿百态的石景。人文景观、历史胜迹有岱山大舜庙、定海十字路新石器时代遗址；有岱山百万庄古民房建筑；有佛教四大名山之一的普陀山及法雨、普济、慧济、超果、妈祖等名寺古庙和珍藏的大量佛教文物；有明代抗倭将领侯继高和现代书法大师刘海粟先生题字等众多的摩崖石刻以及现代艺术家的海洋生物岩雕；有纪念鸦片战争中英雄事迹的"三忠祠"；此外，还有远东第一大灯塔等近代建筑工程。

浙江沿海的旅游资源不仅数量大，类型多，而且又明显地集中在杭州、绍兴、宁波、温州等大中城市或附近一带，组成了杭、绍、甬人文自然综合旅游资源带、浙南沿海旅游资源区和舟山海岛旅游资源区，在省内乃至全国的旅游业占有十分重要的地位。

4.前景良好的东海油气资源

浙江陆域的油气资源几乎为零，但浙江近海的石油、天然气资源十分喜人，经济价值巨大。东海陆架盆地主要形成于晚白奎世至中新世，是以新生代沉积为主的大型沉积盆地，形成一套河流相—湖沼相—滨海相的砂泥地层，最大沉积厚度可达15 000 m，盆地内部的地质构造特点是：东西分带，由西向东盆地形成时间由老到新；南北分块，由北向南沉积相变化由陆到海。因此，在不同的海域、不同的时代发育着不同类型的沉积盆地，有着不同的油气资源前景。

2001年，东海残雪二井、平湖六井等4口井的勘探工作已经组织完成，并向国家粮食和物资储备局提交了370多亿立方米的探明储量，使春晓气田累计探明储量超过了800亿立方米，完全满足一期工程计划的要求。根据国家部署，春晓气田群已经在"十一五"期间投产，一期供气量为15多亿立方米，二期也已获国家批准，届时供气量将达25亿立方米。

东海陆架盆地具有生油岩厚度大、分布面积广、有机质丰度高、储集层发育好、圈闭条件优越等条件，是寻找大型油气田的有利地区。经过前几年的勘探开发，平湖油气田已向上海供应油气，残雪、温东油气田也具有良好前景，东海陆架盆地有可能成为我国重要的海洋能源生产基地。

5. 具有多宜性的滩涂土地资源

滩涂是一种不稳定的土地资源，浙江沿海潮间带多属开敞式岸滩，泥沙来源丰富，大部分区域具有不断淤涨的特点，涂地分布也比较集中。据统计，浙江省在2010年有滩涂资源约388万亩，并且以每年约4万亩的速度淤涨，其中可开发滩涂资源为272万亩，每年可开发5万亩左右，是一项很重要的土地后备资源。

按行政区统计，沿海7个市的滩涂资源，宁波市最为丰富，约140.15万亩，占全省总量的36.12%。其次是温州市、台州市，分别为96.14万亩和95.16万亩，各占全省总量的24.76%和24.51%，杭州市和绍兴市最少，分别为2.2万亩和9.27万亩，各占全省总量的0.57%和2.39%。从县（市、区）情况看，慈溪市滩涂资源最丰富，达62.51万亩，占全省总量的 16.1%，其次是象山县、宁海县、临海市、温岭市、玉环县、乐清市、龙湾区、瑞安市，面积均在 20 万亩左右。

滩涂资源的开发具有多宜性，既可以用以发展农业、盐业、水产养殖业，也可用作工业和城镇等建设用地。因此，今后的开发必须根据可持续发展的要求，按照滩涂资源的分布和环境特点，开展缜密的可行性研究，真正使资源配置达到社会效益、经济效益和生态效益的"三统一"。

6.理论贮量丰富的海洋能资源

浙江沿海位于亚热带季风气候区，濒临东海，岸线曲折，港湾众多，岛屿棋布，潮强流急，风大浪高，具有较丰富的潮汐能、潮流能、波浪能、温差能、盐差能以及风能等海洋能源。

（1）潮汐能资源

浙江沿海除舟山、宁波沿海潮差较小外，其余地区的潮差均在 4 m以上，全省平均潮差为 4.29 m。在河口港湾地区，潮波进入港湾以后，因断面缩窄潮差增大，如杭州湾最大潮差为 8.931 m，乐清湾最大潮差为 6.43 m，显示了丰富的潮汐能资源。据全国潮汐资源普查资料统计，全省潮汐能理论装机容量约为 2.9×10^7 kW，全省潮汐能理论蕴藏量为 8.6×10^{10} kW，约占全国总量的 40%。

（2）潮流能资源

浙江省沿海除了潮差大之外，沿岸湾多、岛多、水道窄、流速急，特别是舟山地区，岛屿星罗棋布、水道众多，如龟山航门、灌门、条帚门、西堠门、乌沙门、螺头水道、金塘水道等，都具有水道窄、潮流急的特点，仅以西堠门（流速 7 km/s）、灌门（流速 6 km/s）、龟山航门（流速 5~7 km/s）等 6 处海峡计算，其潮流能总装机容量合计为 2.35×10^6 kW，是全国潮流能重点地区之一

（3）波浪能

波浪能是指在风的作用下，水面产生周期性的起伏而形成的能量。

浙江省沿海平均波高为 1.3 m，平均周期为 6.3 s，理论波浪能密度为 5.3 kW/m，波浪能占全国总数的 16.5%，可装机容量为 2.5×10^6 kW。其中绿华山、嵊山、浪岗山、东福山、韭山、渔山、大陈和南麂等为波浪能富集的海区。

（4）其他海洋能源

除上述海洋能源种类外，沿海还有盐差和风能。钱塘江盐差能的理论功率为 2.5×10^6 kW，瓯江口盐差能的理论功率为 1.6×10^7 kW。沿海的风力资源较为丰富，以嵊泗为例，年平均风速为 7.1 m/s，每年有效风速时数为 6 214 h。因此，浙江沿海风能大，可建各级风力发电站。

海洋能源具有大面积、低密度、不稳定、可再生等特征。浙江省已有温岭江厦、玉环海山等潮汐电站在正常运行，并在舟山进行潮流能开发利用的实验。在大陈、嵊泗等处已建风力发电场，而波浪能目前只局限于航标灯供电。

浙江因海岛数量众多和自然地理环境条件比较优越，蕴藏着比较丰富的海洋能资源，开发海洋能资源，对缓解海岛能源紧缺状况、促进经济发展都具有重要意义。

（八）福建海洋资源概况

1. 海洋生物资源

福建省地处我国东南沿海，台湾海峡西岸，海域面积 13.6×10^4 km²，海岸线长 3 224 km，居全国第 2 位。福建沿海属亚热带海洋性气候，海岸线长而曲折，港湾岛屿众多，各种水系交汇，海域地形较复杂，为海洋生物的繁殖和生长提供了良好的生态环境，因此，福建海洋生物资源丰富。福建海域浮游植物有 357 种，以硅藻门为主，有由沿海水域向内湾和河口水域递减、从高纬度向低纬度递增的趋势；浮游动物 264 种，以桡足类为主；底栖生物 928 种，以软体动物为主；潮间带生物 862 种；游泳生物 387 种，其中鱼类 290 种。福建海洋生物中人工养殖种类较多，主要有紫贻贝、扇贝、海带、紫菜、对虾、大黄鱼、石斑鱼等。

2. 海洋空间资源

福建海岸线长而曲折，形成许多天然良港，可建 5 万吨级以上深水泊位的深水港湾有沙埕港、三都澳、罗源湾、湄洲湾、金门湾、东山湾 6 个，占全国的 17.6%，全省可利用建港的自然岸线 475 km，其中深水岸线 149 km，可供开发深水泊位约 700 个。福建省港湾口小腹大，湾口或湾外多岛屿庇护，湾内水域宽阔，沿岸广布花岗岩和火山岩，地基坚实，是我国沿海省市建港条件最好的省份。福建沿海港址，遍布全省沿海各岸段，大、中、小型港口齐全。

3. 海洋矿产资源

福建海洋矿产资源具有可开采矿种多、优势矿种突出、海底油气资源储量较大的特点。目前已经发现和勘探的种类有 60 多种，其中有工业利用价值的 21 种。福建滨海砂矿成矿条件好，品质优良，综合利用率高，主要分布在闽江口以南滨海一带，玻璃砂、型砂、标准砂、建筑用砂、高岭土等具有很高的开采价值；福建海底油气资源储量较大，据石油地质勘探，台湾海峡西部海域具有较好的成油条件，福建海底有多个成油拗陷带，推测其油气资源总量为 $28 \times 10^8 \sim 78 \times 10^8$ t。

4. 海水化学资源

福建沿海海水盐度除江河入口处较低外，一般均在 32 以上。福建沿海地区滩涂平坦辽阔、降水量相对较少、气温高、日照时间长、风力大、蒸发量较大，发展海水制盐业条件优越。盐田平均产盐 80 t·hm^{-2} 左右，居全国首位，海盐质量优良，是我国南方主要盐区之一。

5. 海洋能资源

福建是全国潮汐能丰富的省份，全省潮汐能理论计算年发电量 284.4×10^8 kW·h，可开发装机容量为 $1\,033 \times 10^4$ kW，居全国首位，福建潮汐能主要分布在福清湾、兴化湾、湄洲湾、三都澳、罗源湾；福建沿海突出部及岛屿年有效风能为 $2\,500 \sim 6\,500$ kW·h；福建闽江口以北海域平均盐度 28.2~30.7，闽江口以南增至 32 以上，海水盐度差能蕴藏量约

$800 \times 10^4 \, kW$；海水盐度差能主要分布在交溪、闽江、晋江、九龙江 4 条河流的河口。

（九）广东海洋资源概况

1. 空间资源

广东省是沿海大省也是海洋大省。全省大陆海岸线长 3 368.1 千米，接近全国的 1/5，居全国沿海省市第一位。岛屿海岸线长 1 649.5 千米，占全国的 1/9；大于 500 平方米的海岛有 759 个；沿海 10 米等深线以内的浅海和滩涂面积 1 900 万亩，占全国 1/5，也位居全国第一；海域面积 35 万平方千米。从以上数据可以看出，广东省海洋地位在全国居于前列。

2. 油气资源

在广东省所辖海域内天然油气资源丰富。从地质上可知，南海海盆为第三纪下沉形成的。南海北部从台湾海峡到两广沿海的大陆架，以及大陆坡南北缘的地槽中，都有极厚的第三纪沉积物；南海南部的其他大陆架及南中深海盆地等处也有很厚的第三纪地层，这些都是天然油气资源形成的先决条件。从地质构造上看，南海海盆是一个有利于生油和聚集的中心，具有油气地质的条件和基本特征。属于南海陆缘盆地的珠江口盆地已发现 17 个油气田和油气富集区，油气总体储蓄量约为 73 亿吨。

3. 生物资源

南海北部大陆架海域约有鱼类 1 000 多种，其中具有一定捕捞价值的经济鱼类约 200 种，目前捕捞较多的鱼类约有 50 种以上。广东省海洋捕鱼量居全国前列，并且逐渐向外海、远洋捕捞发展。此外，除了鱼类资源外，还有对虾、海蜇、海蟹、乌贼等很多具有较高经济价值的海洋无脊椎动物。

4. 港口资源

广东沿海有优良港湾 120 余处，形成姆东、粤西、粤中 3 大港口群。每个港口群由一个枢纽港、若干个地方中心港和地方港口组成，其中有些是专业港。这样一种层次分明、分工明确、布局较合理的港口群是建立海洋经济的重要基地，将有力推动港口资源的开发。

5. 旅游资源

海洋也是当今世界上最热门的旅游场所之一，滨海旅游被称为"3S"旅游，即海水（sea）、沙滩（sands）和阳光（sun），是海洋产业发展中的一个重要组成部分。广东省滨海旅游景点 200 处，不仅充满人文胜迹、自然风光，还有滨海浴场和水上运动的适宜之处。

6. 化学资源

广东省还有生产条件较好的盐田 3 000 多公顷，海滨潮汐能和海岛风能开发潜力较大。海滨砂矿资源亦十分书富，很多具有工业开发价值。海洋矿产开发、海洋能源开发、海水综合利用及海洋空间利用前景广阔。

（十）广西海洋资源

1. 土地、滩涂及浅海资源

沿海地区土地面积为 11 573 km^2，占沿海三市北海、钦州湾、防城港总面积的 56.84%。其中陆域面积 11 470.1 km^2，岛屿面积 66.90 km^2，沿海三市耕地面积为 27.604 万 hm^2。沿海地区大片耕地主要集中在南流江三角洲、钦江三角洲和沿海大小平原，土质肥沃，是主要产粮区。沿海地区有滩涂 1 005.31 km^2，开发利用方式多种多样，最多的是海水养殖，加上围垦造地、盐田和临海工业、城镇用海，开发利用面积已占滩涂总面积的 65.36%，开发利用程度较高，潜力很大。广西沿海有众多岛屿，除防城港、龙门岛、京族三岛因人工因素与大陆相连外，有大小海岛 651 个，岛屿面积为 66.90 km^2，岛屿岸线 460.9 km，这些岛屿上有丰富资源。广西沿海等深线 20 m 以内的浅海面积 6 488.31 km^2，滩涂面积 1 005.31 km^2，拥有 1 595 km 的海岸线和众多的天然港湾、河口，为发展海港、捕捞、滨海旅游、海水养殖、制盐、海洋化工等提供了广阔的空间。

2. 港口资源

广西沿海岸线曲折，港湾众多，港口资源是沿海最突出的优势资源，在 1 595 km 的岸线上分布有铁山港（湾）、廉州湾、钦州湾、防城港

（湾）、珍珠港（湾）、大风江口等 10 多个大小港和河口。可开发建港的港湾、岸段有 10 多处，如钦州湾、铁山港、北海新港岸段、防城港、珍珠港等。可开发万吨级以上深水泊位 100 多个，开发利用潜力很大，前景广阔。

3. 海洋生物资源

北部湾是我国著名渔场之一，湾内生物资源种类繁多，有鱼类 500 多种，虾类 200 多种，头足类 50 种，蟹类 20 多种，此外还有种类众多的贝类和其他海产动物及藻类等。广西沿海是北部湾的重要渔区，是多种鱼、虾、蟹类和其他海洋动物的生长区域。沿岸海区还有许多具有科学研究价值、药用价值的珍贵生物资源，如海蛇、海马、海龙、海牛等等。海洋渔业是广西沿海地区的传统产业，也是沿海经济发展的支柱产业之一，具有良好的基础和相当规模，现有中小型渔港 20 个，从业人员 23 万多人。

4. 旅游资源

广西沿海的旅游资源主要有滨海风光、边境风情及人文古迹等。主要有北海银滩、有大小"蓬莱"之称的涠洲斜阳二岛、红树林景观、东兴—芒街中越边境游等许多具有广西特色的旅游区和景点。近年来，沿海滨海旅游业发展迅猛，交通、通讯、商业、服务等配套基础设施的建设取得了很大成绩，成为新的经济增长点。

5. 盐业及盐化资源

广西海水化学资源丰富，海水平均盐度为 30~32，海水含溴量为 60×10^{-6}，平均海水温度 23℃，滩涂平坦、广阔，年太阳日照时数为 1 560 ~2 253 h，热辐射为 447 kJ/cm²，年平均气温 22~23.4℃，年降水量 1 500~2 000 mm，盐场实测年蒸发量 1 400~1 800 mm。现有盐场 7 个，盐田总面积为 4 023 hm²，其中生产面积为 3 444 hm²，占总面积的 85.60%，生产的原盐主要为食用盐。对于盐业开发来说，自然条件比我国北方沿海要差。

6. 矿产及油气资源

广西沿海矿产资源丰富，已知矿产有多种，其中石英砂、钛铁矿、石膏、陶瓷黏土占优势地位，储量大，开发前景良好。北部湾是我国沿海六大油气盆地之一，潜在石油资源为 23 亿吨。目前，经钻探已发现 7 个油气田，其中 3 个油气田已进入开采阶段。但广西沿岸滨海矿产开采量有限，矿产品加工技术落后，产品多为低档，高档产品极少，更缺乏深度加工，产值低，经济效益不高。

7. 淡水资源

广西沿海有 22 条独立河流入海，年径流总量为 250 亿立方米，降水是地表水的主要来源，年平均降水量 1 900 毫米，沿海地下水资源比较丰富。据有关部门估算，沿海地区保证率 50% 的地下水资源储量为 45.57 亿立方米，可利用地下水资源 13.6 亿立方米，但地下水资源分布不均匀，东部岸段区较为丰富，西部岸段区欠丰，淡水资源开发主要用于城市生活用水和工业用水。北海地下水储量达 20 亿立方千米，但开采井布局不合理，大部分地区总开采量小于允许开采量，局部区域过量开采，已发生海水入侵现象。

（十一）海南海洋资源概况

海南的海洋面积辽阔，所辖海域近 200 万平方千米，水深 200 米以内的大陆架渔场面积为 6.56 万平方千米，全岛入海河流 154 条。海南的水产资源十分丰富。海南近海是中国天然气富集区，初步探明储量为 5 000 亿~6 000 亿立方米，石油蕴藏量也十分可观。海南是中国最大的热带地区，占全国热带土地面积的 42.5%。土地资源种类多，可供成片开发的土地面积大、数量多。由于光、热、水等条件优越，农作物终年可以种植，许多作物每年可收获 2 至 3 次。海南岛的植物共有 4 000 多种，其中 630 种为海南所特有。海南有药用植物 2 500 余种，是中国最理想的南药生产基地。海南岛四季花果飘香，许多热带经济作物和水果驰名中外。海南优越的热带植被环境为各种动物的生活、繁殖提供了良好的天然场所。海南有陆生脊椎动物 516 种，其中有 11 种两栖类动物和 20 种哺乳动物为海南所独有。海南的矿产资源种类多，具有开采价值的有 30 余种，海南是中国著名的富铁矿基地，海南的黄金、水泥灰岩、矿泉水等具有很大的开发价值。海南的旅游资源极为丰富，具有热带自然景观和独特的海岛风情。全省可利用的自然景观和人文景观等旅游资源点 123 个，许多旅游点被国家列为重点保护区。

第二节　我国沿海省市海洋资源特点

（一）海洋资源种类丰富

我国沿海省市总共海岸线长达 18 000 多千米，管辖海域 300 多万平方千米，相当于我国陆地面积的 1/3，同时还分布着面积大于 500 平方米以上的岛屿 5 000 多个，属于海洋大国，且拥有众多的海洋资源，包括海洋生物资源、海洋油气资源、海洋矿产资源、滨海砂矿资源、海岸土地资源、滨海旅游资源等。

（二）海洋资源在沿海省市分布不平衡

我国海洋资源的地域组合特征是：渤海及其海岸带主要有水产、盐田、油气、港口及旅游资源；黄海及其海岸带主要有水产、港口、旅游资源；东海及其海岸带主要有水产、油气、港口、海滨砂矿和潮汐能等资源；南海及其海岸带主要有水产、油气、港口、旅游、海滨砂矿和海洋热能等资源。我国沿海各省份的优势海洋资源如下表所示：

表6-1　我国沿海各省份优势海洋资源

省（区、市）	优势海洋资源
辽宁	水产、港口、油气、旅游
河北	港口、盐业、滩涂、旅游
天津	港口、旅游、滨海砂矿
山东	港口、水产、旅游、油气
江苏	港口、盐业、滩涂
上海	港口
浙江	港口、水产、旅游、海洋
福建	水产、港口、油气、旅游
广东	水产、港口、油气、旅游

此外，这种不平衡还体现在以下方面。海洋水产大省主要有山东、福建、浙江、广东、辽宁，上述5省海洋水产产量占了我国极大比例。上海和广东的海洋交通运输业营运收入遥遥领先于其他省份。上海市近年海洋交通运输业营运收入约占全国海洋交通运输业营运收入的1/3。我国海洋石油天然气生产主要集中在广东、山东、辽宁、天津沿海，其中广东占了较大比例。海滨砂矿工业产值有限，主要集中在福建、山东、广东、广西、海南。沿海修造船业主要集中在上海、广东、辽宁、山东、浙江。滨海海外旅游主要集中在广东、上海、福建、浙江。盐业产量大省有山东、河北、辽宁、天津、江苏。2003年，天津市海洋化工业产值占全国的58.2%，浙江省海洋生物医药业产值占全国海洋生物医药业产值的58.5%。

（三）海洋污染及海洋灾害使海洋资源面临严重威胁

由于我国沿海处于环太平洋地震带，地震、风暴等海洋灾害较为频繁，并对海洋资源造成较严重的经济损失。

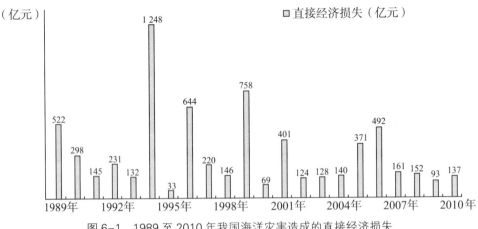

图 6-1 1989 至 2010 年我国海洋灾害造成的直接经济损失

此外，目前中国近海日益受到城市工业废水、生物污水以及海港、船舶海上石油平台作业或事故排污的污染。20 世纪 80 年代初期，每年排入沿海海域的工业废水达 4.5 亿吨，生活污水约 15 亿吨。其中以陆源污染为主。污水入海量以进入东海沿岸的最大，次为南海沿岸、渤海沿岸和黄海沿岸。

（四）局部地区的海洋资源在开发过程中涉及多国政治问题

目前，我国就海域管理范围与日本和东南亚等国还存在着诸多纠纷，海洋资源在开发过程中不可避免地要考虑到敏感的政治问题。因此，为了保护我国的海洋资源，我们必须与日本和东南亚等国之间就海洋资源进行对话，捍卫我国的海洋领土主权！

第三节　我国沿海省市海洋资源比较分析

广义上讲，我国的海洋资源应包括我国享有主权和管辖权的全部海域中的自然资源和公海、国际海底等人类共享资源中我国应得份额两部分。但是由于人类共享海洋资源的界定、划分和量化目前尚未有定论，因此，下面所述我国海洋资源仅指第一部分海洋资源，即我国内海、领海、专属经济区和大陆架内的海洋资源。我国的海洋资源可分为海洋生物资源、海底矿产资源、海水资源、海洋能资源、滨海旅游资源、海洋空间资源和海岛资源 7 大类。

（一）海洋生物资源

我国沿省市有丰富的海洋资源。渔业的稳定供应直接影响着我国粮食的自给能力。其实，海洋生物资源绝不限于鱼类资源，其开发潜力还很巨大，必将为"养活养好中国人"做出巨大的贡献。

根据《联合国海洋法公约》，我国享有主权或管辖权的全部海域面积达 300 万平方千米，而且我国海域跨越温带、亚热带和热带 3 个气候带，地理、气候条件得天独厚。因而海洋生物资源目前具有经济开发价值的鱼类生物资源的蕴藏量也较为丰富，最大持续渔获量和最佳渔业资源可捕量分别约为 470 万吨和 300 万吨。这也是得益于中国海域良好的自然环境条件，除面积广阔外，共有 500 多条流域面积在 100 万平方千米以上的江河注入中国海域，每年带入 1.6 万亿立方米的淡水和近 20 亿吨的泥沙，这给沿岸海域带来了丰富的有机质和营养盐，为海域的高生产力提供了物质基础。另外，中国海域拥有红树林、珊瑚礁、上升流、河口、海湾、海岛等各种高生产力的海洋生态系统，这也是我国海域海洋生物资源较为丰富的原因之一。

不过，随着近年海洋污染和过度捕捞的日益加剧，我国的海洋生物资源呈衰竭之势，资源蕴藏量只能算是中等水平，这与中国海域良好的自然环境条件是不相称的。据我国海岸带综合调查资料，我国近海游泳生物的资源量平均为 1.1 吨 / 平方千米，中远海渔业资源总量为 2.3~3.9 吨 / 平方千米，而且发展趋势不容乐观。

我国海洋生物资源在各海区的分布也不平衡。就鱼类来说，黄渤海共有 290 多种，东海大陆架海域有 730 多种，南海北部大陆海域有 1 000 多种，而南部大陆架则只有 200 多种，南海诸岛海域有近 600 种。可见在中国海区，鱼类种数呈南多北少的状况，即南海种类多，而黄渤海种类最少且优质鱼类资源较少。各海区资源量的情况只能是具体问题具体分析，因为资源量除了受海洋环境条件制约外，还与生物种群内部的相互作用、外界的海洋污染和捕捞强度等直接相关。

除鱼类等海洋动物外，中国还有丰富的海洋植物和海洋微生物资源，其价值和作用已日渐受到人类的瞩目。我国拥有 38 种红树植物，约占世界总种数的一半。我国海域的海藻资源也很丰富，产量较大的主要是褐藻和红藻，能供食用的达几十种，如海带、紫菜、裙带菜、麒麟菜等。现已证明，许多藻类具有很高的食用价值，含有 20 余种脂溶性维生素。随着对我国海洋生物资源的不断研究和开发，海洋将为我们提供越来越多人体所需的蛋白质和维生素。

（二）海底矿产资源

如果从绝对量上讲，我国还算得上是矿产资源的富国，但要按人均拥有量来讲，我国则是矿产贫国。因此，一方面要保护、合理开发陆中矿产资源；另一方面要放眼海洋，在海洋中寻找支撑我国经济持续发展的"蓝色基地"。美国本土并不缺乏石油资源，但其到阿拉伯海、波斯湾、北海寻找自己的石油供应基地。美国是世界上第一大消费国，其人均年石油消费近 5 吨，但其中一多半来自别国海域。我国是否也该把目光投向海洋？

海底矿产资源存在于海底表层沉积物和海底底土中，一般包括海洋油气、海滨砂矿、大洋锰结核、海底钴结壳、热液矿床、海底煤矿等。

我国海域的油气资源相当丰富。我国海域共有 22 个新生代沉积盆地，总面积约 130 万平方千米，石油资源量约为 467 吨，天然气资源量约 234 亿立方米。截至 1994 年，我国在近海大陆架上已发现了 9 个含油气沉积盆地，面积达 90 多万平方千米；在深海区也发现了 9 个盆地，面积达 40 多万平方千米，它们是曾母盆地、巴拉望西北盆地、文莱－沙巴盆地、中越盆地、礼乐盆地、中建南盆地、管事滩北盆地、万安盆地和冲绳海槽盆地，石油资源量约为 243 吨，天然气资源量近 9 万亿立方米。

我国海滨砂矿资源也比较丰富，矿产种类比较齐全，包括黑色、有色和稀有金属以及许多种非金属矿产。目前已探明种类达 65 种，其中具有工业开采价值或储量的砂矿主要有锆石、钛铁矿、金红石、独居石、砂金、金刚石等 13 个矿种。据不完全统计，现已探明各类海滨砂矿床 191 个，矿点 135 个，矿产资源量约 16 吨。

我国海滨砂矿的分布很不均衡。从地理区域看，呈南多北少的状态，在全国 130 多个大型矿床中，广东、广西、海南、福建四省几乎占了 90% 以上；从矿种构成看，钛铁矿和锆石两种矿产就占了总储量的 90%，而其他矿种储量微乎其微。

我国海域也发育有其他类型的海底矿床，如海滨煤矿、钴结壳、深海热液矿床以及锰结核等。目前，深海锰结核开发尤其引人注目，在我国南海发现了面积达 3 200 平方千米的锰结核富集区。此外，1991 年中国大洋矿产资源研究与开发协会被国际海底管理局筹委会登记为国际海底先驱投资者之一，使我国在东北太平洋获得了一块 15 万平方千米的锰结核矿区，并在区内享有专属开发权。这是一件功在当代、利及千秋的大事，为我国争得了宝贵的资源储备。

（三）海洋能资源

海洋能资源通常是指蕴藏于海洋中的可再生资源，它们都以海水为能量载体，包括潮汐能、波浪能、海（潮）流能、温差能（热能）和盐差能。

我国海洋能资源主要分布在东海和南海沿岸，除潮汐能外，其他能源调查工作仍较薄弱。不过，据初步估算，我国海洋能资源总蕴藏量约为 4.31 亿千瓦，潮汐能和海流能两项年理论发电量可达 3 000 亿千瓦时，这个数字是 1995 年我国发电总量的 30%。可见，我国海洋能资源的开发潜力是巨大的。

由于泥沙质海岸所占比例较大，我国沿岸潮汐能资源条件总的来看不算很好，但是在有些地段还是可以的。如浙江、福建两地的潮汐能理论发电量就占了全国的 81.2%。我国沿岸潮汐能总蕴藏量达 1.1 亿千瓦，理论年发电量为 2 750 亿千瓦时。

我国沿海波浪能资源总蕴藏量为 0.23 亿千瓦，主要集中在台湾、广东、福建、浙江、山东等地，以台湾为最多，其资源蕴藏量占全国的 1/3。

海流能资源主要分布在沿海 130 个水道，据测算，可开发的装机容量约为 0.383 亿千瓦，年理论发电量约 270 亿千瓦时。其中浙江、广东、海南和福建沿海的可开发资源量就占全国的 90%，能流密度较高的地方有杭州湾口、金塘水道、老山水道等。

我国海洋温差能按海水垂直温差大于 18℃ 的区域估算，具有商业开发前景的区域达 3 000 多平方千米，主要分布在南海中部深海区域，可供开发的温差能资源约为 1.5 亿千瓦，但在我国的分布极不平衡，东海沿岸最多，约占全国总量的 70%。温差能和盐差能目前只能算潜在的海洋能源，其商业开发尚需假以时日。

（四）海水资源

我国的海水资源分成两大类，其一为海水化学资源，即海水中的多种盐类和化学元素，如海盐、氯化钾、氯化镁、溴、铀、重水等；其二为海水资源，海水可以作为提取淡水的冷却水或其他工业用水，以及用于耐盐农作物的直接灌溉等。海水资源的稀缺性不是很突出，且具有流动性，因此海水资源被认为是取之不尽、用之不竭的一种全球性资源。但要知道，海水资源也将和历史上的许多资源一样，往往青睐于捷足先登者。

（五）滨海旅游资源

我国滨海旅游资源是海岸线附近陆域和海域的人文自然景观的总称。由于滨海地区所处的独特地理环境，它既是陆地与海洋两大系统的相互作用地带，形成了独具特色的自然景观，同时，它也是本土文化与外来文化交融撞击的前沿地带，形成了中外合璧的区别于内地的人文氛围。这些都赋予滨海旅游一种独特的魅力，令人流连忘返。这几年来，我国滨海旅游深受人们的青睐，滨海旅游资源也更加受到人们的关注。

我国滨海地区可供开发的景点达 1 500 多处，主要分布在基岩海岸、沙质海岸和河口处，而淤泥质海岸景点较少。我国的滨海旅游资源有以下几类。

海山洞石，相映成趣。我国滨海虽多为丘陵与平原，没有大山高峰，但所谓山不在高，有仙则名。海边山岭携大海灵秀，超凡脱俗，自成情趣。从北到南，我国滨海有不少名山胜境。较为知名的有辽宁的凤凰山、大孤山、老铁山、莲花山，河北的碣石山、联峰山，山东的文峰山、昆仑山、崂山，江苏的云台山，浙江的普陀山、天台山、雁荡山，福建的太姥山、鼓山、南太武山，广东的莲花山、白云山、东山岭，台湾的阿里山、玉山、阳明山，广西的冠头岭，海南的五指山等。洞府石景也随处可见，如辽宁庄河仙人洞，河北莲花石、鸽子窝、阳洞，山东天池石，江苏水帘洞，厦门日光岩等。

海陆作用造就的奇特美景。滨海地带位于海陆交界处，海水的作用、江河入海都形成了形态各异的景观，包括海蚀景观、海浪景观、海潮景观、瀑布景观、河口景观等。海蚀景观主要有海蚀崖、柱、洞、礁石等，如大连的海蚀崖，山东的长岛棋盘礁、军舰礁、崂山石老人，三亚天涯海角等。大小不等的海浪也是滨海景观之一，常令人浮想联翩。钱塘江金秋大潮季节，其汹涌澎湃的海潮非常壮观，每年吸引了各地无数游客，曾发生过游客折腰海潮的惨剧，可见其魅力与威力并存。

海洋生态资源，独具魅力。我国滨海发育有不同类型的海洋生态系统，如海岛生态系、河口生态系、红树林生态系、珊瑚礁生态系及沼泽湿地生态系，各类生态系各具特色，生物种类很多，充满自然情调，极富魅力。自 1980 年以来，我国在滨海已建立了 40 多个海洋类型自然保护区，较有名的有大连蛇岛、山口红树林生态、大洲岛海洋生态、三亚珊瑚礁、南麂列岛、东营湿地与槐林、盐城滩涂珍禽等自然保护区。随着生态旅游的升温，这些地方将成为旅游热点。

海洋古迹，述说着历史和古远的文化。早在新石器时代，我们的祖先就开始在沿海地区活动，留下了许多遗迹。如庙岛群岛的母系氏族部落遗址、浙江滨海余姚河姆渡文化遗址、山东秦桥遗址。此外，有些地方还留下了几千年来的"沧桑巨变"。如天津古林古海岸自然遗迹、晋江深沪湾海底古森林遗迹。当然虎门和镇江的古炮台、天津塘沽和辽东湾的菊花岛也会让人想起昔日的硝烟弥漫。值得一提的是，我国滨海旅游资源极富人文内涵，而且其文化特性具有双重性。一方面受内陆文化的影响很大，因此我们可以在沿海发现许多有关传统文化的遗迹，比如蓬莱仙岛、玉皇顶、崂山、秦始皇求仙问海处、普陀岛的"海天佛国"盛景、马祖庙、佛山祖庙。但另一方面，滨海地区的人文环境与内陆的生产、生活、居住诸方面都有差异，这除了地域环境原因之外，一个主要原因就是滨海地区作为文化前沿，更多地受到了外来文化的影响。要知道空中交通的历史并不长，海上通道曾一度成为各种文化交流的唯一途径。这种外来文化影响的遗迹在沿海随处可见，几乎沿海城市都有教堂和西式建筑。大连的日俄建筑、青岛的八大关、天津的小洋楼、上海的外滩都体现出当时中外文化的交融。滨海地区许多现代建筑、公园的风格更是中外文化相互渗透、融合的结晶。我国滨海旅游资源既有丰富的自然景观，也具有厚重的文化内涵，具有良好的开发前景。

（六）海洋空间资源

海洋空间资源系指海床、底土、海洋水体、水面及上覆空间的总称，它和土地资源一样，既具有自然属性，又具有社会经济属性，是人类进行海洋开发利用的载体。尽管我们拥有占陆地面积33.3%的海域，但随着我国对海洋的深度开发，海洋空间资源的稀缺性日渐突出，尤其是近海区域。

为协调各种海洋产业，指导对海洋空间资源的合理利用，我国历时四年于1995年完成了"中国海洋功能区划"，按照其五类三级分类系统，将海洋空间区域按其属性分成5种类型：开发利用功能区、治理保护功能区、自然保护功能区、特殊功能区和保留功能区。经过分析、比较，确定了我国渤海区、黄海区、东海区和南海区的整体功能并进行了各海区的功能分区，这为合理开发海洋空间资源奠定了坚实的基础。

从广义上讲，海岸带的土地资源和沿岸资源也是海洋空间资源的重要组成部分。根据我国海岸带与滩涂资源综合调查资料，我国海岸带地区的土类资源类型较多，有盐土、风沙土、沼泽土、褐土等17个土类，面积达25万平方千米，其中潮上带滩涂面积10.7万平方千米，潮间带为2万平方千米，潮下带为12.3万平方千米，15米等深线以内的海域面积达14万平方千米，因此开发利用的潜力很大。而且海岸带是地球上唯一的造陆地带，在源源不断地为我们造就新的土地资源，长江下游平原、珠江三角洲、下辽河平原都是泥沙在古海湾沉积而成的。我国大陆和岛屿沿岸共有160个面积大于10平方千米的海湾，河流长度超过100千米的河口有60多个，居世界前列，但宜于建港的海湾并不多。经过多年勘探，宜建中级泊位以上的港址约164处，其中宜建万吨级以上的泊位有5处、5~10万吨级的泊位有5处，我国深水岸线总长才400多千米，好在于地处温带和热带，冬季封冻问题不是很严重。宜建深水大港的岸线是我国非常宝贵的资源，应倍加珍惜、合理规划，充分发挥其作用。

（七）海岛资源

海岛在国防上是向外延伸的支撑点，对保卫我国蓝色海疆意义重大。那些远离大陆的海岛也可以说是走向世界的重要基地，是我国海上"不沉的航空母舰"。在经济上，不仅仅在于其具有丰富的经济资源价值，而且还在于其具有全方位开放的区位优势。因此，海岛是一种宝贵资源，是国家的财富。随着世界趋于和平，我国沿海经济带的崛起，海岛定会绽放出其应有的光彩，我们需要用一种全新的目光去审视和评价我国海岛资源的价值。我国沿海面积大于 500 平方米的岛屿共有 7 300 多个，总面积约 8 万多平方千米，有人居住的岛屿有 430 多个，总人口近 500 万（不包括海南省和台湾地区）。我国岛屿岸线长近 1.4 万千米。我国海岛以基岩岛为主，占 90% 以上，表明海岛的稳定性较好。其余则为冲积砂岛、珊瑚岛。从总体上看，我国对海岛资源的开发利用程度较低，绝大多数岛是尚未开发利用的荒岛。

从总量上来看，我国沿海省市海洋资源还算是较为丰富，但从人均资源量来看，则属海洋资源贫乏之列。这便是我国海洋资源状况的大背景。

海洋生物的初级生产力是以浮游植物为基础的，它是海域肥力的象征，以此能估算出海洋动物的潜在产量。我国海域海洋生物净初级生产力量一般为每平方 40~112 克碳，与世界有些海区比则较低。如日本濑户内海为每平方米 100 克碳，有些海区甚至近每平方米 400 克碳，欧洲北海沿岸区域为每平方米 90 克碳。因此我国海域初级生产力并不理想。不过，我国的海洋生物资源生产水平也不高，海域平均年渔获量约为每平方千米 3 吨，大大低于南太平洋沿海、日本近海和北海等区域，这主要是外海捕捞能力差和中国海域缺少特大捕捞种群造成的。另外，我国发展浅海滩涂海水养殖的前景广阔。我国适宜人工养殖的 10 米等深线以内浅海滩涂达 2.1 亿亩，而 1994 年海水养殖面积为 981 万亩，开发利用率仅为 4%

左右，还有很大的潜力^①。

我国海域石油资源量为 467 亿吨，天然气为 23 万亿立方米。但经过详细勘探已得到的储量却分别只占上述资源量的 2% 和 1% 左右，而且多位于近海大陆架区域。这说明我国的海洋油气勘探开发工作还有很长的路要走。我国海底油气资源有如下特征：第一，我国已发现的海上油气田大多为中小型，探明储量增长缓慢；第二，我国海底地质构造非常复杂，这给勘探工作带来很大的困难，尤其是南海；第三，开发成本高出陆地 5~8 倍，投资多，风险大，只能走对外合作和自营相结合之路；第四，海上油气资源勘探工作基础薄，许多地区还是空白，而在前景较好的南海区域，却因涉及划分问题又不能得以开发，有些油田已被外国公司开发殆尽。因此可以说我国海上油气资源前景广阔，但也面临许多挑战。

我国海滨砂钛矿虽然种类较多，但具有商业开发价值的并不多，只有 10 种左右，而且品位低。已发现矿床中的大型矿床并不多，只占 20%。此外，我国海滨砂矿总储量中非金属占 98% 以上，金属砂矿比重太小。不过，我国海滨砂矿埋深往往较浅，盖层薄，有的还裸露地表，地质水文并不复杂，便于开采。至于我国的海底锰结核资源，尽管很丰富，但进入商业开采带为时尚早。对于海底热液矿床和钴结壳，由于未做系统调查，目前其资源底数仍不清楚。

我国是一个海洋大国，海洋空间资源具有如下几个特点：海洋国土总面积巨大，但人均面积很小。根据《联合国海洋法公约》有关规定，我国享有主权和管辖权的海域总面积为 300 万平方千米，在世界各海洋国家中排名第 9，排在美国、澳大利亚、印度尼西亚、新西兰、加拿大、独联体、日本和巴西之后，但仍属海洋大国。可是，我国人均海洋国土面积仅为 0.002 7 平方千米，在全世界海洋国家中仅占第 122 位，接近美国、

---

① 胡新华，张耀光. 辽宁海洋国土资源开发与海洋经济可持续发展［J］. 2001（4）：26-29.

日本人均海洋国土面积的 1/10，为澳大利亚人均面积的 1/200。海洋国土面积与陆地国土面积的比值可以反映一个国家国土总面积的比重。我国此项比值较小，仅为 0.31，而日本为 10.24，菲律宾为 6.31，印度尼西亚为 2.84，越南为 2.19，美国也达 0.81，我国在世界所有海洋国家中仅排第 108 位。我国大陆海岸线长达 1.8 万千米，在世界各沿海国家中居前 10 名，但和我国幅员辽阔的陆地国土面积相比则相形见绌，海岸线系数仅为 1.001 8，在全世界仅居第 94 位[①]，这足以说明我国海岸线的稀缺程度。滩涂资源丰富，开发前景广阔。我国沿海滩涂面积 2 亿多亩，而且每年黄河、辽河、长江、珠江等河泥沙淤积成陆地 40 万 ~50 万亩，使我国滩涂资源在源源不断的增加。这些滩涂往往可以成为肥沃的土地。这对于我们这样一个人均耕地面积 1.4 亩的国家来说无疑是一笔宝贵的财富。

---

① 楼东，谷树忠，钟赛香. 中国海洋资源现状及海洋产业发展趋势分析［J］. 资源科学，2005，27（5）：20-26.

第七章
我国沿海省市海洋经济产业竞争力比较研究

改革开放以来，我国海洋经济产业由以前的渔盐之利逐步发展为门类众多、产业齐全的综合型产业。我国海洋经济产业经过多年的发展，逐渐形成了海洋油气业、海洋电力业、海洋生物医药业、海洋船舶工业、海水利用业、海洋交通运输业、海洋盐业、海洋工程建筑业、海洋化工业、滨海旅游业、海洋渔业、海洋矿业等产业。海洋的开发和利用逐渐成为中国沿海省市经济发展的经济增长点。2010 年，全国海洋生产总值 38 439 亿元，比上年增长 12.8%，海洋生产总值占国内生产总值的 9.7%。其中，海洋产业增加值 22 370 亿元，海洋相关产业增加值 16 069 亿元；海洋第一产业增加值 2 067 亿元，第二产业增加值 18 114 亿元，第三产业增加值 18 258 亿元。海洋经济三次产业结构为 5 : 47 : 48。据测算，2010 年全国涉海就业人员 3 350 万人，其中新增就业 80 万人。2010 年，我国海洋产业总体保持稳步增长。其中，主要海洋产业增加值 15 531 亿元，比上年增长 13.1%；海洋科研教育管理服务业增加值 6 839 亿元，比上年增长 10.7%。从目前来看，在中国沿海主要形成了环渤海海洋经济区、长三角海洋经济区、珠三角海洋经济区。从 2010 年国家海洋经济产业统计数据来看，环渤海地区海洋生产总值 13 271 亿元，占全国海洋生产总值的 34.5%，比上年减少 0.1 个百分点。长江三角洲地区海洋生产总值 12 059 亿元，占全国海洋生产总值的 31.4%，比上年减少 0.6 个百分点。珠江三角洲地区海洋生产总值 8 291 亿元，占全国海洋生产总值的 21.6%，比上年增长 0.9 个百分点。

第一节　我国沿海省市海洋经济产业发展概况

（一）辽宁省海洋经济产业发展概况

2010 年，辽宁省沿海经济带发展战略实现新突破。以港口和产业园区建设为突破口，沿海经济带开发开放全面推进。大连东北亚国际航运中心建设有了新进展。76 个港口项目全部开工，新增吞吐能力 8 000 万吨。42 个重点产业园区加速发展。长兴岛临港工业区、锦州开发区晋升为国家级开发区。

1. 海洋渔业

2010 年，辽宁省不断优化渔业产业结构，加快渔业内涵式发展，努力克服年初冰灾、持续低温和汛期局部地区内涝造成的不利影响，全省渔业经济继续保持又好又快的增长态势。全年实现海洋渔业总产值 909.8 亿元，同比增长 15.4%。海洋渔业人口约 57 万人，其中传统渔民 28.6 万人；海洋渔业从业人员 38.4 万人。

2010 年，全省继续贯彻国家渔业发展政策，近海捕捞仍处于调整期。全省海洋捕捞产量 100.7 万吨，同比增长 1.2%。其中，鱼类产量 55.1 万吨，同比下降 0.6%；甲壳类 19.7 万吨，同比增长 1.3%；贝类 12 万吨，同比增长 0.2%；藻类 146 吨，同比下降 1.4%；头足类 5.2 万吨，同比增长 4.3%。

辽宁省鼓励远洋渔业发展，远洋企业克服重重困难，积极应对国际不利因素，逐步走出调整期。2010 年，全省远洋渔业资格企业 20 家，外派远洋渔船达到 346 艘，比 2007 年低谷时期增加了 148 艘，作业区域到达 16 个国家、地区和三大洋公海海域。远洋捕捞产量达到 17.5 万吨，实现产值 17.8 亿元，分别同比增长 28.1% 和 32.3%。

2010 年，全省海水养殖产量实现 231.5 万吨，同比增长 8%。海水养殖产量按水域分为海上 144.8 万吨、滩涂 67.8 万吨、其他 18.8 万吨，其中海上和滩涂都同比增长 6.7%；按品种分为鱼类 4.5 万吨、甲壳类 2.8 万吨、贝类 178.5 万吨、藻类 26.5 万吨、其他 19.3 万吨，其中鱼类、甲壳类、贝类和藻类分别同比增长 11.7%、6.7%、7.3% 和 6.7%。全省海水养殖面积 76.3 万公顷，同比增长 21%。海水养殖面积按水域分为海上 54.7 万公顷、滩涂 13.9 万公顷、其他 7.7 万公顷，其中海上比上年增长 32.8%；按品种分为鱼类 7 075 公顷、甲壳类 2 万公顷、藻类 1.5 万公顷、贝类 55.9 万公顷、其他 16.2 万公顷，其中鱼类养殖面积同比下降 10.4%，甲壳类同比下降 10.2%，贝类同比增长 21.2%，藻类同比增长 6.5%，其他类同比增长 29.1%。

2010 年，全省底播增殖面积达到 46.4 万公顷，产量 94.6 万吨，产值 60.7 亿元，分别同比增长 15.7%、8% 和 9.1%。2010 年，全省累计向黄渤海沿岸增殖放流各种游动性品种 26.06 亿尾（头），同比增长 88.8%。此外，还开展了珍稀濒危水生野生动物增殖放流和我国首次人工繁殖斑海豹卫星标记放流。2010 年，在大连、丹东、盘锦新建 3 个人工鱼礁示范区，新增礁区面积 284.8 公顷、礁体规模 37.8 万立方米。全省正式启动人工鱼礁建设工作以来，共建人工鱼礁 12 处，礁区面积已达 1 733.33 余公顷，礁体规模达到 48.6 万立方米。

2. 海洋盐业

辽宁省各地努力提高和稳定海盐单产水平，积极发展盐田生态系统。2010 年全省海洋盐业产值 6.5 亿元，增加值 2.6 亿元。全省盐田总面积为 40 458 公顷，其中盐田生产面积 33 533 公顷，海盐总产量为 146.1 万吨。全省盐加工产量 27.9 万吨，2010 年年末海盐生产能力 233.9 万吨。

3. 海洋船舶工业

辽宁沿海经济带已经形成了集造船、修船、海洋工程、配套为一体的强势发展的船舶产业集群。辽宁现有船舶工业企业 200 余家，现有大连（环大连湾、旅顺、长兴岛）、葫芦岛、辽河入海口（盘锦、营口）三大造船基地和 10 个专业化船舶配套园区。这三大造修船基地实现错位竞争、均衡发展，以丹东为代表的船舶产业发展也已经起步。

2010 年，辽宁省海洋船舶工业继续保持稳定增长。全省修造船完工量为 333 艘，其中造船 99 艘，修船 234 艘。造船完工综合吨达 942 万吨，造船完工总吨为 718 万吨。修造船舶营业收入达 621 亿元，2010 年年末从业人员达 5.4 万人。

4. 海洋交通运输业

辽宁省宜港岸线资源丰富，适宜建港的大陆岸线 1 000 多千米，其中深水岸线 400 千米，中水岸线 300 千米，浅水岸线 300 千米。已形成以大连为中心，营口、锦州、丹东为枢纽，旅顺、葫芦岛、绥中、盘锦、庄河、瓦房店等为网络，中小结合、层次分明、功能齐全、分布合理的海洋交通运输布局。

2010 年，辽宁省海洋交通运输系统紧紧抓住沿海经济带发展机遇，港口业和运输业保持稳定增长。全省沿海港口货物吞吐量保持稳定增长，共完成货物吞吐量 67 790 万吨，外贸货物吞吐量 16 845 万吨，国际标准集装箱吞吐量 969 万标准箱，分别同比增长 22.7%、18.7%、19.3%。全省沿海水路运输企业完成货运量 10 423 万吨，货运周转量 56 956 983 万吨公里，分别同比增长 8.2%、16.3%；完成客运量 490 万人，客运周转量 63 899 万人公里，分别同比下降 9.8%、9.2%。截至 2010 年底，辽宁省沿海主要港口拥有生产用码头泊位 334 个，码头长度约 58 988 米，其中万吨级码头泊位 153 个。

5. 滨海旅游业

2010 年全省滨海旅游业快速发展。全年接待旅游者 1.16 亿人次，同比增长 18.2%；其中接待入境旅游者 184.9 万人次，同比增长 26.7%；旅游外汇收入 12.47 亿美元，比上年增长 35.6%。沿海地区星级饭店 326 家

（五星 10 家、四星 43 家、三星 167 家）；国家 A 级景区 186 家（五 A2 家、四 A35 家、三 A36 家）；旅行社 657 家（出境组团社 43 家）。

自 2009 年辽宁滨海大道全线贯通起，滨海大道已成为辽宁省旅游业的新增长极，拥有一批高等级的滨海旅游产品，8 个国家级自然保护区和 5 个省级自然保护区，近 140 个旅游景点，在全省旅游市场中占据很大比重。这条大道不仅是辽宁沿海经济大通道，也是辽宁旅游黄金大通道。2010 年 5 月 6 日，辽宁滨海大道 6 城市在丹东联手举办旅游推介会，推介"辽宁滨海大道游"这一新兴的旅游产品。这标志着以 1 443 千米的辽宁滨海大道为纽带的"旅游黄金大道"将以一个整体的形象迎接海内外游客。

辽宁省海洋经济产业也存在一些问题。一是海洋产业结构不够合理，海洋捕捞业、海上交通运输业等传统海洋产业仍占全省海洋经济总量的 60% 以上，而海洋生物医药、海洋生物工程、海洋能源开发和海水综合利用等新兴高新技术海洋产业未形成规模，海洋综合开发尚处于起步阶段。二是地区海洋经济发展不平衡。大连市的先导区地位明显，2005 年大连海洋经济总产值占全省海洋经济总产值的 50% 以上，接待海外游客数量、集装箱吞吐量约占沿海六市的四分之三；其他 5 市海洋经济规模较小，发展不够充分。三是发展要素尚未整合，"海上辽宁"建设缺乏统一协调机制，海洋开发主体和渠道较为单一，经营机制不够灵活，资源、资金、技术、管理和人才等海洋经济发展要素缺乏有效的配置，未形成整体优势。四是投入不足，没有建立有效的保障海洋经济发展的资金投入机制，沿海地区城市污水和垃圾处理、渔港等基础设施较为薄弱，海洋科技投入有待增加。五是资源和环境问题仍然突出，海洋资源的浪费和污染还较大。由于陆源污染物的大量排放，近岸海域海洋污染较重，典型生态系统破坏严重、资源衰退、生物多样性下降，导致近海海域功能严重受损、生态系统脆弱，同时，资源开发利用的总体水平不高，规模较小，能源、海岛旅游等近海资源开发不足。

（二）河北省海洋经济产业发展概况

河北省沿海地区处于环渤海经济圈的中心地带，是全国 5 个重点海洋开发区之一，海洋生物、港口、原盐、石油、旅游等海洋资源丰富，气候环境适宜，海洋灾害少，是发展海水养殖、盐和盐化工、港口运输、滨海旅游等产业的优良地带，适合进行各种形式的综合开发，具有发展海洋经济的巨大潜力。河北省的主要海洋产业是水产、交通运输、修造船、原盐、盐化工、石油和旅游。河北省海洋经济结构进一步优化，海洋产业稳步发展，2008 年全省海洋生产总值 1 396.6 亿元，比上年增长 13.3%，占全省地区生产总值的 8.6%。海洋第一产业、第二产业和第三产业增加值分别为 26.6 亿元、717.8 亿元和 652.3 亿元；海洋经济三次产业结构为 1.9：51.4：46.7，与上年持平。海洋油气业、海洋盐业和海洋化工业增加值位于全国前列。2008 年，全省海洋渔业增加值 39.9 亿元，同比增长 14.8%。海洋水产品总产量 71.05 万吨，同比增长 35.5%。全省海洋盐业增加值 7.4 亿元，同比增长 3.5%，原盐产量 360 万吨。2008 年，全省海洋交通运输业增加值 470.7 亿元，同比增长 12.6%。全省港口吞吐量 4.41 亿吨，同比增长 10.3%。2008 年，河北省海洋旅游业增加值 67.4 亿元，比上年增长 9.9%。全省国内旅游收入 152.1 亿元，同比下降 5.9%，国际旅游创汇 12 034.6 万美元。国内旅游 2 552.43 万人次。

（三）天津市海洋经济产业发展概况

天津海洋经济步入快速、健康发展的道路。目前已经形成了以海洋交通运输业、沿海旅游业、海洋油气业和海洋化工业为支柱的海洋经济产业结构，其包括海洋船舶工业、海盐业、海洋渔业等，对本市国民经济作出重要贡献。2005 年全市主要海洋产业总产值完成 1 447.49 亿元。海洋交通运输业：全年共完成货物运输量 12 559 万吨，港口货物吞吐量 24 069 万吨，集装箱吞吐量完成 480.1 万标箱，全年完成产值 261.43 亿元。海洋石油天然气：2005 年天津原油产量 1 432.22 万吨，天然气 8.2 亿立方米，海洋石油天然气工业总产值 329.08 亿元。沿海旅游业：全年接待入境游客 74.01 万人次，旅游外汇收入达到 50 901 万美元。海洋渔业：2005 年在稳定近海捕捞产量的基础上，继续加强海水养殖，海水养殖产量呈现持续增长的态势；海洋捕捞产量达 3.8 万吨，海水养殖产量 1.09 万吨，渔业完成总产值 9.26 亿元。海盐业：海盐产量 230.6 万吨，海盐总产值达到 8.69 亿元。修船舶工业：2005 年完成产值约 18.63 亿元，增加值 2.83 亿元。海洋化工：2005 年天津市海洋化工企业完成总产值 113.72 亿元，增加值 27.07 亿元，海洋化工已经成为天津市海洋产业的支柱产业。石油化工是天津市特色海洋产业，在天津市海洋经济中占有重要地位，2005 年石油化工统计总产值为 373.94 亿元。当前，天津市建设了我国重要的国际航运与物流中心、海洋科技研发与产业化中心，海洋油气开采加工基地和海洋化工基地，形成有天津特色和较强竞争力的海洋经济体系，成为海洋经济强市。

（四）山东省海洋经济产业发展概况

山东是海洋大省，海洋区位优势、资源优势和科技优势十分突出。大力发展海洋经济是优化经济结构、拓展发展空间、提高对外开放水平的必然选择，是全面建设小康社会、建设"大而强、富而美"社会主义新山东的重要途径。历届省委、省政府都十分重视海洋经济的发展，特别是 1991 年提出和实施"海上山东"建设战略以来，山东省海洋经济取得了显著成绩，海洋经济综合实力进一步增强，产业素质进一步提高，已成为国民经济新的增长点。根据国家海洋局统计口径，2008 年，山东省海洋生产总值 5 346 亿元，比上年增长 20.6%，占全省 GDP 的 17.2%，占全国海洋生产总值的 18%，居全国第二位；海洋渔业、海洋盐业、海洋工程建筑业、海洋生物医药业增加值均位居全国首位。

山东省是全国第一渔业大省，水产品总产量、产值、出口创汇等指标连续十多年保持全国首位。2008 年全省水产品总产量达 730.3 万吨，渔业增加值 447.6 亿元，约占全省大农业的比重为 15%。水产品出口创汇 35 亿美元，分别占全省农产品和全国水产品出口创汇额的 40%、33%。渔民人均纯收入达到 8 816 元。

表 7-1　山东省沿海七市主要海洋产业情况

项　目	全省	青岛	烟台	威海	潍坊	日照	东营	滨州
海岸线 / 千米	3 121	730	705	982	113	95	350	144
总产值 / 亿元	4 415	1 150	942	1 036	571	512	213	168
增加值 / 亿元	2 096	550	420	514	214	221	146	84
海洋渔业 / 亿元	1 428	321	467	561	61	167	27	41
海洋油气 / 亿元	76.8	—	—	—	—	—	100	22
海洋盐业 / 亿元	59.6	0.9	17	13	54	0.1	2.5	19
船舶制造 / 亿元	200.2	74	50	95	2	4	—	8
海洋运输 / 亿元	284.2	183	69	35	1	228	0.7	7
滨海旅游 / 亿元	923.6	420	227	158	148	70	27	7
海洋化工 / 亿元	296.4	88	15	50	223	1	0.9	39
海洋药物 / 亿元	36.5	12	10	3	6	6.7	—	7
海洋工程 / 亿元	127.7	34	52	80	19	18	2	4
海水利用 / 亿元	42.1	27	2	4	0.1	13	—	1
滨海电力 / 亿元	2 201	0.2	4	2	0.2	—	—	4
其他产业 / 亿元	154.9	286	—	33		1	52	0.8

　　目前山东省已设立中国海洋大学、中国科学院海洋研究所、农业农村部黄海研究所、国家海洋局第一研究所、自然资源部海洋地质研究所、中国科学院海岸带可持续利用研究所等国家驻鲁和市属以上海洋科研、教学机构 55 所。高层次海洋科技人才总量约占全国的一半，2008 年海洋科研人员达到 1 万多名，其中院士 22 名，博士生导师 300 多名，博士点

52 个，硕士点 133 个。山东省拥有省部级海洋重点实验室 24 家，海洋科学观测台站 9 处，其中国家部委级 6 处；各类海洋科学考察船 20 多艘，其中千吨级以上远洋科学考察船 6 艘；涉海大型科学数据库 11 个，种质资源库 5 个，样品标本馆（库、室）6 个。建成 1 个国家级工程技术研究中心，5 个省级工程技术研究中心；5 个国家高技术产业化基地、5 个国家级科技兴海示范基地。国务院已正式批复在青岛建设具有国际水准的国家深潜基地；国家已批准在青岛建立科学与海洋技术国家实验室。历史上，我国海带、对虾、扇贝、鲍鱼、海参、大菱鲆工厂化育苗及养成、海洋药物研发等重大技术突破，都出自山东省科研教学单位。"十五"以来，山东省共承担自然科学基金、"973"计划、"863"计划等海洋科研项目和课题 1 080 余项，共取得重大海洋科技成果 600 多项，其中有 170 多项获省部级以上科技奖励，海洋产业科技进步贡献率达到 60%。

（五）江苏省海洋经济产业发展概况

2011 年，江苏海洋生产总值约为 3 900 亿元，约占全省地区生产总值的 8%，比上年增长 20% 左右。以海洋经济为依托的沿海三市国民经济增长迅速，实现地区生产总值共计 8 262.7 亿元，增长 12.4%，高出全省平均水平 1.4 个百分点。

海洋交通运输、海洋船舶修造、滨海旅游、海洋渔业等优势产业的实力进一步提升。2011 年，连云港港完成货物吞吐量 1.66 亿吨，集装箱运量 485 万标箱；南通港货物吞吐量达 1.73 亿吨，沿海港区吞吐量突破 1 000 万吨；全省亿吨大港达到 7 个，数量位居全国第一。全省造船完工量为 2712 万综合吨，占全国市场份额三分之一左右，稳居全国榜首。滨海旅游业接待旅游者人数超过 5 000 万人次，同比增长近 20%。在海洋捕捞业基本稳定的同时，海水养殖产量达 842 408 吨，同比增长 7.29%。海洋工程装备、沿海风电等新兴产业发展迅猛。江苏海洋工程装备在全国的占有量迅速上升，南通成为海洋工程装备与船舶产业集聚标准化示范区。位于江苏无锡的中国船舶重工集团第 702 所牵头研制的"蛟龙号"

深潜器 5 000 米海试取得成功，标志着中国海洋深潜技术进入世界先进行列。到 2011 年底，全省海洋风能发电装机总容量达 170 万千瓦，年发电量达 25.5 亿千瓦时，风力发电机、高速齿轮箱等关键部件产量约占全国的 50%，形成了较好的风电产业链，江苏海洋风电产业已处于全国领先水平。

海港建设全面提速。作为亚欧大陆桥东方桥头堡的连云港港，近几年来快速发展。2011 年，连云港港 30 万吨级航道一期工程建设有序推进，主港区具备 20 万吨级船舶通航条件；南北两翼港区加快建设，徐圩港区 5 万吨级航道主体完工，赣榆港区 4 个 5 万吨级码头开工，燕尾港 3 万吨级码头竣工，"一体两翼"组合港形成雏形。盐城港大丰港区二期工程建成通航，三期工程和疏港航道加快建设；滨海港区 10 万吨级航道防波堤工程完工，并通过引港定位；射阳港区航道治理工程和响水港区码头建设快速推进，带动了新能源和装备制造业的发展。南通港洋口港区 10 万吨级石化码头开工，10 万吨级航道、10 万吨级 LNG 专用码头建成投入使用；大唐吕四港电厂 5 万吨级散货码头正式投运，吕四港区 10 万吨级挖入式港池基本完成前期论证，即将开工建设，东灶作业区 5 万吨级码头建设进展顺利。

（六）上海市海洋经济产业发展概况

上海的海洋经济产业主要有海洋运输、船舶制造、海洋渔业和滨海旅游。海洋交通运输业、船舶制造业、滨海旅游业多年处于全国领先地位。全国海洋船舶总产值的四分之一来自上海，海洋交通运输业和滨海旅游业约占全国相应产业总产值的三分之一。上海市主要海洋产业的总产值从 2001 年的 1 281.43 亿元增长到 2005 年 2 815.87 亿元，总产值翻了一番多，发展势头十分迅猛。上海市海洋运输、城市滨海旅游和船舶制造等传统海洋产业实力雄厚，目前是上海海洋经济的主要支柱产业。2001—2005 年，在统计的 4 种主要海洋产业中（图 7-1），滨海旅游稳居首位，占海洋产业总产值的 56%~65%；其次依次为海洋交通运输，占 27%~33%；沿海造船业，占 6%~8%；海洋渔业所占份额最小，为 0.59%~1.14%。①

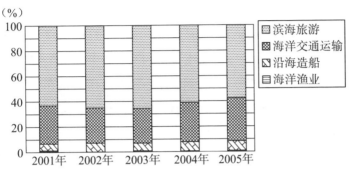

图 7-1　2001 年—2005 年上海市海洋产业产值构成比例

海洋产业结构的统计分析表明，2001 年—2005 年，上海市海洋产业结构不平衡，总体上依然偏重于传统产业，海洋高技术产业没有形成规模，海洋咨询和海洋信息服务业等比重过低。"十五"期间，海洋经济增长速度超过全市经济增长平均水平。上海市海洋经济占全市的 GDP 总量份额仍然较小，2003 年—2005 年主要海洋产业增加值占上海市国内生产总值的比重最低为 7.5%，平均值为 9.1%。

（七）浙江省海洋经济产业发展概况

浙江省 2010 年前的海洋经济发展情况如下所述。

① 海洋经济已初具规模，但在沿海省市中排位靠后。根据国家海洋局对沿海省市 2008 年海洋经济增加值的统计数据来看，浙江海洋经济增加值绝对量排在全国第 5 位，即在广东、山东、上海、福建之后；但海洋生产总值占 GDP 的比重排在全国第 8 位，即在上海、天津、海南、福建、山东、广东、辽宁之后，高于河北、江苏、广西。

② 海洋渔业资源丰富，海洋渔业产量居全国前列，特别是海洋捕捞

---

① 国峰，房建孟，翁光明. 上海市海洋经济发展状况分析 [J]. 海洋开发与管理，2011（6）：146-148.

产量居全国前茅，但海洋养殖业发展相对滞后。浙江海域位于亚热带季风气候带，气候温暖湿润，成为我国海洋生物资源非常集中的地带，具有"中国鱼仓"的美誉。丰富的渔业资源，保证了浙江海洋渔业产量在全国的优势地位。2007年浙江的海洋渔业产量达337.62万吨，排在全国第4位，低于山东（598.07万吨）、福建（466.47万吨）、广东（373.12万吨），但高于辽宁、海南、江苏等省市，特别是海洋捕捞产量在全国遥遥领先。2007年浙江的海洋捕捞产量达251.49万吨，居全国第1位。但浙江海洋养殖业发展相对滞后，2007年浙江海洋养殖产量占海洋渔业的比重为25.5%，比全国平均水平低25.8个百分点，比辽宁、广东、山东、福建、江苏分别低35.9、34.3、33.6、33.3和26.7个百分点。

③ 港口湾道资源丰富，海洋运输发展较快，港口客货吞吐量居全国前列，但远洋运输所占比重仍然较低。港口是人类开发海洋的依托和基地。浙江海岸线曲折，且海域内的港湾、岛屿众多。据统计，全省海岸线长达6 486千米，占全国总长度的20.3%，居全国第1位；面积500平方米以上的海岛3 061个，占全国海岛总数的2/5；可建万吨级泊位的深水岸线290.4千米，10万吨级泊位岸线105.8千米。丰富的港口湾道资源为浙江港口业发展提供了基础。2007年，浙江沿海地区主要港口货物吞吐量达57 439万吨，仅低于广东的80 282万吨、山东的57 547万吨，高于上海（49 227万吨）、辽宁（41 492万吨）等省市；旅客吞吐量居全国第1位。在沿海港口中，浙江宁波港2006年货物吞吐量达309.7百万吨，仅次于上海，居全国沿海港口第2位，居世界港口第4位。2007年，浙江海洋货物运输周转量为3 796.08亿吨公里，与2001年比较，年均增长31.2%；其中沿海运输年均增长30.0%，远洋运输年均增长35.7%。与沿海省市比较，海洋货物运输周转量年均增速仅低于江苏、辽宁，高于其他省市，海洋运输发展较快。但浙江远洋运输规模较小，其远洋运输占全国海洋运输的比重仍较低。2007年，浙江远洋运输货物周转量占海洋运输的比重仅比福建高；而在此之前，浙江远洋运输所占比重一直是最低的。

④ 造船工业发展较快,竞争力正在逐步增强。浙江实施了船舶工业转型升级行动计划,加快结构调整和优化组合,支持船企技术改造和兼并重组,鼓励优势船企做强做大,提高综合实力,形成新的竞争优势。2005—2007 年,浙江海洋船舶工业现价增加值年均增长 61.8%,比海洋主要产业增加值的年均增速高 45.1 个百分点。在海洋主要产业中,浙江的海洋船舶工业是发展最快的行业之一,增加值绝对量在海洋主要产业中的排位由 2004 年的第 8 位上升到 2007 年的第 5 位,总产出由第 8 位上升到第 4 位。据中国海洋统计年鉴资料,2007 年,浙江造船完工量为 702 艘,居沿海省市第二位,比 2006 年减少 249 艘。但造船综合吨数却比 2006 年有较大幅度提高,在沿海各省市中排名第 3 位,且与第 1 位的差距也正在缩小。这说明了浙江船舶工业正在改变"小、散、低"的形象,竞争力逐步增强。

"九五"以来,浙江围绕发展海洋经济总体目标,全面实施科技兴海战略,取得了显著成效。但从总体上看,海洋科技人才缺乏。海洋科技现状与海洋经济发展的要求还不相适应,特别是作为海洋资源大省,海洋科研机构及院校和海洋开发人才相对缺乏。浙江专门的海洋学院较少,高等院校内设置的与海洋相关的专业也甚少,而上海、辽宁、山东、广东、福建等省市海洋院校及与海洋相关的专业均比浙江多。据国家海洋局统计资料,2007 年浙江从事海洋研究的专业技术人员仅 859 人,而山东有 2 406 人,上海有 2 128 人,广东有 1 732 人,分别是浙江的 2.8、2.5 和 2.0 倍。海洋科研机构院校以及海洋科技人才缺乏将影响浙江海洋经济竞争力的提高。

(八)福建省海洋经济产业发展概况

从 2008 年国家海洋局统计情况来看,福建省海洋生产总值 2 688.2 亿元,比上年增长 17.4%,海洋第一产业增加值 252.0 亿元,比上年增长 13.4%;海洋第二产业增加值 1 097.7 亿元,比上年增长 20.7%;海洋第三产业增加值 1 338.5 亿元,比上年增长 15.5%。2008 年,海洋交通运输业、滨海旅游业、海洋渔业、海洋工程建筑业、海洋船舶工业五大主导海洋产业增加值之和达 1 081.6 亿元，占全省海洋经济总量的 40.2%，分别占到全省海洋经济总量的 13.9%、11.5%、10.6%、2.8% 和 1.4%。海洋主导产业对壮大海洋经济、带动和聚集相关产业发展起到了重要作用。

1. 海洋渔业

2008 年，全省渔业经济总产值 1 147.39 亿元，同比增长 10.23%，其中渔业产值（含苗种）571.76 亿元，占农牧渔业总产值的 29.1%；渔业经济增加值 611.16 亿元，增长 10.26%，渔业经济增加值占全省 GDP 的 5.65%，渔业增加值（含苗种）占大农业增加值的 27.4%。水产品总产量 554.2 万吨，同比增长 4.17%，其中，海洋捕捞（含远洋）203.17 万吨，同比增长 5.76%；海水养殖 283.7 万吨，增长 3.39%；水产品人均占有量 153.78 千克，比上年增加 4.78 千克，增长 3.21%。渔区渔民人均纯收入 7 759 元，比上年增加 529 元，增长 7.32%。水产品出口创汇 11.20 亿美元，同比增长 7.28%。水产品加工产量 197.20 万吨，与上年基本持平，产值 249.27 亿元，同比增长 14.16%。海水养殖面积 12.07 万公顷，同比增加 9.63%。品牌带动战略效果明显，市场标准体系建设成果显著。

2. 海洋盐业

福建省是我国南方海盐生产基地，其生产的食盐质量优异，产品富含矿物质、晶体颗粒洁白、细腻、均匀、杂质少，产品素以"细、白、干"闻名省内外，生产方式为在纯自然生产条件下采用手工操作。2008 年全省海盐产量 38.36 万吨。

3. 海洋船舶工业

2008 年，福建省船舶工业仍然保持高效、快速发展的好势头，生产稳步增长，经济指标再创历史新高。2008 年船舶工业增加值达 37.0 亿元，同比增长 61.2%；造船产品产量 244 艘，造船完工综合吨位 1 096 629 吨，同比分别增长 19%、103.6%，造船完工综合吨位首次突破百万吨；修船产品产量 2 431 艘，同比下降 7.3%，修造船舶营业收入 126.68 亿元，同比增长 49%。

4. 海洋交通运输业

2008 年海洋交通运输业增加值达 284.9 亿元，同比增长 13.7%；全年完成公路、水路客运量及周转量分别为 6.84 亿人次、1 305 万人次和 338.06 亿人千米、1.67 亿人千米；完成公路、水路货运量和周转量 3.84 亿吨、1.52 亿吨和 483.57 亿吨千米、1 708.39 亿吨千米。港口集约化、规模化发展态势良好。2008 年完成投资 61.6 亿元，"两集两散"重要港区占总投资近 80%。厦门港主航道三期、海沧港区 14—19 号泊位、福州港江阴港区 6—7 号泊位、罗源湾港区作业区 10—11 号泊位等"两集两散"水运工程获准立项或初设获批复。新增 16 个泊位（其中 10 万吨级 8 个，包括 1 个 10 万吨级集装箱泊位）、吞吐能力 3 260 万吨（其中集装箱 74 万标箱），全省港口深水泊位达 100 个（其中 10 万吨级以上 24 个），总吞吐能力达 2.3 亿吨（其中集装箱 860 万标箱）。改善航道里程 66 千米。全年港口货物、集装箱吞吐量分别为 2.7 亿吨、740 万标箱，分别增长 14.4%、7.9%。厦门港集装箱吞吐量居全国第 7 位。闽赣两省政府签订海西港口发展合作协议。

5. 滨海旅游业

2008 年福建省接待游客 8 855.4 万人次，增长 6.6%；旅游总收入 1 014.6 亿元，增长 1.1%。其中，接待入境旅游者 293.2 万人次，外汇收入 23.9 亿美元，分别增长 9.1% 和 10.5%；接待国内游客 8 562.2 万人次，国内旅游收入 851.6 亿元，分别增长 6.5% 和 1.6%。从客源结构来看，中国台湾、中国香港、菲律宾、印尼市场保持平稳增长，其中台胞来闽旅游人数达 98.5 万人次，增幅 22.9%，成为福建省入境旅游最大亮点；港澳同胞来闽旅游人数 96.1 万人次，占全省入境旅游比重的 32.7%。全省在建及新开工旅游项目 366 个，总投资 429 亿元，投资额超亿元的项目 106 个，全年完成投资 89 亿元。福建省成为开放大陆居民赴台游的首批省份，厦门、福州成为两岸包机直航点，在厦门居住 1 年以上的省外居民可在厦门办证赴台旅游。2008 年共组织 248 团 6 216 人次赴台湾本岛旅游，组织 610 团 13 982 人次赴金马澎旅游。

（九）广东省海洋经济产业发展概况

广东省委、省政府十分重视海洋开发和海洋科学技术进步，把开发海洋资源，发展海洋经济作为增创广东经济发展新优势、增强经济总体实力的战略工作来抓，并提出一系列的措施以促进海洋产业和海洋经济的发展。目前，广东的传统海洋产业如海洋渔业、海洋交通运输业、海洋盐业、海洋油气业、沿海旅游业、海洋船舶工业及新兴海洋产业如海洋电力和海水利用、海洋药物得到了进一步的发展。2005 年，广东的海洋产业总产值达 4 288.39 亿元，居沿海地区榜首。广东省具有近海石油、沿海旅游、海洋电力、海洋交通运输和海洋渔业的资源优势，2005 年海洋石油和天然气工业总产值 477.19 亿元，占全国海洋石油和天然气总产值的 55%；全年完成旅游总收入 958.17 亿元，其中，国际旅游外汇收入 591 036 万美元，占全国滨海国际旅游外汇总收入的 41.6%；海洋电力总产值 650 亿元，占全国海洋电力总产值的 59.9%，这三项海洋产业和产值均居沿海省市前列。全年完成海洋渔业总产量达到 397.96 万吨，其中海洋捕捞 172.05 万吨，海洋养殖 225.91 万吨，海洋水产品总产值达 828.36 亿元。全年完成海洋货物运输量 13 756 万吨，港口货物吞吐量达 58 747 万吨，营运总收入达 268.76 亿元。

广东省海洋经济虽然发展较为迅速，且在我国海洋产业中发挥着愈来愈重要的作用，但由于起步较晚，受到海洋开发技术水平的限制，海洋经济在发展过程中依然存在着诸多问题与不足之处。

① 海洋产业发展不平衡，海洋区域经济发展差距明显。从产业结构上来看，三次产业结构虽然逐渐优化，但是与发达国家相比，产业结构依然不尽合理。其中，第二产业内部发展不平衡，大部分产业发展则明显滞后。第三产业中的海洋交通运输业、滨海旅游虽然有较大发展，但与发达国家相比，在技术水平、管理水平及配套服务等方面还存在明显

差距。传统产业发展较为稳定，新兴产业发展较为单一，海洋电力工业一枝独秀，主要原因为近年来广东电力供应严重不足，制约经济社会发展。广东为解决电力能源短缺，在沿海新建多家大型电厂，致使该产业发展超常，从长远来看，电力供应一旦饱和，此类产业将大大放缓发展速度，其他新兴产业虽然有所发展，但总体上还没有形成规模，产业门类与发达国家相比还存在很大差距。从产业布局上来看，珠江三角洲一带海洋产业发展较为迅速，海洋产业产值占广东省海洋产业总产值的90%以上，东西两翼海洋产业发展相对缓慢，尤其是第二、第三产业发展缓慢，且自身发展能力相对较弱。

② 海洋产业技术水平不高。海洋产业主要为资源依赖型产业，且技术含量相对较低。传统产业在广东省海洋产业中占有比较重要的地位，但产业的技术构成较为落后，由于受渔船技术水平的限制，海洋捕捞绝大部分为近海作业，从事外海及远洋捕捞的能力明显较弱。海洋交通运输方面，大型集装箱运输港口较少，港口的自动化、机械化水平总体不高，部分港口虽然发展迅速，但仍不能满足国民经济发展需求。海水综合利用技术、海洋能利用技术、深海油矿开采技术虽然有所发展，但发展速度缓慢。

③ 经济发展过程中的环境问题日益突出。随着经济的快速发展，资源的快速消耗，陆源污染物大量排放，致使海域污染日益严重，生态环境不断恶化，渔业资源日渐枯竭，生物多样性锐减，海域功能明显下降，资源再生和可持续发展利用能力不断减退。另外，风暴潮、咸潮、赤潮、溢油等灾害、事故频繁发生，严重影响海洋经济的可持续发展。

④ 海洋经济发展的社会支撑体系有待完善。近年来，随着广东省海洋综合管理能力的不断提高，海洋管理体制改革的不断深入，海洋经济管理制度也不断建立和完善，但与海洋经济发展的速度相比，仍处于滞后状态，尚缺乏细致的海洋开发总体战略规划。海洋经济发展的融资机制、政策法规体系相对单一落后，推动海洋经济发展的海洋科技创新体

制尚未形成，海洋科技研发仍处于分散状态，缺乏统筹管理。另外，全民海洋观念相对落后，加强海洋宣传教育任重而道远。

（十）广西海洋经济产业发展概况

广西有丰富的海洋资源和良好的海洋环境，是实现海洋经济可持续发展的重要依托。经过多年努力，广西的海洋产业呈现逐年增长趋势，上升空间巨大。"十五"期间，广西海洋经济总产值（不含临海工业，下同），由2000年的110亿元增加到2005年的190亿元，年均增长14.3%。其中，海洋渔业产值占56.1%，海洋油气业产值占8.8%，海洋矿业产值占0.02%，海洋盐业产值占0.15%，海洋船舶工业产值占0.07%，海洋生物医药业产值占0.43%，海洋工程建筑业产值占4.0%，海洋电力业产值占6.3%，海水利用业产值占5.7%，海洋交通运输业占5.2%，滨海旅游业占13.2%。2008年，广西海洋经济总产值208亿元，其中，海洋渔业114.9亿元，海洋交通运输业28.8亿元，滨海旅游业35.2亿元，海洋工程建筑业10.2亿元，海水利用业1.32亿元，海洋盐业0.43亿元。

尽管广西海洋产业发展迅速，但从总体上看，广西海洋经济总量和产业规模还很小，总产值仅占全国的1%，在全国排名靠后。广西海洋产业发展的基础薄弱，产业集中度低，结构不合理，配套能力弱，科技力量不足，自主创新能力差，海洋教育事业滞后，与广西的资源、环境、人口、区位和总体经济地位极不相称。主要表现在：海水产品深加工或向更高层次产业转化延伸的能力还很低，甚至连把海水产品加工成罐头食品或即食食品的也不多；海洋捕捞、海洋运输、海洋观光旅游、船舶修造等传统产业发展缓慢；海洋生物、能源、矿物等资源开发利用领域基本上还没有开始或只处于很低水平；海洋教育尚处空白，海洋科研相当落后等等。如何尽快使丰富的海洋资源转化成经济发展的现实优势，科学合理开发和利用海洋，让海洋最大限度地造福于广西人民，这是需要着重考虑的问题。

（十一）海南省海洋经济产业发展概况

海洋经济已经成为海南省新的经济增长点，20世纪90年代以来，海洋水产、海洋旅游、交通运输、海水晒盐和滨海砂矿等产业持续发展，产业增加值占全省生产总值（GDP）的比重及其增长速度均高于全国平均水平。2003年海洋产业增加值达到122亿元，占全省生产总值的17%左右。主要海洋产业持续快速发展。① 海洋水产业已形成捕捞、养殖、加工及渔业服务业等相配套的产业体系。渔业产业结构不断优化，海洋水产品产量不断增加，总产值快速增长，渔业经济所占比重逐步提高，产业规模不断扩大，渔民收入逐年增长，水产品加工出口强劲增长。2003年海洋渔业总产量达到104.51万吨，总产值达到91.45亿元。② 重要的港口有海口港、洋浦港、八所港、三亚港和清澜港以及地方小港口，2003年全省主要港口吞吐能力3 290吨，海洋交通运输业营业收入16.7亿元。③ 海洋旅游业基本形成协调配套、功能齐全的供给体系，具备年接待2 000万人次游客的能力，旅游收入不断增加；2003年旅游业接待游客1 321万人次，旅游收入93.5亿元。④ 滨海砂矿业稳步发展，2003年，滨海砂矿总产量187.23万吨，总产值2.06亿元。⑤ 盐田生产面积40平方千米，原盐生产能力30万吨以上，主要盐产品有日晒优质盐和日晒细粉、粉洗精制盐等，2003年原盐产量近18万吨，产值0.75亿元。⑥ 以海洋油气利用业为主体的临海新兴工业发展迅速。海洋经济推动沿海市县全面发展，2003年海南省沿海市县总人口667万人，约占全省人口总数的84%；沿海市县非农业人口约185万人，约占全省非农业人口的86%；沿海市县生产总值约605亿元，占全省生产总值的88%；沿海市县从业人员299万人，占全省83%。海南省海洋经济在取得丰硕的成果的同时，其发展中也存在很多问题，其主要表现在：海洋经济发展缺乏宏观指导、协调和规划；传统海洋产业仍处于粗放型发展阶段，进入市场的产品主要是初级产品；海洋科技总体水平较低，新兴海洋产业发展困难；吸引现代大型企业的竞争力较弱，招商引资难度大；南部海域海洋权益争端形势复杂，影响海洋资源开发活动；由于《中越北部湾划界协定》及《中越北部湾渔业合作协定》的签定，海洋捕捞业受到较大影响；沿海养殖区域生态环境遭受一定程度的污染，红树林、珊瑚礁等生态系统受到破坏。

第二节
我国沿海省市海洋经济产业竞争力比较分析

表述我国沿海省市海洋经济发展情况的要素很多，比如经济总量、增长速度、产业结构、产业组织情况。但总的来说，能够比较全面表述我国沿海省市海洋经济总的发展状况的要素应该是海洋经济总量实力、海洋经济结构合理性实力、海洋经济增长动力。因此本章节对我国沿海省市海洋经济发展的比较研究，也主要从我国沿海省市海洋经济总量、海洋经济结构和海洋经济增长动力三个方面来反映我国沿海省市海洋经济发展总体情况。

（一）海洋经济总量分析

海洋经济总量是现实生活中我们判断一个省市海洋经济实力强弱的一个重要而又直观的指标。为了简化研究问题，我们采用熵值法分别对2002—2007 年沿海省市的海洋经济总量实力进行一个测评。测评结果如表 7-2 所示。从表 7-2 可以看出我国沿海省市海洋经济总量实力的强弱。我们从海洋经济总量角度可以将我国沿海省市划分为表 7-3 的梯队。以2007 年沿海省市海洋经济总量指标数据为依据，如果运用 MATLAB 软件对 11 个沿海省市采用欧氏距离法进行聚类分析，可以发现：河北和广西、江苏和浙江、山东和广东在海洋经济总量的各个指标方面表现出一定的相似性。

表7-2　我国沿海省市海洋经济总量实力测评排序表[①]

2002年		2003年		2004年		2005年		2006年		2007年	
省份	得分	省份	得分	省份	得分	省份	得分	省份	得分	省份	得分
广东	0.170 0	广东	0.160 0	广东	0.233 0	广东	0.168 0	广东	0.208 0	广东	0.095 0
山东	0.154 0	山东	0.154 0	山东	0.136 0	山东	0.155 0	山东	0.145 0	山东	0.092 0
浙江	0.130 0	浙江	0.137 0	浙江	0.115 0	浙江	0.146 0	浙江	0.127 0	浙江	0.091 0
上海	0.129 0	上海	0.124 0	上海	0.112 0	上海	0.118 0	上海	0.113 0	上海	0.091 0
福建	0.124 0	福建	0.105 0	福建	0.108 0	福建	0.112 0	福建	0.091 0	福建	0.091 0
天津	0.087 0	天津	0.101 0	天津	0.087 0	天津	0.104 0	天津	0.085 0	天津	0.091 0
海南	0.076 0	海南	0.060 0	海南	0.074 0	海南	0.077 0	海南	0.072 0	海南	0.090 0
辽宁	0.051 0	辽宁	0.060 0	辽宁	0.053 0	辽宁	0.055 0	辽宁	0.071 0	辽宁	0.090 0
江苏	0.043 0	江苏	0.060 0	江苏	0.044 0	江苏	0.043 0	江苏	0.057 0	江苏	0.090 0
广西	0.020 0	广西	0.031 0	广西	0.027 0	广西	0.014 0	广西	0.021 0	广西	0.089 0
河北	0.017 0	河北	0.009 0	河北	0.010 0	河北	0.007 0	河北	0.010 0	河北	0.089 0

表7-3　我国沿海省市海洋经济总量梯队划分

第一梯队	上海、广东、天津
第二梯队	山东、浙江、福建、海南、辽宁、江苏
第三梯队	河北、广西

（二）海洋经济结构分析

产业结构与经济增长有着非常密切的关系。产业结构的演进会促进经济总量的增长，经济总量的增长也会促进产业结构的加速演变。这已经被许多国家经济发展的实践所证明。下面我们对沿海省市海洋经济结

[①] 殷克东，李兴东. 我国沿海11省市海洋经济综合实力的测评［J］. 统计与决策，
2011（3）：85−89.

构进行实证分析，我国沿海省市海洋经济结构实力测评结果如表7-4所示。

表7-4 我国沿海省市海洋经济结构实力测评 [①]

2002 年		2003 年		2004 年		2005 年		2006 年		2007 年	
省份	得分	省份	得分	省份	得分	省份	得分	省份	得分	省份	得分
上海	0.162 0	上海	0.149 0	上海	0.142 0	上海	0.145 0	上海	0.125 0	上海	0.051 0
广东	0.148 0	广东	0.141 0	广东	0.115 0	广东	0.128 0	广东	0.117 0	广东	0.045 0
河北	0.137 0	天津	0.129 0	天津	0.111 0	天津	0.115 0	天津	0.099 0	天津	0.040 0
天津	0.105 0	河北	0.128 0	河北	0.096 0	河北	0.104 0	河北	0.094 0	河北	0.033 0
山东	0.085 0	浙江	0.095 0	浙江	0.091 0	浙江	0.101 0	浙江	0.092 0	浙江	0.032 0
江苏	0.072 0	江苏	0.095 0	江苏	0.085 0	江苏	0.074 0	江苏	0.090 0	江苏	0.031 0
浙江	0.063 0	山东	0.080 0	山东	0.080 0	山东	0.072 0	山东	0.086 0	山东	0.024 0
广西	0.061 0	辽宁	0.055 0	辽宁	0.079 0	辽宁	0.071 0	辽宁	0.082 0	辽宁	0.022 0
辽宁	0.061 0	福建	0.055 0	福建	0.074 0	福建	0.065 0	福建	0.082 0	福建	0.019 0
海南	0.053 0	海南	0.047 0	海南	0.070 0	海南	0.064 0	海南	0.074 0	海南	0.017 0
福建	0.053 0	广西	0.026 0	广西	0.059 0	广西	0.060 0	广西	0.059 0	广西	0.014 0

通过以上对海洋经济结构的研究分析，可以看出各省市各年的海洋产业结构都是在不断变化的。我们按照海洋经济结构优化程度，可以把我国沿海省市划分成三个梯队（表7-5）。

表7-5 我国沿海省市海洋经济结构梯队划分

第一梯队	上海、广东、天津
第二梯队	山东、江苏、浙江、河北、广西、辽宁
第三梯队	福建、海南

---

① 殷克东，李兴东. 我国沿海11省市海洋经济综合实力的测评［J］. 统计与决策，2011（3）：85-89.

我们将 2007 年的数据采用欧氏距离法进行聚类分析，发现上海和天津两个直辖市的产业结构有很大的优势，第一产业占比很小，海洋产业结构已经处在一个较高的水平上。河北省海洋产业结构测评得分一直处于中上游，这与其海洋经济总量形成强烈反差，这主要是由于河北省海洋第一产业占比较小，而海洋工业、海洋交通运输和海洋旅游业得到了一定的发展。广西、海南、福建和辽宁省的海洋产业结构还处在一个初步发展的阶段，第一产业占比要高出全国平均水平很多，广西和海南的海洋经济发展水平还比较落后。福建省由于其地理位置的制约，海洋工业发展缓慢，过多地致力于海洋渔业的发展，这对其海洋经济实力的提高也是不利的。

（三）海洋经济发展动力分析

和上面两类因素分析方法一样，我们以海洋经济发展动力指标数据对沿海省（市）的海洋经济推动力进行实证分析。熵值法测评结果如表7-6 所示。

表 7-6 的测评结果客观地体现了各沿海省市海洋经济发展动力的状况，各个省市海洋经济发展动力得分和排名在 2002—2007 年六年间变动不大，通过对沿海省市海洋经济发展动力的研究我们可以划分为如表 7-7 所示的梯队。

表 7-6　我国沿海省市海洋经济结构实力测评

2002 年		2003 年		2004 年		2005 年		2006 年		2007 年	
省份	得分	省份	得分	省份	得分	省份	得分	省份	得分	省份	得分
上海	0.401 0	上海	0.338 0	上海	0.332 0	上海	0.325 0	上海	0.341 0	上海	0.057 0
广东	0.117 0	广东	0.111 0	广东	0.142 0	广东	0.123 0	广东	0.127 0	广东	0.042 0
山东	0.090 0	山东	0.099 0	山东	0.099 0	山东	0.113 0	山东	0.111 0	山东	0.041 0
天津	0.090 0	天津	0.098 0	天津	0.096 0	天津	0.095 0	天津	0.109 0	天津	0.035 0

续表

2002 年		2003 年		2004 年		2005 年		2006 年		2007 年	
浙江	0.085 0	浙江	0.091 0	浙江	0.093 0	浙江	0.090 0	浙江	0.101 0	浙江	0.033 0
江苏	0.082 0	江苏	0.086 0	江苏	0.081 0	江苏	0.086 0	江苏	0.073 0	江苏	0.030 0
福建	0.069 0	福建	0.071 0	福建	0.059 0	福建	0.061 0	福建	0.047 0	福建	0.027 0
河北	0.021 0	河北	0.051 0	河北	0.045 0	河北	0.049 0	河北	0.040 0	河北	0.026 0
辽宁	0.019 0	辽宁	0.043 0	辽宁	0.039 0	辽宁	0.039 0	辽宁	0.031 0	辽宁	0.024 0
海南	0.015 0	海南	0.012 0	海南	0.012 0	海南	0.013 0	海南	0.020 0	海南	0.019 0
广西	0.009 0	广西	0.000 0	广西	0.003 0	广西	0.006 0	广西	0.000 0	广西	0.012 0

表 7-7　我国沿海省市海洋经济发展动力梯队划分

第一梯队	上海
第二梯队	广东、天津、江苏、山东、浙江
第三梯队	福建、辽宁、海南、河北、广西

（四）我国沿海省市海洋经济发展综合情况评价

通过使用不同的方法对我国沿海省市的海洋经济发展综合情况进行了一个横向的研究分析，但是仅仅研究各省市间的海洋经济实力差异还不能完全定位每个省市的海洋经济综合实力状况，我们还必须对 11 省市的海洋经济实力进行一个纵向比较研究，研究每个省市 2002—2007 年的海洋经济综合实力的变化情况，进而找出决定海洋经济实力变化的要素，再通过要素分析各个省市海洋经济发展的优势和问题。结合横向研究的成果，比较分析 2002—2007 年我国沿海省市海洋经济发展综合情况的变化，见表 7-8。

表 7-8　我国沿海省市海洋经济综合实力综合测评排名

	2002 年	2003 年	2004 年	2005 年	2006 年	2007 年	变化趋势
天津	9	4	7	3	3	2	上升
河北	5	10	10	10	10	11	稳定
辽宁	10	8	8	5	9	9	波动
上海	2	1	3	1	1	1	稳定
江苏	8	7	1	8	7	5	波动
浙江	7	3	6	4	8	4	波动
福建	6	6	5	9	4	8	波动
山东	3	5	2	3	5	6	波动
广东	1	2	4	2	2	3	稳定
广西	11	11	11	11	11	10	稳定
海南	4	9	9	7	6	7	波动

为了更好地比较各省市海洋经济综合实力的强弱，我们综合所有的测评结果对 2002—2007 年沿海省市的海洋经济综合实力进行梯队划分，见表 7-9。

表 7-9　2002—2007 年我国沿海省市海洋经济综合实力梯队划分

	2002 年	2003 年	2004 年	2005 年	2006 年	2007 年
第一梯队	上海、广东、山东	上海、广东、浙江	上海、山东、江苏、广东	上海、广东、天津	上海、广东、天津	上海、广东、天津
第二梯队	中游省份	中游省份	中游省份	中游省份	中游省份	中游省份
第三梯队	辽宁、广西	河北、广西	河北、广西	河北、广西	河北、广西	河北、广西

表 7-9 表明了我国 2002—2007 年沿海省市海洋经济发展综合情况的变化状况，我们看到有的省份海洋经济综合实力十分稳定，上海市和广东省的海洋经济综合实力始终处于第一集团，而河北和广西一直处于最

后一集团。采用定量的方法通过横向和纵向两个角度对我国沿海省市的海洋经济进行了分析。研究发现，我国沿海省市的海洋经济综合实力整体上呈现不断发展的态势，但是不同地区发展的速度不同。综合分析最近五年海洋经济综合实力的变化状况，我们按照海洋经济综合实力的强弱把沿海省市的划分成以下梯队。

第一梯队包括上海、广东、天津。2002—2007 年，上海和广东的测评得分一直很高。尤其是上海，各种方法测评的最终得分总是高出其他省市一大截。广东和上海海洋经济实力相对于其他省市的强大优势主要受益于其陆域经济的带动。上海市和广东省的经济总体实力分别在华东和华南地区占据龙头地位，陆域经济对海洋经济具有强大的支撑力和推动作用，海洋经济对陆域经济有着较强的依附性。所以上海、广东的海洋经济综合实力在所有沿海省（市）中理应处于第一集团。天津的经济整体实力尽管不及上海，但是相对于全国其他省（市）还是有优势，近几年天津的海洋产业发展迅速，海洋经济实力明显增强。天津从 2005 年开始就一直稳居第一梯队。

第二梯队包括辽宁、山东、江苏、浙江、福建和海南。处于第二梯队的这 6 个省份 6 年间最明显的变化就是排名具有一定的波动性。2002—2007 年间，6 个省份的海洋经济综合实力都有显著的提高，但与第一梯队的上海、广东和天津相比还有一定的差距，比第三梯队的河北和广西具有一定的优势。山东、浙江和江苏比辽宁、福建和海南有相对的优势，名次的排序上稍稍靠前，但我们仍然把这 6 个省份归于第二梯队。第二梯队的省份虽然在海洋经济综合实力方面有所差距，各年的排名也都有一定的波动性，但总体上都处于海洋经济的高速发展阶段。

第三梯队包括河北和广西。研究结果显示，河北和广西的海洋经济综合实力得分始终处于所有省（市）的最末端。河北省陆域经济其实在全国处于中上游，但是存在对海洋经济发展的重视不够，投入不大，产业结构制约，腹地经济对海洋经济的支撑能力不强，海洋经济发展整体规划相对滞后等问题，使得其海洋经济综合实力很弱。广西的海洋经济尚处于自我发展状态的初级阶段，海洋经济总量小，产业结构层次低。所以河北和广西的海洋经济综合实力最弱。这两个省份应该尽快加强海洋经济方面的开发和发展，制订海洋经济发展方面的规划，争取早日追赶上沿海的其他省份。

第八章
我国沿海省市地理区位优势竞争力比较研究

我国沿海从北到南共有 11 个省（区、市），每一个省（区、市）所处的国内、国际地理区位不同，其自身和周边地区的文化、经济、交通、自然地理环境等诸多因素也不同，这决定了不同区域发展海洋经济的优势及实施海洋战略的力度有所不同。这也决定了我国沿海省市在发展海洋经济、推行海洋战略时需要采取不同的方式、方法和策略。

第一节　我国沿海省市地理区位及环境概况

一、辽宁省地理区位环境概况

辽宁省简称辽，位于中国东北地区的南部，是中国东北经济区和环渤海经济区的重要结合部。地理坐标介于东经 118° 53′ 至 125° 46′，北纬 38° 43′ 至 43° 26′ 之间，东西端直线距离最宽约 550 千米，南北端直线距离约 550 千米。辽宁省陆地面积 14.59 万平方千米，占中国陆地面积 1.5%。陆地面积中，山地面积 8.72 万平方千米，占 59.8%；平地面积 4.87 万平方千米，占 33.4%；水域面积 1 万平方千米，占 6.8%。海域面积 15.02 万平方千米。其中渤海部分 7.83 万平方千米，北黄海 7.19 万平方千米。海岸线东起鸭绿江口，西至山海关老龙头，大陆海岸线全长 2 178 千米，占中国大陆海岸线总长的 12%，岛屿岸线长 622 千米，占中国岛屿岸线总长的 4.4%。近海分布大小岛屿 506 个，岛屿面积 187.7 平方千米。沿黄海的主要岛屿有外长山列岛、里长山列岛、石城列岛和大、小鹿岛等；沿渤海主要岛屿有菊花岛、笔架山、长兴岛、凤鸣岛、西中岛、东蚂蚁岛、西蚂蚁岛、虎平岛、猪岛和蛇岛等。

二、河北省地理区位环境概况

河北省位于我国南温带和中温带大陆东岸，面海背陆，冀北、冀西山地耸峙于西北部，河北平原展布在东南方。受地理位置和地貌的影响，河北省气候的突出特点是季风现象显著。冬季时，我国大陆在蒙古高压控制之下，受这一高压的影响，河北省上空盛行西北方向的气流，这就是冬季季风，它表现的特点是风速大而干冷，为时持久。夏季时，印度低压笼罩我国大陆，河北省气压也降至全年最低，随着太平洋副热带高压的进一步加强，海上来的夏季风频频入境。春秋为过渡季节，气候也具有过渡色彩；但来去匆忙，为时短暂。受季风环流的控制和其他天气形势的影响，河北省气候的具体表现是：冬日寒冷少雪；春日干燥，风沙盛行；夏日炎热多雨；秋日晴朗，冷暖适中。河北省环抱首都北京，地处东经 113° 27′ 至 119° 50′，北纬 36° 05′ 至 42° 40′ 之间。总面积 187 693 平方千米，省会是石家庄市。北距北京 283 千米，东与天津市毗连并紧傍渤海，东南部、南部衔山东、河南两省，西倚太行山，与山西省为邻，西北部、北部与内蒙古自治区交界，东北部与辽宁接壤。

三、天津市地理区位环境概况

天津市位于北纬 38° 34′ 至 40° 15′，东经 116° 43′ 至 118° 04′ 之间，地处太平洋西岸环渤海湾边，华北平原的东北部。天津地处环渤海地区中心，行政区域总面积 11 760.26 平方千米。天津处于国际时区的东八区。天津位于海河下游，地跨海河两岸，境内有海河、子牙新河、独流减河、永定新河、潮白新河和蓟运河等穿流入海。市中心距海岸 50 千米，离首都北京 120 千米，是海上通往北京的咽喉要道，自古就是京师门户，畿辅重镇。天津又是连接华北、东北、西北地区的交通枢纽，从天津到东北的沈阳，西北的包头，南下到徐州、郑州等地，其直线距离均不超过 600 千米。天津还是北方十几个省市通往海上的交通要道，拥有北方最大的人工港——天津港，有 30 多条海上航线通往 300 多个国际港口，是从太平洋彼岸到欧亚内陆的主要通道和欧亚大陆桥的主要出海口。天津地理区位具显著优势，战略地位十分重要。

四、山东省地理区位环境概况

山东省地处中国东部沿海、黄河下游，濒临渤海与黄海，与朝鲜半岛、日本列岛隔海相望。全省东西最长距离 700 千米，居全国第二位。全省陆地总面积 15.7 万平方千米，近海海域 17 万多平方千米。胶东半岛地处中国东部沿海，处于北京、上海两个中国最大城市之间。胶东半岛制造业基地在山东省东部，位于北纬 35°35′ 至 38°23′，东经 119°30′ 至 122°42′，北临渤海、黄海，与辽东半岛相对，东临黄海，与朝鲜半岛和日本列岛隔海相望，土地总面积 3 万平方千米，占山东省的 19%。对比分析中国北方辽中南、山东半岛和京津唐三大经济区域，2003 年，山东半岛 GDP 实现 1.23 万亿，对接日韩产业转移，已经成为我国北方地区经济增长最为迅速的区域之一，山东半岛现实的基础预示着未来的发展前景。

五、江苏省地理区位环境概况

江苏简称苏，是江宁府和苏州府的首字而得。它位于我国东部，地居长江、淮河下游，北接山东省，南连上海市和浙江省，西邻安徽省，东临黄海，和台湾隔海相望，西北部高山连绵，中部丘陵起伏，沿海平畴沃野，海岸曲折，港湾错落，岛屿棋布。在习惯上按地理位置和经济发展水平划分为苏南和苏北。江苏省总面积为 10 万多平方千米，平原面积比率之高，水面面积比率之大，低山丘陵岗地面积比率之小，在全国各省、自治区中均居首位，故有"水乡江苏"之称。江苏在春秋时期，分属吴、宋等国，战国时为楚、越、齐国的一部分。秦始皇统一六国以后，分属九江、会稽等郡。清朝改置江南省，到康熙六年（公元 1667 年）改为江苏省，范围大致与现在相同。江苏素有文物"四多"之美誉。即地下文物多、地面文物古迹多、馆藏文物珍品多、历史文化名城名镇多。目前被各级政府列为文物保护单位的有 2 600 多处；全省馆藏文物总数达 80 多万件，其数量与质量均居全国前列；现有国家历史文化名城 7 座，省级以上文化名城名镇 18 座（个）。古老的历史文化内涵和江南水乡古韵构成了江苏历史文化名城名镇的独特景致。

六、上海市地理区位环境概况

上海简称沪，别称申，上海位于北纬 31°14′，东经 121°29′，是中国最大的经济中心城市，也是国际著名的江海港口城市。它在中国的经济发展中具有极其重要的地位。大约在六千年前，现在的上海西部即已成陆，东部地区成陆也有两千年之久。相传春秋战国时期，上海曾经是楚国春申君黄歇的封邑，故上海别称为"申"。在中国共产党的领导下，上海人民经过 50 年的艰苦奋斗，从根本上改造了在半殖民地半封建条件下畸形发展起来的旧上海，使上海的经济和社会面貌发生了深刻的变化。上海话是一种特殊的方言，它从一个比较保守滞后的县城小方言发展成变化速度最快的方言。特殊的城市，特殊的方言为语言方言专家提供了一片有特殊价值的研究园地。上海地处长江三角洲前缘，北界长江，东濒东海，南临杭州湾，西接江苏、浙江两省。它地处南北海岸线中心，长江三角洲东缘，长江由此入海，交通便利，腹地宽阔，地理位置优越，上海市大部分地区位于坦荡低平的长江三角洲平原，水网密布，西南部散见小山丘，平均海拔高度约 4 米。全市东西宽约 100 千米，南北长约 120 千米。

七、浙江省地理区位环境概况

浙江是中国古代文明的发祥地之一，素称"文物之邦"，历史悠久，积储深厚。从考古资料看，早在 5 万年前的旧石器时代，就有原始人类"建德人"在今天的浙江西部山区一带活动。浙江地处中国东南沿海长江三角洲南翼，东临东海，南接福建，西与江西、安徽相连，北与上海、江苏接壤。境内最大的河流钱塘江，因江流曲折，称之江，又称浙江，省以江名，简称"浙"，省会是杭州市。全省海域辽阔，主张管辖海域约 26 万平方千米，是陆域面积的 2 倍多，广阔的海域构成浙江的海洋渔场；海岸线总长 6 696 千米，居全国首位；面积 500 平方米以上的海岛 2 878 个，是全国海岛数量最多的省份；滩涂、海洋能、海洋旅游等资源也位居全国前列。浙江又位居我国南北海运、江海联运黄金交汇点，东濒太平洋、南接海西区、西连长江流域内陆腹地，紧邻国际航运战略通道，区位优势十分明显。浙江面积 10 万多平方千米，全省常住人口为 5 442.69 万人（全省常住人口中省外流入人口为 1 182.40 万人，占 21.72%），是中国面积最小、人口密度最大的省份之一。全省人口绝大部分属江浙民系，其中吴语人口占全省总人口的 98% 以上，部分江浙民系人口使用徽州话（又称徽语）。各地方言主要有杭州话、温州话、宁波话、台州话、绍兴话。除此以外还有闽南语、蛮话、蛮讲、畲话、官话等语言，其使用者分布在省内个别县市。地方曲艺主要有越剧、婺剧、平湖调、词调、莲花落、宣卷等。浙江义乌被命名为"中国曲艺之乡"。浙江是中国经济比较发达的沿海对外开放省份。浙江素有"鱼米之乡"之称，是综合性的农业高产区域，以多种经营和精耕细作见长，大米、茶叶、蚕丝、柑橘、竹品、水产品在全国占有重要地位。绿茶产量居全国第一，蚕茧产量居全国第二，绸缎的出口量占全国的 30%，柑橘产量名列全国第三，毛竹产量居全国第一。浙江也是全国的一个重点渔业省，渔业已由传统的生产型逐步过渡到现在的捕捞、养殖、加工一体化，内外贸全面发展的产业化经营。舟山渔场是全国最大的海洋渔业基地，海洋捕捞量居全国之首。杭嘉湖平原是全国三大淡水养鱼中心之一。浙江工业基础较好，以轻工业、加工制造业、集体工业为主。改革开放以来，乡镇企业异军突起，1995 年底，乡镇工业已占全省工业总产值的四分之三。丝绸工业历史悠久，产品精美，传统工业闻名遐迩，电力工业发达，秦山核电站为国家第一座核能电站。新安江电站为国内第一座自行设计、自制设备和施工安装的大型水力发电站。

八、福建省地理区位环境概况

福建简称"闽"。唐开元 21 年（733 年）设"福建经略使"，始称"福建"。南宋设有 1 府 5 州 2 军，故又称"八闽"。福建地处祖国东南部、东海之滨，陆域介于北纬 23 度 30 分至 28 度 22 分，东经 115 度 50 分至 120 度 40 分之间，东隔台湾海峡，与台湾省相望，东北与浙江省毗邻，西北横贯武夷山脉与江西省交界，西南与广东省相连。福建居于中国东海与南海的交通要冲，是中国距东南亚、西亚、东非和大洋洲最近的省份之一。闽江口的马尾港是中国近代造船工业的先驱和培养科技人才的摇篮。宋元时期，泉州已取代杭州、四明（今宁波）、广州成为全国最繁荣的对外贸易中心，是当时世界重要的商贸集散地和中国伊斯兰教等文化圣地。明万历年间，郑和七下西洋多从福建出海。鸦片战争后，福州、厦门被辟为五大通商口岸之一。1978 年党的十一届三中全会后，福建与广东一道作为中央赋予的"特殊政策、灵活措施"以及对外开放和进行综合改革实验的地区，成为改革开放的前沿阵地。随着中国综合实力的增强、对外开放水平的不断提高，以及福建深水海港、国际航空港和陆上铁路、公路等综合运输网络的逐步完善，未来福建仍将作为中国与世界交往的重要门户发挥重要作用。

九、广东省地理区位环境概况

广东省地处中国最南部。东邻福建，北接江西、湖南，西连广西，南临南海，珠江三角洲东西两侧分别与香港、澳门特别行政区接壤，西南部雷州半岛隔琼州海峡与海南省相望。全境位于北纬 20° 13′ 至 25° 31′ 和东经 109° 39′ 至 117° 19′ 之间。东起南澳县南澎列岛的赤仔屿，西至雷州市纪家镇的良坡村，东西跨度约 800 千米；北自乐昌市白石乡上坳村，南至徐闻县角尾乡灯楼角，跨度约 600 千米。北回归线从南澳—从化—封开一线横贯广东。全省陆地面积为 17.98 万平方千米，约占全国陆地面积的 1.87%；其中岛屿面积 1 592.7 平方千米，约占全省陆地面积的 0.89%。全省沿海共有面积 500 平方米以上的岛屿 759 个，数量仅次于浙江、福建两省，居全国第三位。另有明礁和干出礁 1 631 个。全省大陆岸线长 3 368.1 千米，居全国第一位。按照《联合国海洋法公约》关于领海、大陆架及专属经济区归沿岸国家管辖的规定，全省海域总面积 41.9 万平方千米。珠三角已成为世界制造业基地和跨国采购中心。广东发展成为世界上重要的制造业基地之一；香港发展成为世界上重要的以现代物流业和金融业为主的服务业中心之一；澳门发展成为世界上具有吸引力的博彩、旅游中心之一和区域性商贸服务平台。《泛珠三角区域合作框架协议》的签署，使以珠江水系为纽带的 9 省加港澳的区域经济以空前的速度和力度进行大整合，为广东产业结构调整、优化、升级以及产业梯度转移提供了得天独厚的优势，为广东的经济发展提供了广阔的腹地。CEPA 的实施，使包括粤港澳在内的大珠三角加速融合和发展。粤港澳确立了今后 10~20 年的发展目标，这将使大珠三角成为世界上最繁荣、最具活力的经济中心之一。中国 – 东盟自由贸易区建设的推进，为广东与东盟的贸易及投资双向发展提供了新的机遇。上述区域经济的合作和发展将给外商投资广东带来更多商机。

十、广西地理区位环境概况

广西位于中国沿海地区的西南端，东邻广东、海南和港澳，东北接湖南，西邻云南，南濒北部湾，面向东南亚，西南与越南接壤，背靠大西南，是中国西部地区唯一沿海、沿江、沿边的省区；广西是中国西南经济圈、华南经济圈与东盟经济圈的结合地，处于横贯中国东部、南部、西部的泛珠江三角区域与东盟自由贸易区两大市场的结合部，是中国与东南亚国家唯一有陆地和大海相连的省区，是中国西南最便捷的出海通道，是中国与东盟市场双向连接的重要枢纽，成为双向沟通中国与东盟最便捷的国际大通道，成为中外客商兼顾中国与东盟两大市场的理想投资场所。

十一、海南省地理区位环境概况

海南省，简称琼，位于中国的最南端，地处北纬 03° 20′ 至 20° 18′，东经 107° 10′ 至 119° 10′，全省包括海南岛、中沙、西沙、南沙群岛及其周围广阔的海域。海南省是中国最大的海洋省，最小的陆地省。所属海域面积 200 多万平方千米，占全国海洋面积的 1/3；所属陆地面积 3.4 万平方千米，其中海南岛面积 3.39 万平方千米，是我国仅次于台湾岛的第二大岛。海南省地处热带，属热带季风气候。全岛中部地区气温较低，西南部较高，年均气温 23.8℃，1 月份平均气温 17.2℃，7 月份平均气温 28.4℃，可谓夏无酷夏，冬无严寒。海南雨量充沛，年均降雨量 1 500~2 000 毫米。年平均日照 1 750~2 700 小时，干湿季分明，光、热资源充足。海南省是中国疆域最南端，紧邻港澳台和珠江三角洲经济发达地区，既有广大的内陆腹地，又能受到华南经济圈的辐射。海南岛北与广东雷州半岛相隔的琼州海峡宽约 18 海里，是海南岛与大陆之间的"海上走廊"。东濒南海与台湾省相望，东面和南面为南海及西太平洋，与菲律宾、文莱和马来西亚为邻，从岛南的榆林港至菲律宾的马尼拉市航程约 650 海里。海南省是连接两州（亚洲和大洋洲）和两洋（印度洋和太平洋）的交通要道，控制中国南部沿海的交通，扼两广的咽喉，是中国南部海疆的要塞。

第二节
我国沿海省市海洋经济发展地理区位优势比较分析

我国沿海 11 省（区、市），经过多年的发展，在地方经济文化、国内国际等诸多因素的影响下，从北到南形成了环渤海经济区、长江三角经济区、海峡西岸经济区和珠江三角经济区四大经济区。与此同时，从国际视角上看，我国沿海又处在东北亚经济区和南亚、东南经济区。因此，要分析和评价我国沿海省（区、市）海洋经济战略的地理区位优势，必须从国内、国际两个不同视角来分析评价它们地理区位优势情况。

一、我国沿海省市经济区位格局现状

（一）沿海四大经济区与我国沿海省市内部经济区位格局现状

1. 环渤海经济区

环渤海经济区是指以辽东半岛、山东半岛、京津冀为主的环渤海滨海经济带，同时延伸辐射到山西、辽宁、山东及内蒙古中东部，其中沿海省市有辽宁、河北和天津。环渤海地区是我国北方经济最活跃的地区，属于东北、华北、华东的接合部，改革开放以来，环渤海已经形成了发达便捷的交通优势、雄厚的工业基础和科技教育优势、丰富的自然资源优势、密集的骨干城市群五大优势。这些优势同时集中地表现为环渤海地区加强东北亚地区国际开发合作的独特优势。环渤海城市是我国较发达的地区之一。该经济区的京津地区是中国科研实力最强的地区，仅北京重点高校占全国的 1/4，而天津也拥有 30 多所高等院校和国家级研究中心。环渤海经济圈有厚实的发展基础，依托其广阔的腹地、区内市场以及便捷的交通枢纽条件，已发展成为中国规模较大、较为发达和成熟的现代物流中心。从产业特色来说，环渤海经济圈以重化工－资本密集型为主。环渤海经济圈是中国重化工业、装备制造业和高新技术产业基地，其钢铁、机械、汽车、石油化工、建材、造船以及微电子等 IT 产业在全国占有重要地位。2023 年，重工业产值占整个工业的比重，辽宁高达 62.2%，河北为 75.9%，山东为 45.1%。该经济圈的农副产品、海洋产品加工和出口也保持着较大的优势。在动力机制方面，环渤海经济圈主要表现为国资主导型。这一经济圈属于中国的老工业基地，传统计划体制的惯性影响较大，尽管近些年所有制结构调整加快，但国有经济比重仍相对较高。2002 年辽宁的国有及国有控股工业的增加值比重仍高达62.7%，北京的 GDP 中来自国有经济的份额仍然占到 53.5%。在全社会固定资产投资中，国有经济投资的比重，天津高达 86.7%，北京和辽宁也都在 40% 以上。在外向化程度上，环渤海经济圈与珠三角和长三角尚有一定距离，但近年来，随着外商投资逐步"北上"，尤其是日韩及欧美等跨国公司纷纷在京设立研发机构，该经济圈对外开放呈现加快势头。

2. 长三角经济区

长江三角洲地区是我国最大的经济核心区之一，它位于长江入海口，自然条件优越，区位优势明显，经济基础良好，科技和文化教育事业发达。区域内包括江苏、上海和浙江。主要城市有 1 个直辖市——上海，3个副省级城市——南京、杭州、宁波，15 个城市，土地面积 10 万平方千米，占全国的 1%；人口 7 534 万人，占全国的 5.9%。该经济区第二产业尤其是工业强力引领"长三角"经济的快速增长。"长三角"地区产业结构均呈现出明显的"二、三、一"特征，第二产业在地区经济增长中的主导性表现非常突出，占 GDP 比重普遍高于 50%。其核心城市上海，目前处于全国最高经济梯队，已基本走过了轻工业、重工业时代，进入到重化工业后期和现代服务业时代。产业集群的成长提升了"长三角"区域整体竞争力。目前"长三角"区域内部的产业一体化程度较高，各城市的产业联系较密切，垂直分工、水平分工紧密，已形成了具有较强竞争力的产业集群。如沿沪宁线形成的宁沪信息产业带，不仅吸纳了众多具有国际一流技术的世界 500 强企业，同时完善了"长三角"区域产品链和产业链配套体系，不断锻造着"长三角"区域经济的竞争力。

核心城市辐射带动，其他城市错位竞争，共同打造世界级制造业中心。处于"长三角"区域的苏浙沪三省市正以"区域联动、优势互补、各展所长、错位发展"的思路，致力于打造以上海为龙头、以苏浙两翼的产业现代化和配套能力为支撑的世界级制造业中心。长三角经济区逐渐把产业的控制部门和高端部门留在中心城市，协作配套业务向周边地区及全国扩散，并借此延伸"长三角"都市圈中心城市的服务业辐射半径和影响区域，把产业做大，增强服务业扩张的基础和依托。但资源、能源、土地的紧缺严重地影响了"长三角"地区的投资环境和产业发展。

3. 海峡西岸经济区（海西经济区）

海峡西岸经济区是指台湾海峡西岸，以福建为主体包括周边地区，南北与珠三角、长三角两个经济区衔接，东与台湾岛、西与江西的广大内陆腹地贯通，具有进一步带动区域经济走向全国甚至世界的特点，是具有独特优势的地域经济综合体。它是一个涵盖经济、政治、文化、社会等各个领域的综合性概念，基本要求是经济一体化、投资贸易自由化、宏观政策统一化、产业高级化、区域城镇化、社会文明化。经济区以福建为主体，涵盖浙江、广东、江西 3 省的部分地区，人口为 6 000 万 ~8 000 万，预计建成后的经济区年经济规模在 17 000 亿元以上。它面对台湾，毗邻台湾海峡，地处海峡西岸，是一个有着特殊使命的地域经济综合体，因此海峡西岸经济区的建设有着重要的意义。截至目前海峡西岸经济区扩张，包括福建福州、厦门、泉州、漳州、龙岩、莆田、三明、南平、宁德以及福建周边的浙江温州、丽水、衢州、金华、台州，江西上饶、鹰潭、抚州、赣州，广东梅州、潮州、汕头、汕尾、揭阳，共计 23 市。福建省是在 2004 年初提出海峡西岸经济区发展战略，2004—2010 年，海峡西岸经济区的主体福建省加大投资力度，改善基础设施，力促经济发展，壮大经济区的总体实力。这 6 年也是福建省经济发展最快的 6 年，福建省生产总值从 6 053.14 亿元到首超万亿；财政总收入从 622.76 亿元到突破 1 500 亿元；海洋经济总量进入全国沿海省市第三位。

4. 珠三角经济区

珠三角经济圈又称为珠三角都市经济圈或珠三角经济区，是指位于中国广东省珠江三角洲区域的 9 个地级市组成的经济圈，这 9 个地级市是指广州市、深圳市、珠海市、佛山市、惠州市、肇庆市、江门市、中山市和东莞市。此外，珠三角经济都市经济圈也同时包括香港和澳门两个城市，是中国市场化及国际化程度最高的都市经济圈。从经济水平来看，珠三角经济圈表现出明显的出口拉动型经济特点。改革开放以来，珠三角地区凭借其毗邻港澳、靠近东南亚的区位优势，以"三来一补""大进大出"的加工贸易起步，并大量吸引境外投资，迅速成为中国经济国际化或外向化程度最高的地区。2006 年广东私营企业进出口额达 903.2 亿美元，远远高于其他各省市。从动力机制而言，外资推动是本区域最大的发展动力。"珠三角模式"区别于其他发展模式的最大特征是它几十年来一直保持着吸引外资的绝对领先地位。珠江三角洲依靠毗邻港澳的独特地理位置，发挥其信息优势和侨乡众多的人文优势，以较低的土地价格和充足的廉价劳动力吸引了大量外资的直接进入，尤其是吸引了港澳台制造业的大规模转移，使"三资"企业在珠江三角洲城乡迅速发展起来。20 世纪 80 年代，以"三来一补"（来料加工、来样制作、来件装配、补偿贸易）为主要贸易形式的外向经济企业遍及城乡。从产业结构来分析，珠三角经济的发展很大程度上依靠劳动密集型产业。珠三角经济圈产业主要由加工贸易导引，多以服装、玩具、家电等劳动密集型产业为主。近些年随着产业结构的不断调整和优化升级，高新技术产品增速快，它已成为全球最大的电子和日用消费品生产和出口基地之一。

（二）我国沿海省市外部经济区位格局现状

1. 东北亚经济区

东北亚经济区的区域界定习惯上包括中国、日本、韩国、蒙古、朝鲜和俄罗斯的远东地区，广义的陆地总面积为 1 600 多万平方千米，占亚洲陆地总面积的 40% 以上，总人口超过 16 亿，占世界人口的 1/4。东北亚不仅与黄海、东海相邻，同时也在陆地上与东欧、太平洋沿岸国家相连。我国东北区和华东地区、日本、韩国、朝鲜和俄罗斯远东地区处于东北亚经济区的核心地带。在我国的沿海省市中，从北到南有辽宁、河北、天津、山东、江苏、上海和浙江共五省两市。随着经济全球化进程的加快，东北亚区域经济发展受到更加广泛的重视。尽管该区域内中日韩三国的 GDP 之和已占亚洲 GDP 总量的 70% 以上，但区域内贸易额比重只占其贸易总额的 20%，大大低于北美自由贸易区 46.5%、欧盟 50% 左右的水平。因此，推动相互间交流与合作，谋求共同发展，日益被提上日程。在经济全球化、区域一体化日益加快的形势下，东北亚地区由于其独特的区位条件、资源禀赋、产业基础、发展潜能，未来有望成为世界上最具潜力、最重要的经济增长区域之一。中、日、韩三国人口约为 15 亿，占全球总人口的 22%；三国国内生产总值（GDP）总量超过 10 万亿美元，占全球 GDP 的 18% 以上。三国之间的贸易量占国际贸易总量的不足 20%，合作空间仍较大。

中日方面，中日两国互为最重要的邻国。当前，两国经贸合作明显增强，中国已成为日本第一大贸易伙伴。2009 年中日双边贸易额创下历史新高，达到近 3 000 亿美元。2010 年 3 月日本地震后，其产业出现自太平洋沿岸向日本海沿岸转移的趋势。近期开通的贯通中日俄三国的珲春（中国吉林）—扎鲁比诺（俄罗斯）—新潟（日本）海陆联运线，促进了日本海沿岸经济体的联系。这是首条从中国东北地区横贯日本海直抵日本西海岸的联运线，从中国吉林长春到新潟的时间比以往可缩短一半，运费可省 23%~33%。多名中日分析人士认为，中国如能抓住契机，催化环日本海经济圈的融合和发展，有望对中国东北老工业基地振兴、图们江地区国际合作以及加深中日经济合作产生长远影响。

中韩方面，目前中国是韩国第一大贸易伙伴。2010年，中韩双边贸易额超过2 000亿美元，也创历史新高。据韩国央行和关税厅的统计，2011年上半年，中韩双边贸易额占韩国外贸总额的20.2%，是韩美贸易额的两倍多。韩国对中国出口额占其出口总额的23.4%，是对美出口额的两倍多。与此同时，机电电子、机械产品成为中韩贸易的主体，农产品和初级原材料占比重较小，中韩贸易结构正逐步优化。在国际金融危机期间，中韩两国相互扶持。2008年12月两国央行签署了1 800亿元人民币的双边货币互换协议，向两国金融体系提供了短期流动性支持，并有力推动了双边贸易和投资合作的深化发展。双边经贸合作为两国人民和企业带来了实实在在的利益，一方面促进了中国经济发展和技术水平、管理水平的提高；另一方面也促进了韩国经济发展，增加了就业和外汇收入，平抑了物价，有利于提高韩国企业的国际竞争力。

韩日方面，韩日经贸合作十分密切，两国互为重要的贸易伙伴。韩日两国政府在中小企业对策对话、环境领域、自贸协商等方面保持着密切合作。韩国三星经济研究所郑镐成认为，日本地震成为韩日加深相互依存关系的契机。日本制造业在地震后作出向海外转移、分化组合、重新打造供应链等努力，将给韩日企业合作和日本对韩投资带来新的机会。

中朝方面，近年来，中国与朝鲜经贸合作发展较快。随着中国企业对朝鲜投资的增加，双边经贸合作呈现多元化发展趋势。为促进中朝边境地区的经济社会发展，推动两国经贸务实合作，中朝双方已就合作开发位于朝鲜境内的罗先经济贸易区和黄金坪、威化岛经济区达成共识。

2. 中国东盟经济自由贸易区

中国－东盟自由贸易区，英文缩写为CAFTA，是中国与东盟十国组建的自由贸易区。中国－东盟自由贸易区是世界上人口最多的自由贸易区、由发展中国家组成的最大自由贸易区。截至2023年，东盟和中国的贸易占到世界贸易的 20.8%，中国－东盟自由贸易区成为一个涵盖 11 个国家、21 亿人口、GDP 达 22 万亿美元的巨大经济体。我国沿海省市中，台湾、福建、广东、广西和海南处于中国东盟经济区的核心区域。

中国与东盟之间的经贸关系正面临着进一步发展的有利条件。随着中国的产业结构调整和经济增长加快，特别是中国的制造业有快速发展，带动了对能源和原材料需求的增加。由于劳动密集型产业在中国占很大比重，而这一产业多为对原材料和中间产品的加工，这将导致相关原材料和中间产品进口的增多。从成本结构来看，在食品、农矿产品、能源和电子产品等方面，东盟与中国相比具有更大的比较优势，因而从东盟进口石油、天然气、棕榈油、天然橡胶、热带木材等资源性初级产品以及电子电器等机电产品的零部件及半成品会进一步增多。与此同时，中国对东盟的出口也将保持持续的增长势头。这种增长一方面来自中国具有比较优势的产品，另一方面来自对东盟具有潜在优势的产品。与东盟产品相比，中国纺织品、服装、鞋、食品、谷物、建筑材料等产品具有明显的比较优势，这些产品的进口占东盟从中国总进口的 21%，今后几年中国将仍然保持这些产品的出口优势。此外，中国的机械电子设备、精密仪器、钟表手表、车辆、金属产品和化工产品具有潜在优势，1993—1999 年东盟大量增加了上述产品的进口，增长速度大大高于东盟同类产品的总进口增长率，因此，在东盟市场上这些产品的份额将会继续增加。伴随着双边贸易的增长，贸易结构也将进一步优化，各国具有比较优势的产品相互出口增多，机电产品特别是高新技术产品的比重将会有明显增大。

尽管目前东盟和中国都不是对方投资的主要市场，特别是中国对东盟的投资更少，但随着双方市场的进一步开放，投资壁垒的逐渐消除，相互投资将会增多。中国实施"走出去"战略，海外投资是重要的措施，投资的重点区域首先将是东南亚国家，特别是周边的越南、老挝、柬埔寨和缅甸等东盟新成员国。随着中国电信、金融、保险和服务业的开放，一些较发达的东盟成员国也将扩大对中国的投资。

随着双方自由贸易区协定谈判的正式启动和实施，双方的经济合作将进入一个全面深化发展的新阶段，服务贸易的比重将进一步加大，投资合作方式将更加多元化。另外，金融和科技领域的合作将会全面展开，特别是随着"清迈协议"的实施和"电子东盟"的启动，中国与东盟在金融、保险与电信领域的合作将更大规模地展开。基础设施的合作步伐也将加快，同时将带动相关次区域经济合作的进展。农业、环境保护、能源、知识产权及企业之间特别是中小企业等方面的合作也将启动，并推动相关领域的发展和合作。

二、我国沿海省市地理区位优势综合评价

（一）沿海四大经济区国际地理区位优势比较

从我国沿海四大经济区的国际地理区位优势来看，环渤海经济区和长三角经济区处于东北亚经济区的核心区。而海峡西岸经济区和珠江三角洲经济区处于中国东盟经济区的核心区。从这两大国际经济区来看，东北亚经济区的经济总量远大于东盟经济区的经济总量，且该区域内的俄罗斯、日本是海洋科技强国，韩国在海洋科技领域也有一定的实力，中国的海洋科技力量90%也在该地区。因此在产业结构和人才结构上，东北亚经济区中日韩的产业层次、高端人才资源都远远强于中国东盟经济区。从发展机会的角度来看，日本大地震后，其国内产业正处于加速外移的趋势，韩国也把中国作为重要市场。中国从资本上来看处于资本流进趋势。而中国东盟经济区中，除了中国台湾以及新加坡在资本运作和金融服务业领域有一定的产业、人才资源优势以外，其他国家在产业、技术人才上都处于较低水平，很多国家如越南、缅甸、老挝都处于资金、人才、技术输出状况。因此，该区域对海峡西岸经济区和珠江三角洲经济区来说，是产业转移的好机会，这两个经济区处于资本、人才和技术输出趋势。在该区域内，东盟其

他国家与珠三角经济区欠发达地区的广西、海南、广东以及福建，在某种程度上存在着获取台湾、新加坡两地的资本、技术和人才流入的竞争态势。因此，从国际区位优势来说，在正常情况下，环渤海经济区和长三角经济区的国际地理区位优势强于海峡西岸经济区和珠江三角洲经济区的国际地理区位优势。

（二）沿海四大经济区国内地理区位优势比较

从我国沿海四大经济区的国内地理区位优势来看，环渤海经济区的京津地区是中国科研实力最强的地区，仅北京重点高校就占全国的1/4，而天津也拥有30多所高等院校和国家级研究中心。环渤海经济区的经济总量强于海峡西岸经济区，弱于长三角经济区和珠江三角洲经济区。但是在科研技术人才和产业带动能力上，环渤海经济区强于海西经济区和珠江三角洲经济区，与长三角经济区不分伯仲。因此环渤海经济区有雄厚的发展基础和超强的发展潜力。从区域的内部情况来看，环渤海经济区中的津、京两市在经济、人才技术方面处于绝对优势地位，属于该经济区的核心，河北、辽宁、山东三省沿海地区处于两翼边缘区，但是天津沿海空间地域狭小，从海洋资源、城市布局、经济实力和产业结构等综合情况来看，山东具有一定的优势。

从区域内城市布局来看，山东半岛与长江三角洲相似，拥有许多规模较大的城市支撑，长三角10万平方千米的范围内，密布了15个大、中型城市，是中国最大的城市密集区，城市之间的引力相对较强。山东半岛有8个大城市，虽然城市之间的吸引程度不及"长三角"，但有一定的发展潜力，有可能形成类似长三角的发展态势。辽中南地区除沈阳和大连外，其他城市对区域经济发展支撑相对较弱，沈阳大连一线中也出现了城市空白区。京津两市的发展活力以及之间的相互配合拉动是京津唐地区发展的关键，如果缺乏强有力的协调机制，将会导致京津对唐山、秦皇岛等地区的辐射力和吸引力弱化。

从经济实力上看，山东半岛实力稍弱于京津唐地区，但比辽中南地区强。据统计年鉴资料分析，2023 年山东半岛 GDP 是 3.95 万亿，京津唐地区是 6.96 万亿，东北地区是 5.96 万亿，这就为山东打造经济增长第四极奠定了基础，如果增长速度快的话，有可能成为继"长三角""珠三角"之后进入前三。

从山东半岛产业结构上看，第二产业在山东半岛、京津唐及辽中南三大地区中比重最大。山东半岛产业结构呈现"二三一"格局，结构比例为 12 ∶ 51 ∶ 37，与辽中南地区基本相同，但不同于京津唐地区。辽中南地区产业结构比例为 9 ∶ 48 ∶ 42，京津唐地区产业结构为"三二一"格局，比例为 7 ∶ 43 ∶ 50。山东半岛的第二产业发展基础较好，具有建设现代制造业基地的基本优势和潜力。数据显示，1985 年山东省的制造业份额是 6.41%，排在第四位，比广东、浙江要高，排在上海、江苏和辽宁后面。2003 年，山东制造业份额是 9.6%，广东是 15.4%，江苏是 13.3%，浙江 8.9%，已经超过上海的 8.0%，排位第三。从省一级来看，山东的制造业在全国排在第三位。从大区域来看，长三角排在第一位，是 30%，珠三角 15% 排在第二位，第三位是京津冀 10.1%，比山东略高。东三省是 7.8%，比山东低得多。

从发展空间来看，京津唐地区发展的空间结构以京津为核心，向河北省的唐山、廊坊、秦皇岛等城市辐射，构成"首都经济圈"。有学者认为，京津唐大都市经济圈的形成与发展得益于现有体制下全国资源向首都集中，但暴露出来的问题是大城市数量与等级太少，周围中小城市不够发育，尤其是唐山与秦皇岛周围未形成发展水平较高的外围县市，使京津两个大城市与唐山和秦皇岛两个中心城市的延伸和连接变得困难。辽中南地区特大城市和大城市数量之多、增长之快，特大城市占城市总人口的比例之高，是其他城市密集地区所不可比的，但辽中南城市密集地区的中段有一个明显的低谷区，因此辽中南地区需要着力培育和强化二级中心城市的功能。山东半岛经济发展主要以胶济铁路沿线和沿海经济带为主体，总的来看，山东半岛城市空间呈多核发展，从不同的角度考核，除青岛、济南明显双核心发展以外，淄博、烟台、威海、东营等也呈核心发展趋势。

从区域内核心城市来看，山东的青岛在 GDP 总量上低于北京天津，但远超大连；从 1995—2003 年 GDP 的增长率来看，青岛位居首位，说明青岛具有相当大的经济潜力；从地方财政收入来看，青岛也低于北京，但超过了大连；从外贸出口看，青岛与北京不相上下，但远高于大连；按 1：1.3 的外汇汇率计算，青岛的外贸出口依存度是 66.7%，居于环黄渤海之首。

从地方经济均衡发展情况来看，山东县域经济发展位居北方之首。据国家统计局公布的 2003 年度全国发达的 100 个县（市）名单中，山东半岛有 12 个，多于京津唐地区和辽中南地区，排名位次也比上述两大地区相对较好，在第二届中国县域经济基本竞争力百强县中，山东半岛有 15 个，超过辽中南地区 10 个，也远超于京津唐地区的县域经济，在中国黄渤海地区中具有较强的竞争力。

在长三角经济圈中，上海属于经济区中的核心区，在经济、人才、技术上都充分发挥着龙头作用。江苏在经济产业结构及技术人才上要强于浙江，因此，在地理区位差不多的情况下，二者对该经济区的资源吸引能力上，江苏要强于浙江。

在珠江三角洲经济区中，广东、香港、澳门处于核心区，港澳地区受发展空间的影响。因此，广东及其珠三角地区对区域内资源的吸引能力处于绝对优势地位。

总的来说，从国际地理区位优势上看，我国沿海省市中的辽宁、河北、天津、山东、江苏、上海和浙江要强于福建、广东、广西和海南。但从区域内部区位优势上看，我国沿海省市中的天津、山东、上海、江苏、福建、广东具有一定的地域区位优势。综合国际、国内区位资源因素，天津、山东、上海、广东在发展蓝色经济上地理区位资源优势比较明显。

第九章

我国沿海省市海洋经济发展科技人才竞争力比较研究

近年来，我国海洋经济的健康发展对海洋从业人员的数量与质量提出了更高的要求，其中海洋科技人才是海洋高新技术产业发展不可或缺的重要引擎。进入 21 世纪以来，我国海洋从业人员数量呈现逐年增长的趋势，但海洋科技人才的整体数量和水平仍难以适应我国海洋经济高速发展的迫切需要。与此同时，由于人才的培养周期较长，对市场的反应明显滞后，常常出现市场失灵现象。海洋科技人才培养与供给体系的紊乱，致使海洋科技人才数量大起大落，严重影响相关海洋产业的技术升级和我国海洋战略的实施，我国沿海省（区、市）在海洋人才资源方面的优势也各不相同，不同地区面临着不同领域的海洋人才供给瓶颈，深入研究我国沿海省（区、市）海洋科技人才问题，有利于因地制宜解决我国沿海省市海洋经济发展的海洋科技人才供给问题。

第一节　我国海洋科技及人才基本概况

一、我国海洋科研技术力量结构现状分析

我国海洋科学技术在国家与各部委先后设立海洋领域的重大项目和

国家专项的推动下已初具规模，并形成了一定的科研、教学体系。发展学科交叉渗透进一步深入，并产生了许多边缘和交叉学科，现已形成了较为完整的海洋科学学科体系。近年来，我国海洋人才队伍规模不断壮大，海洋人才资源总量已经初具规模。我国海洋人才遍及全国 20 多个涉海行业部门以及 260 多家科研院所和高校，一大批海洋科技工作者先后被授予"国家级有突出贡献专家"和"全国五一劳动奖章"获得者等荣誉称号。大量海洋人才聚集在海洋教育业、海洋服务业、海洋交通运输业、海洋工程建筑业等领域，海洋人才在科技进步和经济社会发展中的推动作用显著增强，在开展重大科研项目攻关和重点工程建设方面取得了骄人成绩，为我国海洋事业发展做出了重要贡献。同时，我国海洋人才发展环境正在逐步优化。随着国家人才强国战略的实施，各涉海机构努力从基础教育、体制创新、科学研究、公共服务等多方面营造良好的人才成长环境，设立涉海人才专项工程，培养了大批海洋人才。我国海洋科研机构 130 多所，拥有海洋科考、调查船近百艘，年均承担国家级科研项目百余项。近年来，国家对海洋科研教育投入不断加大，特别是海洋重大专项、重大工程和科技兴海计划的实施，为培养造就优秀海洋人才和海洋科研团队提供了广阔的发展平台。

据海洋科研有关统计研究情况来看，中国海洋科研目前已经涉及海洋基础科学研究、海洋自然科学研究、海洋社会科学研究、海洋农业科学研究、海洋生物医药研究、海洋工程技术研究、海洋化学工程技术研究、海洋交通运输工程技术研究、海洋能源技术开发研究、海洋环境工程技术研究、河口水利工程技术研究、其他海洋工程技术研究、海洋信息技术服务业研究（表 9-1）。截至 2012 年，海洋科研已经涉及 13 大领域，机构 135 个，科研人员队伍近 2 万人。其中专业技术人才 15 665 人。在这 135 个科研机构中，基础学科研究机构 94 个，所占比例 69.6%，应用学科研究机构占 30%（图 9-1）；在科研人员结构上，基础科研人员 14 552 人，所占比例 92.8%。应用学科研究人员仅有 7%（图 9-2）。在科研创新能力上，我们用海洋科研专利技术作为衡量指标，从表 9-2 可以看出，中国的海洋科研专利技术一共 1 781 项，其中海洋基础领域有 1 690 项，海洋农业领域 238 项，海洋工程技术领域 91 项，海洋化学工程技术领域 60 项，海洋能源专利技术 12 项。在科研成果项目上（表 9-3），科研成果总的项目是 8 327 项，其中基础研究项目 2 087 项，应用研究 2 623 项，试验发展 1 420 项，科技服务项目 1 506 项，成果转化应用项目 691 项。随着研究的手段和水平的不断提高，在物理海洋学、海洋生物学、海洋地质与地球物理学、海洋化学等海洋科学的基础研究方面有了长足的发展，有些领域的研究已达到国际先进水平，个别领域处于世界领先地位。如海浪谱和数值预报、陆架环流理论、海浪和潮汐潮流的预报、风暴潮数值预报模型、海冰数值预报、海洋生物工程技术、人工养殖海带及对虾增殖、扇贝引种驯化、藻类蛋白提取技术、古海洋学、海洋沉积学等方面的研究皆处于国际研究的前沿。现在，我国海洋科学的研究区域也从以前的以近海为主，逐步地向深海大洋和极地海域扩展。研究的内容也紧紧围绕着资源、环境和气候等这些当今世界的热点问题而展开。在物理海洋学、海洋生物工程技术、海洋地质学等领域具有较高的研究水平，属我国海洋科学技术的优先领域，并在世界同类研究中也有明显的独到之处和鲜明特色。我国海洋科学的研究水平虽然高于大多数发展中国家，但与世界发达国家相比还有相当大的差距。

从对海洋科研技术领域的综合研究发现，海洋科研主要力量聚集在海洋科学基础领域，其次才是海洋农业和海洋传统工程技术领域。对于海洋能源、海洋生物、海洋深海工程技术（其他海洋工程技术）、海洋信息技术、海洋环境技术等具有前瞻性的领域，其技术力量很薄弱。另外，科技创新能力不强，成果转化率低。这对我国未来海洋高新产业领域发展留下了缺少产业技术人才资源的隐患。

表 9-1 海洋各领域科研机构人员情况

科研领域	机构个数 / 个	从业人员 / 人
合计	135	37 687
海洋基础科学研究	94	14 552
海洋自然科学研究	54	10 807
海洋社会科学研究	3	625
海洋农业科学研究	34	2 894
海洋生物医药研究	3	226
海洋工程技术研究	33	3 997
海洋化学工程技术研究	7	770
海洋交通运输工程技术研究	9	1 725
海洋能源技术开发研究	1	186
海洋环境工程技术研究	11	845
河口水利工程技术研究	3	276
其他海洋工程技术研究	2	195
海洋信息技术服务业研究	8	589

表 9-2 海洋各领域科研机构科技专利情况

领 域	专利申请受理 / 项	发明专利 / 项	专利授权数 / 项	发明专利 / 项	拥有发明专利总数 / 项
合计	869	672	441	301	1 781
海洋基础科学研究	791	623	389	282	1 690
海洋自然科学研究	622	509	332	254	1 442
海洋社会科学研究	0	0	0	0	0
海洋农业科学研究	169	114	57	28	238

续表

领　域	专利申请受理/项	发明专利/项	专利授权数/项	发明专利/项	拥有发明专利总数/项
海洋生物医药研究	0	0	0	0	10
海洋工程技术研究	78	49	52	19	91
海洋化学工程技术研究	23	22	13	12	60
海洋交通运输工程技术研究	19	7	12	3	9
海洋能源技术开发研究	21	10	21	2	12
海洋环境工程技术研究	14	9	5	1	8
河口水利工程技术研究	1	1	1	1	2
其他海洋工程技术研究	0	0	0	0	0
海洋信息技术服务业研究	0	0	0	0	0

表 9-3　海洋科研各领域成果项目分布情况

行　业	合计/项	基础研究/项	应用研究/项	试验发展/项	成果应用/项	科技服务/项
合　计	8 327	2 087	2 623	1 420	691	1 506
海洋基础科学研究	7 420	2 084	2 587	1 191	577	981
海洋自然科学研究	6 289	1 988	2 323	836	400	742
海洋社会科学研究	31	0	15	7	0	9
海洋农业科学研究	1 076	96	245	341	167	227
海洋生物医药研究	24	0	4	7	10	3
海洋工程技术研究	875	3	36	223	114	499
海洋化学工程技术研究	74	3	15	39	17	0
海洋交通运输工程技术研究	536	0	16	91	73	356

行　业	合计 / 项	基础研究 / 项	应用研究 / 项	试验发展 / 项	成果应用 / 项	科技服务 / 项
海洋能源技术开发研究	24	0	0	24	0	0
海洋环境工程技术研究	192	0	4	56	19	113
河口水利工程技术研究	27	0	1	13	5	8
其他海洋工程技术研究	22	0	0	0	0	22
海洋信息技术服务业研究	32	0	0	6	0	26

二、我国海洋科研技术人才结构情况现状分析

截至 2012 年，在中国海洋科研人才队伍中，在学历上，其中具有研究生学历的 5 876 人，具有博士学位的 2 444 人。按高学历人才所在的不同研究领域划分，人才主要集中在海洋基础科学、海洋农业科学、海洋工程技术、海洋交通运输和海洋环境工程领域。高学历人才分布比较少的是海洋生物医药科学、海洋能源开发技术、海洋特殊工程技术和海洋信息技术；具有本科学历的 2 204 人，在不同领域的分布情况与高学历人才的分布情况差不多（表 9-4）。

表 9-4　海洋各科研领域从事科技活动人员学历构成情况

行　业	从事科技活动人员 / 人	研究生 / 人	博士生 / 人	大学生 / 人	大专生 / 人	其他 / 人
合　计	15 665	5 876	2 444	5 869	2 204	1 716
海洋基础科学研究	12 013	4 911	2 327	4 007	1 710	1 385
海洋自然科学研究	9 057	4 166	2 148	2 746	1 167	978
海洋社会科学研究	566	155	25	264	116	31
海洋农业科学研究	2 179	532	149	911	389	347
海洋生物医药研究	211	58	5	86	38	29

行　业	从事科技活动人员 / 人	研究生 / 人	博士生 / 人	大学生 / 人	大专生 / 人	其他 / 人
海洋工程技术研究	3 185	884	112	1 602	413	286
海洋化学工程技术研究	509	134	18	248	75	52
海洋交通运输工程技术研究	1 378	379	37	703	170	126
海洋能源技术开发研究	139	25	4	71	17	26
海洋环境工程技术研究	760	204	27	421	91	44
河口水利工程技术研究	223	85	21	75	34	29
其他海洋工程技术研究	176	57	5	84	26	9
海洋信息技术服务业研究	467	81	5	260	81	45

按科研业务水平划分，具有高级职称的 5 949 人，中级职称的 4 761 人，初级职称的 3 273 人。在不同科研领域的分布上，海洋基础科学、海洋工程技术、海洋农业科学、海洋交通运输聚集了比较多的高端人才，海洋环境科学技术人才也有一定的优势。中、低水平的科技人才在不同科研领域的分布和高端人才分布情况差不多（表9-5）。总的来说，我国海洋科研技术人才结构存在海洋科技高端人才不足；海洋科技人才在学历和专业水平等领域的结构分布很不均衡，其中基础性科研领域的人才太集中，而应用领域、新兴领域的科研人才比较欠缺。

表9-5　海洋各领域科研机构从事科技活动人员专业技术水平构成情况

领　域	从事科技活动人员 / 人	高级职称 / 人	中级职称 / 人	初级职称 / 人	其他 / 人
合　计	15 665	5 949	4 761	3 273	1 682
海洋基础科学研究	12 013	4 788	3 624	2 330	1 271
海洋自然科学研究	9 057	3 870	2 713	1 590	884

续表

领 域	从事科技活动人员/人	高级职称/人	中级职称/人	初级职称/人	其他/人
海洋社会科学研究	566	169	144	152	101
海洋农业科学研究	2 179	701	688	516	274
海洋生物医药研究	211	48	79	72	12
海洋工程技术研究	3 185	1 053	976	785	371
海洋化学工程技术研究	509	177	136	123	73
海洋交通运输工程技术研究	1 378	447	364	419	148
海洋能源技术开发研究	139	43	48	27	21
海洋环境工程技术研究	760	223	328	166	43
河口水利工程技术研究	223	85	64	30	44
其他海洋工程技术研究	176	78	36	20	42
海洋信息技术服务业研究	467	108	161	158	40

三、我国海洋科研技术人才资源后备培养能力现状分析

经过多年的发展，我国海洋科技人培养体系逐步建立。截至2012年，其中高端人才培养能力（硕士研究生和博士研究生）：博士全国有67个专业点，涉及10大领域（表9-6），其主要力量集中在海洋生物学、港口海岸及近海工程、船舶与海洋结构物制造、轮机工程、水声工程，其中力量比较少的是船舶与海洋工程新专业、海洋科学类新专业、海洋化学和物理海洋学；硕士138个专业点（表9-7），其主要力量集中在物理海洋、海洋生物学、港口海岸及近海工程、船舶与海洋结构物制造、轮机工程、水声工程和海洋地质，其中力量比较少的是船舶与海洋工程新专业、海洋科学类新专业。

表9-6　全国各海洋专业博士研究生情况

专　业	专业点／个	学生人数／人			
		毕业生	招生	在校生	毕业班学生
合　计	67	395	470	2 025	936
物理海洋学	5	39	31	174	108
海洋化学	4	25	33	115	57
海洋生物学	9	106	81	310	160
海洋地质学	8	40	52	214	114
海洋科学类新专业	4	50	79	255	121
港口海岸及近海工程	10	54	54	243	90
船舶与海洋结构物设计制造	10	50	72	354	152
轮机工程	9	19	34	199	54
水声工程	6	12	30	148	67
船舶与海洋工程新专业	2	0	4	13	3

表9-7　全国各海洋专业硕士研究生情况

专　业	专业点／个	学生人数／人			
		毕业生	招生	在校生	毕业班学生
合　计	138	1 424	2 019	5 214	1 470
物理海洋学	11	80	112	309	97
海洋化学	14	84	130	333	95
海洋生物学	26	182	363	891	200
海洋地质学	15	123	122	352	104
海洋科学类新专业	3	12	62	127	13
港口海岸及近海工程	22	229	330	838	232

专 业	专业点/个	学生人数/人			
		毕业生	招生	在校生	毕业班学生
船舶与海洋结构物设计制造	18	319	429	1 112	308
轮机工程	14	262	285	721	243
水声工程	11	107	153	454	159
船舶与海洋工程新专业	4	26	33	77	19

中低端人才培养能力（本、专科人才培养）：本、专科人才培养涉及18个专业，有286个专业点（表9-8）。其主要力量集中在水产养殖、轮机工程、航海技术、港口航道与海岸工程、船舶与海洋工程、海洋科学、海洋技术。其中力量比较少的是军事海洋学、海洋科学类新专业、港口海岸及治河工程、水资源与海洋工程。

表9-8　全国普通高等教育各海洋专业本、专科学生情况

专 业	专业点/个	学生人数/人			
		毕业生	招生	在校生	毕业班学生
合　计	286	17 757	25 471	80 784	20 038
海洋科学	19	515	726	2 476	476
海洋技术	15	366	524	1 830	419
海洋管理	3	46	102	223	45
军事海洋学	1	8	—	1	1
海洋生物资源与环境	3	33	117	379	61
海洋科学类新专业	1	—	65	149	—
港口海岸及治河工程	1	46	—	99	50
港口航道与海岸工程	23	938	1 504	4 878	1 108
水资源与海洋工程	1	33	—	84	33

专 业	专业点 / 个	学生人数 / 人			
		毕业生	招生	在校生	毕业班学生
航海技术	36	4 398	6 438	19 532	5 312
轮机工程	51	5 310	8 220	24 926	6 458
海事管理	11	444	584	1 961	473
船舶与海洋工程	22	1 688	2 729	9 352	1 877
海洋工程类新专业	2	—	137	137	—
水产养殖学	75	3 180	3 599	12 348	3 102
海洋渔业科学与技术	14	371	391	1 408	379
水族科学与技术	3	182	228	745	206
水产类新专业	5	199	107	256	38

海洋职业技术人才培养能力（成人教育和中等教育）：成人教育和中等教育人才培养涉及22个专业，406个专业点（表9-9，9-10）。其主要力量集中在航海技术、船舶与海洋工程、轮机工程、水产养殖、船体建造与修理、船舶驾驶、轮机管理、船舶水手与机工和船舶机械装置。

表9-9　全国成人高等教育各海洋专业学生情况

专 业	专业点 / 个	学生人数 / 人			
		毕业生	招生	在校生	毕业班学生
合　计	113	4 161	8 991	25 552	5 485
海洋科学	1	—	14	48	—
海洋科学类新专业	1	1	—	—	—
港口海岸及治河工程	1	—	22	88	42
港口航道与海岸工程	5	80	40	189	36
航海技术	28	1 289	3 596	10 740	2 393

专　　业	专业点/个	学生人数/人			
		毕业生	招生	在校生	毕业班学生
轮机工程	30	1 586	2 857	9 170	1 848
海事管理	6	104	108	366	121
船舶与海洋工程	16	530	1 712	2 977	495
海洋工程类新专业	2	114	201	303	16
水产养殖学	17	353	385	1 394	475
海洋渔业科学与技术	2	40	31	187	31
水产类新专业	4	64	25	90	28

表 9-10　全国中等教育各海洋专业学生情况

专　　业	专业点/个	学生人数/人			
		毕业生	招生	在校生	毕业班学生
合　计	293	9 572	27 385	52 842	14 935
水产养殖	49	1 437	2 694	6 466	1 872
航海捕捞	7	352	161	950	334
水文与水资源	1	19	—	—	—
船体建造与修理	42	1 235	3 668	7 182	1 648
船舶机械装置	17	316	774	1 783	525
船舶驾驶	78	2 905	9 950	17 952	5 064
轮机管理	52	1 573	7 816	12 883	3 383
船舶水手与机工	35	1 417	1 421	3 693	1 491
外轮理货	5	289	490	1 051	231
工程潜水	4	29	36	106	70
船舶电子设备	3	—	375	776	317

从我国海洋科技领域结构、人才结构和海洋科技创新等方面研究分析，发现以下问题：我国对海洋科学的基础研究和应用研究重视程度不够；海洋科学的基础工作相对薄弱，缺乏海上调查、监测的基础资料和长期的断面连续观测；海洋科学技术研究的技术装备落后，影响海洋资料的获取；海洋科学考察船老化现象严重，且装备较落后；海洋科学调查、分析、测试等手段落后；海洋科技经费投入不足；海洋科研队伍人才结构不合理，人才储备低，总体水平不高，学科影响力小；海洋信息系统基础薄弱，信息化网络化程度低，信息交流渠道不畅；海洋研究设备、海洋监测调查资料等的共享程度不够；海洋科技成果的转化和产品开发程度不够；海洋科学技术的现代化管理程度不高。

第二节
我国沿海省市科技创新基础及科技创新
竞争力比较分析

一、我国沿海省市海洋科研技术力量结构分析情况

（一）我国沿海省市海洋科研规模比较分析

为了了解我国沿海省（区、市）海洋科研队伍的实际规模，我们以每个地区的海洋科研机构数量和海洋科研从业人员数量这两个指标作为研究对象，分析国家海洋局对我国沿海省（区、市）海洋科研统计指标情况。在全国 13 大海洋科研领域的 135 个科研机构中，科研机构数量位居前三位的是广东省、山东省和浙江省，其中广东 23 个，山东 20 个，浙江 17 个。但从海洋科研领域从业人员指标来看，位居前三位的是北京

市、山东省和上海市，其中北京市 3 335 人，山东省 3 169 人，上海市
2 704 人（表 9-11）。从国家海洋局对我国沿海科研统计指标来看，广
东省和浙江省的科研机构数量比北京、天津、上海有优势，但是大型的
科研机构不多。其中北京科研机构 11 家，人数 3 335 人，天津 11 家，人
数 2 422 人。单独来看，山东的海洋科研规模具有一定的优势，紧排在北
京之后。但是如果考虑到京津一体化，京津地区在我国沿海省（区、市）
海洋科研领域占有绝对的优势。如果江、浙、沪实行组团发展，其规模
实力也超过山东。因此山东省海洋科研未来发展必须要有一个大的举措，
否则山东海洋科技及其产业的发展必将面临巨大的挑战。

表 9-11　2012 年我国沿海省市海洋科研机构及科研人员情况

地　区	机构数 / 个	从业人员 / 人
合计	135	19 138
北京	11	3 335
天津	11	2 422
河北	4	421
辽宁	8	623
上海	12	2 709
江苏	8	1 373
浙江	17	1 075
福建	10	714
山东	20	3 169
广东	23	2 253
广西	6	158
海南	3	184
其他	2	702

（二）我国沿海省市海洋科技创新能力比较分析

为了了解我国沿海省（区、市）海洋科研创新能力，我们以每个地区在海洋科技领域所拥有的发明专利权数和单年度专利权数两个指标作为研究对象。从国家海洋局对我国沿海省（区、市）海洋科研的统计情况来看。拥有发明专利权总数排前三位的是北京市、广东省、山东省，其中北京市 571 项、广东 367 项、山东 333 项；从 2008 年单年度的专利授权数来看，排前三位的是北京市，上海市、山东省，其中北京市 122 项、上海市 93 项，山东省 75 项。从最近几年我国沿海省（区、市）海洋科技单年度的专利授权数来看，北京、上海、广东、江苏的增长比较明显。再考虑到京津一体化合作及江、浙、沪组团的发展趋势。山东地区的海洋科技创新能力处于一种很不利的发展格局。

表 9-12　2012 年山东及沿海地区海洋科研机构科技专利情况

地　区	专利申请受理 / 项	发明专利 / 项	专利授权数 / 项	发明专利 / 项	拥有发明专利总数 / 项
合计	869	672	441	301	1 781
北京	241	219	122	102	571
天津	44	24	43	12	60
河北	0	0	0	0	0
辽宁	4	1	1	1	2
上海	180	142	93	69	324
江苏	35	24	11	2	46
浙江	27	13	18	5	19
福建	7	5	1	1	13
山东	160	126	75	54	333
广东	160	113	65	47	367

地 区	专利申请受理/项	发明专利/项	专利授权数/项	发明专利/项	拥有发明专利总数/项
广西	0	0	0	0	0
海南	2	2	1	1	1
其他	9	3	11	7	45

（三）我国沿海省市海洋科研技术人才学历结构情况分析

为了了解我国沿海省（区、市）海洋科研技术人才学历结构情况，我们以每个地区海洋科研技术人才中博士研究生、硕士研究生、本科生和大专生的数量四个指标作为研究对象。从国家海洋局对我国沿海省（区、市）海洋科研的统计情况来看，博士研究生数量排名前三位的是北京市、广东省、山东省，其中北京 932 人、广东 390 人、山东 380 人；硕士研究生数量排名前三位的是北京市、山东省、上海市，其中北京市 1 559 人、山东省 907 人、上海市 795 人；本科生和大专生数量排名前三位的是天津市、上海市、山东省。从统计分析可以看出，我国海洋科技领域高学历人才主要集中在京津、长三角和山东省。中等学历人才主要集中在山东、长三角和广东省。京津地区有明显的优势。

表 9-13　2012 年我国沿海地区海洋科研机构及科研人员学历构成情况

地 区	从事科技活动人员/人	研究生/人	博士生/人	大学生/人	大专生/人	其他/人
合计	15 665	5 876	2 444	5 869	2 204	1 716
北京	2 727	1 559	932	725	320	123
天津	1 762	437	58	915	209	201
河北	384	95	12	208	58	23
辽宁	548	120	27	295	91	42
上海	2 269	795	249	915	367	192

地 区	从事科技活动人员 / 人	研究生 / 人	博士生 / 人	大学生 / 人	大专生 / 人	其他 / 人
江苏	1 260	426	171	393	188	253
浙江	922	228	64	429	137	128
福建	664	217	3	267	76	104
山东	2 477	907	380	824	422	324
广东	1 869	786	390	615	237	231
广西	120	6	0	73	31	10
海南	147	22	2	63	17	45
其他	516	278	156	147	51	40

（四）我国沿海省市海洋科研人员科研业务水平构成比较分析

为了了解我国沿海省（区、市）海洋科研人员科研业务水平情况，我们以每个地区海洋科研技术人员中高级职称人员数量作为研究对象。从国家海洋局对我国沿海省（区、市）海洋科研的统计情况来看，海洋科研人员高级职称人数排前 5 位的是北京市、山东省、上海市、广东省、天津市。其中北京市 1 332 人、山东省 891 人、上海市 783 人、广东省 665、天津市 593 人。如果考虑到长三角一体化的发展模式，其高级专业技术人才强于山东。

表 9-14　2012 年我国沿海省市沿海地区海洋科研机构及科研人员专业水平构成情况

地　区	专业技术人员 / 人	高级职称 / 人	中级职称 / 人	初级职称 / 人	其他 / 人
合计	15 665	5 949	4 761	3 273	1 682
北京	2 727	1 332	913	381	101
天津	1 762	593	473	495	201

地　区	专业技术人员/人	高级职称/人	中级职称/人	初级职称/人	其他/人
河北	384	137	88	85	74
辽宁	548	184	153	144	67
上海	2 269	783	674	592	220
江苏	1 260	580	333	141	206
浙江	922	325	274	184	139
福建	664	199	169	190	106
山东	2 477	891	797	511	278
广东	1 869	665	596	383	225
广西	120	18	57	32	13
海南	147	8	29	62	48
其他	516	234	205	73	4

（五）我国沿海省市海洋科研技术人才培养能力分析

为了了解我国沿海省（区、市）海洋科研技术人才培养能力情况，我们以每个地区海洋科研技术人才培养的各级人才培养人数、所在专业领域个数、培养人数规模三个指标为研究对象。从国家海洋局对我国沿海省（区、市）海洋科研的统计情况来看，山东海洋高端人才培养（博士研究生）有12个专业培养点（全国67个），每年毕业生200多人，招生200多人，在校生700多人，在全国处于第一位。紧随其后的是上海、广东和江苏（表9-15）；山东海洋中高端人才培养（硕士研究生）有21个专业培养点（全国138个），每年毕业生240多人，招生300多人，在校生800多人，在全国处于第一位。紧随其后的是上海、浙江和辽宁（表9-16）；山东海洋中低端人才培养（本、专科学生）有41个专业培养点（全国286个），每年毕业生2 500多人，招生4 000多人，在校生 11 000 多人，在全国处于第一位。紧随其后的是江苏、辽宁、福建、广东、上海和浙江（表 9-17）；山东海洋职业技术人才培养（成人教育和中等教育）有 53 个专业培养点（全国 406 个），每年毕业生 2 000 多人，招生 8 000 多人，在校生 12 000 多人，在全国处于第一位。紧随其后的是福建、江苏和辽宁（表 9-18）。从研究指标的统计分析来看，山东省在海洋科技人才培养上处于绝对优势地位，可以说是中国海洋科技人才的孵化器。

表 9-15　2012 年我国沿海省市海洋专业博士研究生情况

地　区	专业点 / 个	学生人数 / 人			
		毕业生	招　生	在校生	毕业班学生
合计	67	395	470	2 025	936
北京	2	2	8	19	5
天津	2	4	10	34	12
河北	—	—	—	—	—
辽宁	4	27	37	257	35
上海	9	30	43	158	73
江苏	6	26	19	117	63
浙江	2	3	4	9	—
福建	5	9	23	90	49
山东	12	204	193	778	436
广东	7	46	46	166	71
广西	—	—	—	—	—
海南	—	—	—	—	—
其他	18	44	87	397	192

表9-16 2012年我国沿海省市海洋专业硕士研究生情况

地 区	专业点/个	学生人数/人			
		毕业生	招生	在校生	毕业班学生
合计	138	1 424	2 019	5 214	1 470
北京	9	37	47	121	33
天津	4	54	77	161	5
河北	—	—	—	—	—
辽宁	11	234	247	624	227
上海	20	137	204	491	150
江苏	8	122	179	499	146
浙江	13	68	119	294	77
福建	9	56	98	263	68
山东	21	241	321	868	235
广东	11	53	129	280	63
广西	—	—	6	10	—
海南	1	—	—	—	—
其他	31	422	592	1 603	466

表9-17 2012年山东及沿海地区普通高等教育各海洋专业本、专科学生情况

地 区	专业点/个	学生人数/人			
		毕业生	招生	在校生	毕业班学生
合计	286	17 757	25 471	80 784	20 038
北京	2	52	98	318	57
天津	15	565	1 600	4 515	971
河北	13	463	590	1 657	471

地 区	专业点/个	学生人数/人			
		毕业生	招生	在校生	毕业班学生
辽宁	20	1 547	2 121	7 928	1 792
上海	18	1 220	1 791	5 355	1 295
江苏	28	2 527	3 771	11 382	2 751
浙江	24	976	1 168	5 006	1 478
福建	16	1 477	1 704	6 237	1 787
山东	41	2 559	4 051	11 597	2 677
广东	20	1 261	1 370	3 874	969
广西	5	37	278	662	78
海南	2	50	114	363	67
其他	82	5 023	6 815	21 890	5 645

表 9-18　2012 年山东及沿海地区海洋专业成人高等教育和中等教育学生情况

地 区	专业点/个	学生人数/人			
		毕业生	招生	在校生	毕业班学生
合计	406	13 733	36 376	78 394	20 420
北京	1	9	0	0	0
天津	18	909	1 279	3 293	1 398
河北	15	192	1 068	1 590	537
辽宁	34	982	3 801	9 414	2 645
上海	22	918	1 108	3 583	1 054
江苏	47	1 349	3 838	8 338	2 237
浙江	26	1 706	3 279	9 634	1 090

续表

地 区	专业点 / 个	学生人数 / 人			
		毕业生	招生	在校生	毕业班学生
福建	50	1 498	4 534	9 529	2 788
山东	53	2 041	8 349	12 404	2 791
广东	22	621	1 005	3 079	868
广西	10	388	503	1 068	339
海南	3	21	85	154	35
内陆地区	105	195	7 527	16 308	4 639

第十章

我国沿海省市海洋文化新质生产力比较研究

中国沿海在行政区域划分上共有八省两市一区。在文化构成上，它们形成了各自具有鲜明特质的文化板块，有关外文化板块、燕赵文化板块、齐鲁文化板块、吴越文化板块、闽南文化板块和岭南文化板块六大板块。其中，关外文化板块主要是辽宁省；燕赵文化板块主要包括河北、天津；齐鲁文化板块主要包括山东和江苏北部地区；吴越文化板块主要包括江苏、上海、浙江地区；闽南文化板块主要包括福建沿海、台湾省、浙江西南地区、广东潮汕和雷州半岛以及海南省等广大地区；岭南文化板块主要包括广东珠三角地区。这六大文化板块各有特色，相对独立又彼此渗透。

第一节　我国沿海省市地方人文概况及特点

一、关外文化概况及特点

关外文化是对山海关以东的东北三省文化的统称。关外文化是一个多民族文化融合体，在时代的变迁中，关外文化又打下了深深的时代的烙印，民族性和时代性构成了关外文化两大明显的特质。①辽宁是关外

---

① 叶立群. 论辽海文化的多元性特征——兼论辽宁人文化性格的形成［J］. 辽宁经济管理干部学院学报，2008（4）：3.

文化中唯一的沿海省份，辽宁省是一个多民族省份，共有 44 个民族，除汉族外，还有满、蒙古、回、朝鲜、锡伯等 43 个民族。少数民族人口 655 万人，占全省的 16%，其中超过万人的少数民族有满、蒙古、回、朝鲜、锡伯 5 个民族，壮、苗、土家、达斡尔、彝族等民族人数也居多。由于各民族在地区上聚居的情况不同，形成了汉族与各少数民族在地域上的大杂居和少数民族的小聚居的特点。辽宁省历史悠久，古文化源远流长。约在 7 000 年前，辽宁地区开始进入新石器时代，沈阳新乐遗址和出土的大量器物，显示了辽宁在原始社会末期的繁荣景象。朝阳牛河梁红山文化遗址，距今 5 000~5 500 年，从出土的祭坛、积石冢、神庙和女神彩塑头像、玉雕猪龙、彩陶等重要文物得出，这里存在一个初具国家雏形的原始文明社会，标志着辽宁地区是中华民族文明的起源地之一。辽宁省是满族在东北三省最多的省份，满人的服饰颇具北方游猎骑射民族的特点。长期以来，满族人从事农业，兼狩猎、采集等多种经营。

（一）多民族的聚合与融合文化

辽宁和祖国其他各地一样，也是多民族聚集区，生活在这里的原始民族除了占绝大多数的汉族之外，还有许多少数民族，按历史先后划分，它们是肃慎族、古朝鲜族、秽貊族、扶余族、高句丽族、东胡族、鲜卑族、乌桓族、室韦族、蒙古族、株辐族、渤海族、契丹族、奚族、女真族、满族等。这些民族都是土生土长于东北或在一定历史时期内活跃于东北历史舞台上的民族。他们和汉族一样，既是东北历史文化的创造者，也是东北历史的主人。金毓黻先生在其经典著作《东北通史》一书中提出了东北民族四大族系的民族源流研究体系。他说："古代之东北民族，大别之为四系。一曰汉族，居于南部，自中国内地移殖者也；二曰肃慎族，居于北部之东；三曰扶余族，居于北部之中；四曰东胡族，居于北部之西。"他所创建的东北古代民族四大族系的研究体系，时隔 70 年仍是我们研究和探讨东北古代民族史源流的重要基础。[①] 东北古代民族是构成中国历史和汉族、满族、达斡尔族、锡伯族、蒙古族及其他现代民族的重要因素。历史上，曾有过鲜卑族、高句丽族、株辐族、契丹族、女真族、蒙古族、满族，它们先后以东北为基地建立民族地方政权，有的以后又入主中原，建立了北魏、辽、金、元、清等封建王朝，统辖大半或整个中国，形成了中国多民族历史链条上不可缺断的重要环节。

民俗是民族文化的载体，是认识一个民族及其民族文化的钥匙。东北民俗由东北四大族系的民族习俗共同构成，其中包括肃慎系及其终结民族——满族以渔猎生活为主要特点的满族习俗；东北地区原有的汉族及以各种方式进入东北地区的汉族所代表的以农耕生活为主要特点的汉族习俗；东胡系民族及其终结民族——蒙古族以游牧生活为特征的蒙古族习俗；秽貊系民族及其终结民族——朝鲜族的民俗，其影响至今深深地留在东北民俗文化之中。东北民俗对东北人性格的形成具有深远影响。东北民俗文化以少数民族的民俗和汉族民俗的融合为主要特征。作为肃慎系终结民族，满族的习俗被东北地区广为接受，与汉族的习俗进行了有机交融，构成现代东北民俗文化的主流。多民族文化的聚合与融合有两个方面：一方面是土著民族之间的聚合与融合，另一方面是汉族和土著民族的聚合与融合。辽宁的土著民族大体产生于相同的渔猎文化圈、牧猎文化圈或半渔猎半农耕文化圈，强悍尚武、勇猛剽悍，"其人大疆（强）、勇而谨厚"。土著民族间的交流融合，是同质文化和同阶文化间的交融，这种交融带来的结果是使各民族原有的同构文化特质更加强化，并更深地沉淀在民族文化内涵中。近年来众多考古发现，东北特别是辽宁地区，是汉文化发源地之一。在汉族形成之前，其先人已成为东北社会的重要力量。在汉族文化与辽宁土著民族文化特别是满族文化的交融中，它们的兼容性得到极大的强化。在东北基本上每个民族都有本

---

① 牟岱.北方游牧历史文化对辽宁文化力的影响［J］.社会科学辑刊，2009（6）：4.

民族的特色文化，如扶余文化、高句丽文化、渤海文化、契丹文化、女真文化、蒙古文化、满族文化。"高句丽文化"在现今吉林省集安地区留有大量高句丽文化遗址；"渤海文化"是由聚居在今黑龙江省的靺鞨人创造的。满族在多方面确已改变了中国传统的习俗与典制，直到今天，我们仍然能感受到满族文化的深刻影响。

（二）不同时代经济类型文化的流变

辽宁古代民族在推进中国历史进步的同时，由于自然、地理条件等诸多因素的影响，创造了独具特色、多姿多彩的民族文化，其中既有草原民族文化，又有传统的农耕文化和游牧、渔猎、农耕为一体的复合型文化。这些文化在与中原农业文化交流、碰撞、融合中丰富和发展了中华民族文化，正是这种民族间文化的交流渗透与影响，促进了民族的融合。如果按民族的生产与生活方式划分，基本可以分为四种经济类型文化，即农耕文化，游牧（草原）文化，渔猎文化，以及耕牧或耕猎混合型文化。辽宁的经济文化类型也具有鲜明的特色：历史上多种经济类型并存，相对独立，不断渗透，互相影响。农耕经济、游牧经济、渔猎经济三大经济类型无一缺失，且非常典型。[①]

一般认为，东北经济发展呈现三个发展阶段，即自然经济阶段（1861年以前）、资源开发阶段（1861—1962年）和由资源开发向工业发展过渡阶段（1962年以后）。1861年以前，由于清廷长期严厉的封禁政策，相对关内而言，东北经济区域基本上处于原始的自然发展状态，没有工业、商业，农业和牧业也处于低水平发展状态。1861年营口（牛庄）开港后，带动了半殖民地性的农业迅速发展，促进了大豆、豆油、豆饼、人参等的大量出口。

1877年是东北地区的转折年，此后东北的经济、文化进入急速的转折时期。从1877年开禁放垦到1945年东北光复，是帝国主义对东北地

---

① 张永芳.略说辽宁文化的特点［J］.文化学刊，2010（5）：6.

区掠夺性开发阶段。1931 年到 1945 年日本占领东北期间，东北地区自然资源遭到疯狂的掠夺与破坏。

新中国成立后，在东北基本建成了我国工业化建设的重工业基地，东北的钢铁、粮食、原油、木材、煤炭、基本化工原料和重型机械设备源源不断地运往关内各地，东北成为全国名副其实的能源材料基地、粮食基地、工业装备基地和产业工人的培训基地。东北地区在矿产资源、工业、农业、林业、交通、文化、城市化以及生活水平等方面都位居全国前列，一度成为除上海、北京外全国最发达的地区，为新中国的经济建设与社会发展起到了积极的推动作用。但自 1962 年以来，由于中苏关系恶化和地缘关系的变化，国家把"大三线"建设作为投资重点，对东北地区投资比重逐渐减少，工业设备长期得不到更新改造，而国家需要东北提供的原料与物资有增无减，以致形成积重难返的新旧东北现象。在计划经济下，东北国有企业不仅作为经济主体而存在，更作为负载着各种社会职能的社会组织而存在。经济模式的计划性与行政权力的集中性相互支持，使得东北整个社会生活的整体结构具有极大的稳定性与封闭性。在这种习惯于被支配的文化模式下所形成的依赖性和被动性，制约了人们内在的主动求变的积极性和创造性。文化学理论将文化分为物质文化和精神文化两种形态，二者是不可分的，其中物质文化起着制约精神文化的作用。在物质文化中，一个区域的生活共同体所处的经济类型是其最主要的存在方式，这种经济类型恰恰是精神文化的主导因素。根据存在决定意识这一原理，生活在不同经济类型中的人，必然有着与之相关的思维方式和行为模式，不同的文化类型涵盖着不同的文化性格。因此，辽宁人所积淀的文化性格同样是复杂而多元的。在各经济类型碰撞和交融中，人们的生产方式会发生转换，行为方式也会发生变化，但渗透到深层文化心理的文化性格却很难改变。

（三）多种社会文化类型的融合

自有清以来的 300 多年间，辽宁及东北先后经历了"清代封禁地""日俄争夺地""土匪骚扰地""日伪蹂躏地"，移民文化、殖民文化和当代体制文化等多种社会文化类型的重叠交替，形成了辽宁人文传统的复杂性、矛盾性和多重性。

东北移民分为两个时期，1647—1861 年为第一时期，第一时期内移民的构成大致是流民和流人两种，虽然清初顺治曾有辽东招垦之举，但乾、嘉、道三朝的封禁政策使关内民众很难规范化地流入东北。这一阶段，流民大都是"泛海""闯关"偷渡的人口，而流人则都是被发放而来的犯人。1861—1945 年为第二时期，第二时期特别是咸丰年间，由于外有俄日扰疆之忧、内有太平天国等农民运动之患，清政府开始改变政策，逐渐推行移民实边政策，这时期的移民主要是农业开垦者及少量的手工业者。东北移民这个群体中既缺少富家子弟又缺少书香门第，于是构成东北文化的中原文化板块基本上不是传统的精英文化，而是以传统的民间文化为主，从而使东北文化缺少书香气，而多了些乡野气。此外，还存在一个第三时期，即东北解放以来大量知识分子及熟练技术工人的大量涌进，以及"文革"时期城市知识青年的制度性派遣。这是东北文化模式选择的重要形成时期，并在 20 世纪 50 年代完成了文化模式的选择。

近代以来，日俄两国以各种手段蚕食辽宁。自沙俄和日本相互争夺，到日本在日俄战争后控制辽宁，直至 1945 年日军全面投降，俄日两国先后在辽宁地区实行了近 50 年的殖民统治。"九一八"事变的直接后果是整个东北成为所谓的"满洲国"。事实上，伪满洲国并不是一个独立的国家，伪满政权也不是一个自主的政权。被日本占领沦陷了的东北，真正掌握一切权力的并不是伪满洲国的皇帝和他的大臣们，而是代表日本的政府和军部的兼任日本驻满全权大使的关东军司令官。关于东北殖民地的特征，比较趋于一致的意见可以归纳为以下几点：① 日本的统治采取了虚伪的独立国家的形式，制造了伪满洲国傀儡政权；② 在经济上，东北沦为日本的经济附庸，被纳入日本帝国主义的经济体系支配下；③ 在城市中，日本资本占据垄断地位，掌控了重工业、矿山、电业、化学工业、交通通信业、金融业、进出口业等产业的经济命脉；④ 民族资本所占比重很小，主要限于轻工业和商业且日益丧失独立性；⑤ 农村中依然是封建半封建土地关系占统治地位，原有的封建地主和新生的富农继续盘剥贫雇农，中农阶层日益削弱；⑥ 日伪实行的是统治经济，其经济支柱是特殊会社、准特殊会社制度。"一时的压迫可以产生叛逆，长期的压迫必然制造奴隶。"这些殖民地文化的负面因素，警醒世人。①

1950 年后整个东北成为新中国的重工业基地，大量关内移民迁到该地。东北是老解放区，也是国有企业最集中的地方，在长期计划经济体制下，东北人无论是从思想内容上还是从思维方式上来说，都相对保守。进一步讲，计划经济体制本质上是一种官本位机制，无论是经济本身还是为之服务的经济学都具有这一性质。几十年的计划经济，优点很多，但是对东北产生的负面影响，莫过于对人的价值观的扭曲。在漫长的历史长河中，总体上东北没有出现中原璀璨的典籍文化。但是，这种情形在现代发生了部分的变化。首先是五四新文化和新文学的春风渡过山海关，在近乎文化荒漠的东北大地播撒了新文学的种子。其次是 20 世纪 30 年代，在新文学的余波和关内红色思潮与左翼文学影响下，出现了由萧军、萧红、罗烽、白朗、舒群、金剑啸等人组成的左翼作家群体。东北地区第三次文化与文学的崛起是 20 世纪 50 年代。1945 年抗战胜利不仅结束了屈辱的殖民地历史，也自此迎来了东北文化、文学的复兴与建设。1949 年以后，伴随大规模的东北工业基地建设，也出现了文化教育建设的高潮。这种积淀和风范至今仍存，并依然影响着当代东北的文化现象和生活。

振兴东北老工业基地，发展蓝色海洋产业不仅仅是一个经济行为，

---

① 王询.辽宁工业经济发展的轨迹及反思［J］.东北财经大学学报，2010（4）：6.

更是一个社会发展和文化转型的整体行为。文化的转型既是辽宁省海洋强省建设的核心内容，更是发展的动力。建设现代化海洋强省的本质是作为建设者的人要具现代化的海洋文化观。

二、燕赵文化概况及特点

"燕赵"文化作为一个地域概念，在历史上有广义和狭义两种界定。广义的"燕赵"文化泛指北起阴山南麓，南达黄河，西至太行山，东临渤海，包括今河北、北京、天津、辽宁、内蒙古自治区中南部以及山西北部、山东、河南的部分地区。狭义的"燕赵"文化指今天的河北省，由于今天的河北在战国时分属燕、赵、中山以及魏、齐等国，其中以燕、赵最为著名，所以河北有燕赵之称。天津从1404年设卫建城以来，凭借着河海联运的优势地位，天津迅速崛起为对外商业重镇，在经济逐步走向繁华的同时，天津也形成了独具特色的商埠文化。从天津文化发展的脉络上看，天津文化具有明显的海洋文化所具有的吸纳与包容的特点。

（一）燕赵文化的概况

燕赵文化主要是指以河北地域为依托，渊源于历史上人与自然及其由人们之间相互关系而形成的特定的生活结构体系，即河北大地上形成的物质文化、制度文化、思想观念、生活方式的总称。司马迁在论述燕赵区域内各地的风气时说，种地（今山西灵丘一带）和代地（今河北蔚县）靠近胡人，经常受到侵扰，师旅屡兴，所以那里的人民矜持、慷慨、好气、任侠为奸。在血缘和文化上，这里胡汉杂糅，从春秋晋国时起就已忧患其剽悍难制，中间又经过赵武灵王的胡化变革，风气更加浓烈。中山土地狭小，人口众多，人民性情卞急，拦路锤杀剽掠，或者盗掘坟墓。男子相聚在一起悲歌，辞气慷慨。燕地（蓟城）距离内地遥远，人口稀少，经常受到胡人侵扰，风俗也和代、中山相类似，人民雕悍少虑。北朝人颜之推在《颜氏家训》中说到，别离同是南北方人所看重的，但是南方人在告别时总要执手哭泣，双眼温润。而北方人则不屑于此，临行道别，即使心中有很多感慨，也要欢笑分手，双目明亮无泪。这件小事说明了北方人刚强和南方人柔弱的差别。南北朝时北方人和江南人的情形相比，正如此类。燕赵地区的人们擅长骑射，惯见刀兵。与南方相比，江南地区经济发达，人们生活自如、达观，甚多温情，结果也导致了南方的奢侈和文弱。燕赵地区这里的民俗古朴厚重，更近于古。宋人吴曾说："我看南北方的风俗，大抵北胜于南。"北方人更看重亲族关系，《南史》中说："北土重同姓，谓之骨肉，有远来相投者，莫不竭力赡助。"北方人不拘泥礼节，不轻贱妇女，北朝时北方人夫妻之间你我相称，许多人家专以妇女主持门户。而江南妇女地位卑下，丈夫乘车衣锦，妻子却不免于饥寒。南北方的这一差别甚至从人名上也可以反映出来。先秦两汉古人称谓都直呼其名，到南朝时南方人则往往各取别号雅号。先秦两汉人名多用贱字，到南朝时南方人崇尚机巧，取名多用好字。而北方人性情纯真，仍旧在相见时直呼其名，取名也仍用贱字。凡此种种，看似笨拙，其实近古。

（二）燕赵文化的特质

从文化特征上看，燕赵区域也具有独特的文化特征：慷慨悲歌、好气任侠。"慷慨悲歌"一语可以用来形容各个地区的人物和现象。在历史上，慷慨悲歌在其他区域并没有成为一种普遍现象，而在燕赵区域却已是普遍的特征和特殊的标志。从时间上，慷慨悲歌文化的特征在战国时期形成和成熟，在隋唐时期仍然为人们所称道，到明清时期其余音遗响不绝如缕，前后持续二千余年，确已形成了悠久而稳定的传统。所以，燕赵区域的文化特征就是慷慨悲歌，也只有慷慨悲歌才是燕赵区域的文化特色。其具有既不同于中原、关陇，又不同于齐鲁、江南的特点。总的说来，燕赵文化具有鲜明的包容性、丰富性和创造性，其刚柔相济、以刚为主的燕赵风骨，集中表现在以下几个方面。

1.好气任侠、慷慨悲歌的侠义精神

历史上燕、赵地处胡汉相交，不断受到游牧民族的侵扰，争战纷纷。

许多人为了生存，往往选择不甘屈辱，奋起反抗。因此，勇武任侠之风，成为燕赵地区的一种传统。所谓"燕赵多侠义之士"，就是这样来的。例如豫让复仇、《史记·刺客列传》中的荆轲刺秦王就是两个典型事件。豫让、荆轲面对死亡，其义无反顾的精神，是当时人们普遍崇尚的一种社会风尚。这些侠士，言必信，行必果，绝不苟且偷生。在他们思想中，生与死是同等的，为了履行的承诺，将生死置之度外。侠士们用实际行动表达着自己的人生追求，演绎着悲壮的人生，并产生了广泛的社会影响。北宋大家苏轼曾说："幽燕之地，自古多豪杰，名于国史者往往而是。"这清楚地表明，自战国之后，勇武任侠，慷慨悲歌，确实成为燕赵文化的一个显著特质，受到后人的仰慕和追求。

2. 变革进取、自强不息的奋斗精神

春秋战国时代，列国林立，相互攻伐不断，各诸侯国随时都有灭亡的危机。一些开明的统治者，为了维护和扩张自己的势力，倡导变革图存。"三晋"之一的赵国，其"赵名晋卿，实专晋权，奉邑侔于诸侯"，在正式建国前就采取了许多进步的封建化的改革措施，成为新兴势力的代表。赵简子赵鞅执政期间，于公元前513年铸刑鼎，打破了自西周以来"礼不下庶人，刑不上大夫"的旧贵族所享受的特权；扩大亩制，轻徭薄赋，鼓励小农的生产积极性；奖励军功，推行县郡制，提高工商业者和庶人的社会地位；举贤任能，善于纳谏。赵烈侯正式建国后，继续改革，采取了"选练举贤""任官使能""节财俭用""察度功德"等一系列改革措施，对赵国政权的巩固和发展起到了积极的作用。赵武灵王"胡服骑射"，把赵国推向战国七雄之一。燕国在战国七雄中较弱，不断受到北方游牧民族和中原邻国的侵扰。燕昭王即位，设"黄金台"，广招天下英才，大力改革内政，任人唯贤，推行法治，加强对官员的奖惩。特别是燕昭王"吊死问孤，与百姓同甘苦"，增强了燕国人民的凝聚力。经过28年的变革和励精图治，贫弱的燕国由弱变强。于公元前284年，任用乐毅破齐，克齐城七十余座，齐国几亡。燕赵虽皆因变革而使国家强盛，但终究未逃脱"人存政举，人亡政息"的下场。然而，燕赵文化中形成了唯有变革才能使国家富强的意识，影响深远。

3. 追求和合、顾全大局的德义精神

燕赵自古崇尚德义，蔺相如的故事就生动地表现了这种精神境界。公元前279年，秦昭王邀赵惠文王于渑池相会，蔺相如力劝赵王如约成行，与会期间，几经冲突，秦国始终未占上风。蔺相如以自己的勇气和智慧维护了赵国的尊严。就是这样一位无所畏惧的大丈夫，在听说老将军廉颇因不满位居己下，要当面羞辱自己时，主动回车让路，感动得廉颇负荆请罪。这是以国家利益至上、个人相互协调的"和合"精神。"和合"不是盲从附和，不是无原则退让，而是在承认差别的前提下营造一种和谐的氛围，使各种意见和诉求得到充分的表达与尊重，使矛盾得到解决。公元前207年，秦国派兵攻占赵国险要之地阏与（今山西和顺）。在是否援救阏与的问题上，赵国内部发生争论。廉颇等人认为，阏与道路险狭，难以相救；赵奢则认为，阏与道路险狭，好比两鼠在穴中相斗，勇猛者获胜。赵惠文王审时度势，最后采纳了赵奢的主张。结果，赵军在各方面的有力支持下，大破秦军。"将相和""将将和"的故事，两千多年以来始终闪耀着理性的光芒。

4. 勤劳淳朴、虔诚礼让的处世精神

自古燕赵西部山高水深，遍地丛棘，猛兽出没；平原的土质是冲积而成的"次生黄土"，缺乏经典黄土的"自行肥效"性能，加以战乱频仍，所以，直到秦汉时期，燕赵的农业仍发展迟缓。由于主客观原因，农耕长期落后于关中地区。在这样生计艰难的环境里，人们很自然地养成了不畏艰险、互助礼让、淳朴忠厚和不尚奢华的风气。为了解决个体力量单薄，难以抵挡天灾人祸冲击的问题，燕赵地区宗族组织得到很大的发展，直到南北朝时期仍未减弱。《南史》中记载："北土重同姓，并谓之骨肉，有远来相投者，莫不竭力营赡。若有一人不至者，以为不义，不为乡邑所容。"这种传统在民间得到广泛发扬，人们彼此之间，注重和睦相处，互通有无，尚名节，贵淳朴。《隋书·地理志》中记载"人性敦厚，务在农桑"。这种"俗俭风浑，淫习不生，朴实坚强"的传统，相沿至今。

历史和现实的经验表明，文化建设贵在稳定，重在积累，在稳定中发展，在积累中创新。要构建社会主义精神文明，就必须认真解决好继承和发展的辩证关系问题。在现在及其今后相当长的一段时期内，对燕赵文化应该进行深入的研究，发扬其优良精神品质，为构建社会主义和谐社会，实现我国经济快速、稳定、可持续的发展，提供应有的精神动力和智力支持。

三、齐鲁文化概况及特点

（一）齐鲁文化基本概况

山东是齐鲁文化发祥地之一，也是中国古代文化的发祥地之一，沂源猿人化石证明，早在四五十万年前，这里就是古人类生存和繁衍的摇篮。山东境内考古发现的北辛文化、大汶口文化、龙山文化证明，距今7000年至4000年之间，生活在这里的东夷族就实现了从母系氏族社会到父系氏族社会乃至阶级社会的转变，有了比较发达的农牧业和手工业。在山东，还发现了中国最早的文字"大汶口陶文"和"龙山陶书"；最早的城邦"城子崖龙山古城"；最早的古代军事防御工程"古齐长城"；山东还是中国陶瓷和丝绸的发源地之一。名人辈出，人杰地灵，历史上出现过一大批至今仍然对中华文化产生着重要影响的历史名人。伟大的思想家、教育家孔子创立的儒家学说，成为中国传统文化的支柱，在世界上发挥着重大影响。古代著名军事家孙武的《孙子兵法》，至今仍然是中外军界和商界推崇的经典。思想家孟子和墨子、书法家王羲之、发明和手工艺家鲁班、神医扁鹊、军事家诸葛亮，以及词人李清照、辛弃疾和小说家蒲松龄等，都以其对中华文化发展的卓越贡献而载入史册。齐鲁文化发祥地，春秋战国时期（公元前770年—公元前221年）和西周的两大最大的分封国——齐国和鲁国，都在今天的山东境内。由于齐、鲁两国发达的经济、文化和政治在中国历史上具有重大影响，所以山东又称"齐鲁之邦"，并以"鲁"作为山东省的简称。独具特色的齐鲁文化，在中国传统文化中占有重要地位。

（二）山东齐鲁文化的基本精神

齐鲁文化之所以能够在中国传统文化中发挥重要作用，其凝聚力和生命力来自其基本精神。齐鲁文化的基本精神，我们大体归纳如下几点：自强不息的刚健精神、崇尚气节的爱国精神、经世致用的救世精神、人定胜天的能动精神、民贵君轻的民本精神、厚德仁民的人道精神、大公无私的群体精神、勤谨睿智的创造精神等。这些对我们民族优秀传统精神的形成具有重要作用。

1. 自强不息的刚健精神

刚健自强是齐鲁文化的基本精神之一，是其发展的内在动力。齐鲁文化的主要代表人物姜太公、管仲、晏婴、孔子、孙子、墨子、孟子等，以他们为代表的儒家、墨家、管、兵家等学派，都是积极入世、救世，充满刚健进取、自强不息的精神。管仲重功名，尚有为，不拘小节，力行改革，富国强兵，相齐桓公，霸诸侯，成就了齐桓公的首霸事业。孔子重"刚"，把"刚"作为仁的德目之一，积极进取，"为之不厌""好古敏求""发愤忘食，乐以忘忧，不知老之将至。"孙子兵家，为安定天下，统一天下，主张用正义的战争制止不义之战。墨家比儒家在进取有为方面有过之而无不及。为了救世救民，推行其兼相爱、交相利的主张，"日夜不休，以自苦为极"（《庄子·天下》），"牵顶放踵利天下为之"（《孟子·尽心》）。其他齐鲁诸子，虽观点不同，但在刚健进取方面，则是一致的，齐鲁文化这一基本精神，在中国传统文化中得到充分发扬，成为我们民族的基本精神，对我们民族的自强、自立、发展、壮大，独立于世界民族之林，起了巨大的积极作用。

2. 崇尚气节的爱国精神

气节即志气和节操，指的是为坚持正义和真理宁死不向邪恶屈服的品质。气节之中，民族气节为重。民族气节是爱国主义的道德基础，它以维护民族、国家利益为最高原则，表现出不屈不挠的奋斗精神和强烈的忧国忧民意识。在这一点上，齐鲁诸子是有共同特点的，是他们共同铸就了齐鲁文化尚气节的爱国精神，但是最突出的还是儒家。孔子有"三军可夺帅也，匹夫不可夺志也"（《论语·子罕》）的名言，孟子有"富贵不能淫，贫贱不能移，威武不能屈"（《孟子·滕文公下》）的壮语。孔、孟是说到做到的。孔子周游列国，到处碰壁，穷于宋、困于郑、厄于陈蔡之间。"在陈绝粮，从者病，莫能兴。子路愠见曰：'君子亦有穷乎'子曰：'君子固穷，小人穷斯滥矣。'"（《论语·卫灵公》）继续弹琴唱歌。在强暴面前，孔子表现出大无畏的精神，如公元前500年，齐鲁夹谷之会。齐有司黎弥以献舞乐为名，欲劫持鲁君（定公）。在千钧一发之际，孔子"历阶而登，不尽一等，举袂而言"，以礼严辞痛斥齐国君臣，挫败了齐人的阴谋，保卫了鲁君安全，维护了鲁国的尊严。（《史记·孔子世家》）在真理面前，孔子是"学而不厌""敏以行之"。他创办私学授徒三千，整理文化遗产，进行思想文化的创建，为我们民族文化的建设作出了永不磨灭的贡献。孔子是伟大的民族英雄，其思想永远闪烁着爱国主义的光辉。孟子则善养"浩然正气"，以充塞天地的气概，推行其王道主义，把治理天下作为己任，提出"乐以天下，忧以天下"（《孟子·梁惠五下》）的主张，为追求真理，维护正义，可以舍生忘死。其他齐鲁诸子及其思想也都表现出不同形式不同程度的爱国行动和爱国精神。曹刿自荐，领兵败齐，保卫鲁国；孙膑用兵败魏于桂陵、马陵，保卫了齐国；信陵君窃符救赵，既救赵，又强魏，这些是一种类型的爱国行动。鲁仲连义不帝秦，用三寸不烂之舌解楚南阳之围，退赵伐高唐之兵，却侵占聊城的燕国10万之众，淳于髡"数使诸侯，未尝屈辱"；子贡出使，不辱君命，并有"一出而存鲁，灭吴，弱齐，强晋而霸越"的奇迹；晏子长于辞令，善于人交，使楚舌战群敌，增齐国威，墨子日夜奔走，消弭战争等外交活动，这些又是一种爱国类型。稷下先生"各著书言治乱之事，以干世主"（《史记·孟子荀卿列传》），并进行文化思想创造，又是一种类型的爱国表现。孔、孟、墨等稷下先生都办教育，育人才，传播科学文化，也是一种类型的爱国之举。总之，爱国是多种形式的，关键是在生死关头能不能全节，表现出"宁为玉碎，不为瓦全""杀身成仁"、"舍生取义"的精神。在这方面齐鲁诸子为我们留下了光辉的思想、模范的行动，齐鲁文化的这一基本精神，对我们国家的统一巩固、民族的团结凝聚起了极大的积极作用，也成为我们民族的基本精神之一。

3. 人定胜天的能动精神

孟子讲的"尽其心者，知其性也。知其性，则知天矣"（《孟子·尽心上》)，是天人合一观点的开端，但孟子没有明确提出天人合一。在天人合一思想贯穿的齐鲁文化当中也不乏天人相分、人定胜天的能动精神，其代表人物是荀子。《荀子·天论》云："天有其时，地有其财，人有其治，夫是之谓能参。舍其所以参而愿其所参，则惑矣。"他明确天人之分，提出"制天命而用之""人定胜天"的光辉思想，强调人的能动作用。这种思想在古代是难能可贵的，其充满了辩证、唯物精神，对后世影响至深至大。

4. "民贵君轻"的民本精神。

"民贵君轻"思想是孟子首先提出来的。《孟子·尽心下》云："民为贵，社稷次之，君为轻。"这是民本主义发展到战国时期极激进的口号。其实，民本主义并不是形成于战国，在春秋时期已形成一种思潮，影响了诸子思想，最早提出"以人为本"的是管仲，齐国诸子都是管仲的信徒，自然都是人本主义者。然而鲁国的儒、墨在"重民""爱人"方面更加激进，理论也更系统。孔子的仁学思想体系就是在民本思想基础上建立起来的。"仁者爱人"是对人本主义的最高概括，"民贵君轻"是对人本主义的一种激进的注脚。

5. 厚德仁民的人道精神

人道主义是以人为本位，强调人的价值，尊重人的独立品格，维护人的尊严和权利。人道精神是齐鲁文化的灵魂和核心。齐鲁文化是围绕"人"这个核心展开的，因此，我们把齐鲁之学概括为"人学"或"仁学"。也就是说，齐鲁诸子百家，无不高举人道旗帜，把人作为治国的根本。如管、晏主张富民、利民、顺应民心、因民之俗、从民之欲，稷下先生基本遵循管、晏思想，稍变形式，而本质一样。墨家的兼爱、非攻、非命、节葬、贵义、兴利，"兴天下之利，除天下之害"（《墨子·非乐上》），无不从"人"出发，为人谋利益，为劳动人民谋利益。因此，无不放射着人道精神的光辉。当然，人道精神体现最突出、理论最系统的还是儒家，孔子是当时甚至是中国古代最光辉的一面人道主义的旗，他创立的儒家文化体系称为仁学体系，也就是人学体系。他那"仁者爱人"的命题是人道精神的最高体现。孔子比管、墨高明，似乎他突破了阶级、种族、国家、地域的局限，把"人"作为一大类来看待。他的"爱人"是"人类之爱"，这和他的"有教无类"是一致的。

6. 大公无私的群体精神

中华民族崇尚集体主义，讲合群，讲和谐，讲统一，强调大公无私。群体主义精神是齐鲁诸子、各家学派的又一共同主导精神。首先，管仲及管仲学派对合群、团结、同心同德是十分重视的。他们认为合群、团结、万众一心是力量的源泉，是克敌制胜的根本。尽管管仲及管仲学派倾向于霸道，其学术思想基本是从霸业出发的，但是对"人和""同心"还是重视的。墨家以天下为己任，强调"兴天下之利，除天下之害"，以"利他""利人""无我"为极限，可以说是大公无私的典型，但是其在理论的全面系统上比儒家差一些。首先，孔子把"和""同"分开，强调"君子和而不同"（《论语·子路》），为其大公合群的思想奠定了理论基础。其次，孔子在总结前人关于群体主义思想的基础上提出了"天下为公"的"大同"理想，并绘制了理想社会的蓝图。

7. 勤谨睿智的创造精神

史前东夷人的发明创造很多，小至弓、矢、舟、车的发明，中至鱼、猎、农、牧、酿造、冶炼技术的创造，大至天文、地理、律历、礼乐制度的发现和创建。春秋战国时期，齐鲁地区再现了史前东夷文化繁荣的景象，管仲是伟大的政治家，管仲改革就是一次宏伟的创建工程，从政治、经济、文化、教育到军事等都有重大的创建。孔子是伟大的思想家、教育家，其思想文化的创造革新是全面的、无与伦比的。

四、吴越文化的概况及特点

江浙沪文化古称吴越文化。吴越地区处于中国版图的东南沿海，在绵延数千年的历史长河中，该地域除了在极少数历史时段（如春秋五霸争雄时期、三国纷争时期）留下过大规模的战争痕迹外，绝大多数历史时段都给人一种稳、静的印象（至少相对中原地区而言如此）。之所以出现这种情形，原因固然很多，但主要还是由该地域的文化性格所决定的。可以这样认为，吴越地域文化性格很难与激烈、叛逆、反抗等词汇联系起来，恰恰相反，而是呈现出吃苦耐劳、实干、喜静、惧变、平和、细腻、柔情等个性心理倾向。这种特点的形成，既有自然地理环境的影响，也有社会、政治环境的影响，更有文明发展水平的影响。

从自然地理环境方面看，吴越地区毗邻大海，地域内既无高山之险，亦无沟壑之奇，有的只是纵横交错的密布水网，总的来说气候温和、雨量充足、土地肥沃，是一个山清水秀、特别适宜于人口居住、繁衍的风水宝地。长期在这种舒适、温润的环境条件下生活的人们，很难不具有和谐、平衡、机敏、细腻的心理和性格特征。此外，吴越地区十分适宜于农耕生产，太湖流域与宁绍平原一带自唐宋以来就是中国的粮仓。物产的相对富裕使得人们为解决温饱所付出的劳动相对于其他地区来说要少一些，这也使得吴越人比较容易满足，在某种意义上有一种安于现状的惰性。说起自然地理环境对地域文化性格的影响，特别值得一提的是吴越地区的水网和舟船。舟船既是吴越地区的生产方式之一，又是主要生活方式之一。历代典籍或考古发现都记载着吴越人与舟船的紧密关系。如胡人便于马，越人便于舟；吴地以船为家，以鱼为食；越人习于水斗，便于用舟。河姆渡文化的出土文物中也有不少水船桨、陶舟和独木舟的遗骸。吴越地区地势平坦，水网大多流畅平缓，很少有急流险滩，在这样的水网中划舟而行，人们的心绪自然也随之松弛、舒展、平缓、坦荡。很难想象会产生烦躁、亢奋或好斗等激烈情绪。

从社会、政治环境方面来看，我们首先不能回避吴越地区自古以来闻名远近的两种主要生产方式：稻作和蚕桑。有考古资料证实，宁绍平原的河姆渡和杭嘉湖平原的罗家角是亚洲乃至全世界最早栽培水稻的地区之一，水稻生产一直绵延至今。另外，太湖流域不仅被誉为鱼米之乡，也同样被誉为丝绸之府。这一带蚕桑丝绸的生产历史一直可以追溯到四五千年之前。众所周知，水稻、蚕桑等农作物生长有着其自身的规律，生长速度也十分缓慢，需要种植、养护者有着极大的耐心。譬如养蚕，养蚕人必须像照看小孩一样去伺候桑蚕，一不小心，蚕就会生病。因此养蚕人不得不小心翼翼，来不得半点急躁。再者而言，稻作生产和蚕桑生产为人们提供了比较安定的生产环境，不必东奔西跑，外出冒险。这无疑会使人们形成一种喜平和、怕激烈、讲秩序、惧变动的心理倾向。同时，处于稻作文化圈内的耕作环境对社会经济和生活方式是具有深刻影响的。这种"特有的生活方式"主要包括两层意思。其一是人们常年忙碌，没有连续或固定休息的观念。水稻是需要精耕细作的，从播种到收获，加上轮作，人们一年到头有事干。这种常年的劳作造就了江浙沪人的实干精神和吃苦耐劳的品格。其二是劳动具有着极强的时效性。由于受季节温差等的影响，今天可干的事，两三天后便不能干了，这样便形成了人们极强的时间观念，培养了及时、精细的管理意识。因此，受自然气候和耕作方式的影响，江浙沪人身上体现出了吃苦耐劳、实干的品格。

就政治环境而言，吴越地区比中原地区所受封建礼教的桎梏要适当轻些，但与西南、东北等边远地区相比，这里的人们所要遵循的种种规矩又要多得多。因而在文化心理个性上，吴越地区的人比中原地区要自由、随和、浪漫；而与西南、东北等边远地区相比，则又较为循规蹈矩，多一些温文与尔雅，少一些叛逆与挑战。

就文明发展水平而言。该地区虽然在宋以前的很长一段时间里被中原人称为蛮荒之地，经济文化也确实落后于中原，但优越的自然地理环境十分适宜于经济开发，又由于历史上几次大的移民，该地区的生产力水平迅速得以提高。到明清之际，随着资本主义生产关系萌芽的出现，此地区经济繁荣、文化发达，已经成为国内文明程度较高的地区。一般来说，文明水平越高，受教育、礼仪、规矩等因素的束缚必定越强，人们内心的骚动和叛逆欲求也必定受到一定程度的压抑。反之，文明水平越低，受教育、礼仪、规矩等因素的束缚必定越少，人们往往随心所欲，毫不避讳地宣泄他们的情感冲动和反叛欲求。

所有以上地域文化特征都决定了江浙沪地区人们的反叛精神不是那样强烈。在反帝反封建的近代历史上，江浙沪地区的军政文化相对而言不如岭南、湖湘等地区那样发达。

江浙沪文化具有突出的经济、学术取向，形成了一种求真、科学、务实的文化精神。种种史料表明，吴越文化在南宋以后，特别是在明清时期已经逐步走向成熟，而其成熟的主要标志就在于它不仅逐步成为中国经济的中心，而且逐步成为中国学术、文化的中心。

宋代以后特别是明清时期，江浙沪地区是中国财政经济的中心，这一点有很多的研究成果和历史统计数据可以佐证。在东南人口高度密集的地区，粮食种植的精耕细作水平、单位面积产量之高，在当时的世界上可谓首屈一指。而且在苏州、松江府、嘉兴、湖州等地发展出家庭棉织业和家庭丝织业。中国的资本主义萌芽正是从明清时期的东南地区开始，并逐渐扩展到全国的其他地区。江浙沪地区的农民很能适应资本主义市场经济发展的需要，不是单纯依靠农田粮食生产，而是发展出商品性的家庭手工业，人人织布，家家缫丝，收入自然也就比其他地区的农民高出很多，许多城镇也在这样的基础上显现出市场的繁荣。别说苏州、杭州，即便是盛泽、南浔之类的大镇，简直就是全国性的丝绸市场中心，而松江的朱泾、枫泾镇也一度成为全国棉布的市场中心。它们通过广东、福建的海商，包括走私商，又与全国的海外贸易联系在了一起。所以，许多学者，特别是一些国外学者如弗兰克、彭慕兰，认为明清时期世界经济的中心在中国，且在中国的江南。另有学者进行过不完全统计，明朝后期江浙沪地区的苏州、松江、常州三个府，地域面积占全国的 0.33%，耕地面积占全国的 2.85%，而农业的财政负担却占到全国财政总收入的 23.96%。其实，有关东南财政占全国之半的说法自唐宋时期就不绝于史，这充分说明了江浙沪地区作为全国经济中心的重要地位。进入近代，江浙沪地区作为全国经济中心的地位丝毫不曾改变，不仅传统农业发达地位继续保持，最重要的是资本主义工商业在全国最为发达，外贸出口最为繁荣，所以，近代的江浙沪地区也是全国最为富有、经济实力最为可观的地区。

宋代以后特别是明清时期的江南同时更是全国的学术、文化中心。种种史料表明，从南宋以后特别是明清两代，吴越文人一直是科场佼佼者。据有关各种史料统计，明清两代全国状元共 204 名，其中，江苏、江浙沪两省即有 105 名，占全国 51.7%。江苏的明清状元基本上都集中在苏南（含今上海）一带，苏州府更是清代全国状元第一高产区，共出了 26 名，占全省 53%，占全国 22.8%，以致人们戏称状元是苏州的土产。状元、进士、翰林，未必都是才学出众的人物，但某地举业兴旺，至少说明该地区教育普及程度高，文化发达。更何况科举人物中还出过不少赫赫有名的思想文化大师呢？乾隆朝状元毕沅既官至极品，也是著名的文学家；咸丰朝状元翁同龢，既是同治、光绪两朝帝师，又被康有为称为中国维新第一导师；我国第一代民族工业企业家陆润庠、张謇，也是状元出身；蔡元培在光绪朝中进士后即被点入翰林，后来成为著名的革命教育家。再如王阳明、徐光启、龚自珍，也无一不是进士出身。还值得指出，明清时期的江浙沪在科举场外也出了许多思想活跃、成就巨大的文化名人，如徐霞客、梅文鼎、顾炎武、黄宗羲、万斯同、金圣叹、吴敬梓、李善兰、刘鹗、章太炎、罗振玉等。[①]

最能表现近代江浙沪文化浓郁学术色彩的是该地区科学家的纯科学研究而非服务于其他目的的应用研究。在近代中国较早出现的科学家（含技术专家）队伍中，世界所公认的人物主要有江浙沪海宁人李善兰，江苏无锡人徐寿、徐建寅、华蘅芳，广东海南人詹天佑，广东海南人邹伯奇等23人。这23人中从事基础科学研究的有16人，江浙沪地区的11个科学家全部从事基础科学研究或以基础科学研究为主，占当时科学家总数的69%，远远高于其他文化区。近代江浙沪知识分子的纯科学研究倾向主要体现在三个方面。首先，在科学动机方面表现出好奇而非功利的取向。如郑复光研究几何光学，起于对取影灯戏的好奇；李善兰9岁时在父亲的书架上发现了《九章算术》，从此迷上了数学；华蘅芳自幼不爱读四书五经，而于故书中捡得坊本算法，心窃喜之，日夕展玩，尽通其义。其次，给予科学实验以前所未有的重视，初步表现出近代科学实证性的特征。如江苏无锡人徐寿于1857年在上海购买了墨海书馆出版的《博物新编》，他不仅对该书的理论进行钻研，还和华蘅芳一起参照该书进行研究试验。从现有的历史资料看，这是中国最早的具有近代风格的科学实验。再次，在近代科学精神的建立过程中做出了突出贡献。科学精神的根本是实证精神和理性精神，即求真精神。早在明代晚期，上海人徐光启和杭州人李之藻等就通过对中西科学文化的比较，最早对中国传统科学的实用性进行了批评，可谓开中国近代科学理性与批判精神之先河。徐寿父子和华蘅芳的科学实践活动也明确地体现了近代科学的实证精神。在从1915年新文化运动开始的对科学求真精神进行系统理论探索的历程

---

① 刘云波.江浙文化与湖湘文化比较论［J］.求索，2006（8）：215-218.

中，江浙沪知识分子作为群体发挥的作用也十分明显。江苏无锡人胡明复于1915年发表了《科学方法论》一文，指出科学方法之唯一精神，曰求真，他认为，科学是以求真为主体，以实用为自然之产物，此不可不辩者。这是中国知识分子对科学的求真与求用之关系较早的正确表述。江浙沪上虞人竺可桢在1941年更明确地指出，科学精神就是只问是非不计利害。与江浙沪地区相比，我们很难发现中国其他地区产生过类似的近代科学家，即使是同样产生过著名科学家的岭南文化地区，其科学研究的目的性和特点也与江浙沪地区具有较大的不同。如果说江浙沪文化圈的科学主要是一种理想主义的科学，那么岭南文化圈的科学在很大程度上则是一种实用主义的科学。如岭南涌现出的近代科学家，几乎都是应用性的技术专家，包括设计和领导修建京张铁路的詹天佑，中国第一位飞机设计师、制造家和飞行家冯如，中国第一艘飞艇的设计者谢缵泰和制造者余焜。岭南科学的实用主义色彩还突出表现在将科学技术的发展与社会政治变革相结合。如康有为将科学与变法相结合，认为科学实为救国之第一事，宁百事不办，此必不可缺者也。孙中山则更加系统地提出了科学救国论和科学启蒙论的思想。

到了近代，凋敝的经济和动荡的社会生活环境，上海逐渐成了西方殖民者进入中国的通商口岸，江浙沪人为了生存的需要，江浙沪沿海居民四处出海捕鱼，漂泊海外，居住环境经常变更，流动和迁徙对于江浙沪沿海的人们来说，已成为一种生活常态。改革开放以后，江浙沪经商务工者的踪迹遍及全国乃至世界各地。江浙沪人不仅历来就有相当先进的造船技术和航海技术，而且善于从事海外贸易，这种冒险、有为和开拓精神及强烈的对外贸易意识是在江浙沪沿海人们的生存环境中自然地孕育出来的，近代以来，在现代化要求和外来文化的交互作用下，这种开放意识逐渐定型。

江浙沪文化（古称吴越文化）作为江南沿海文化的代表，总的来说，其文化精神主要体现出吃苦耐劳、实干、喜静、惧变、平和、细腻、柔情的特质。到了近代，江浙沪文化又具有突出的经济、学术取向，形成了一种求真、科学、务实的文化精神。改革开放以后，走出国门的江浙沪人逐渐形成了开放、冒险、有为和开拓的现代文化特质。江浙沪文化与时俱进的发展，这也许是这一地区经济能得以腾飞的根本要素之一。

五、闽南文化概况及特点

闽南文化是汉民族文化的一个分支，是开放的、动态的、有着更加灵活和广阔空间的文化体系。它所覆盖地区的主要特点是使用闽南方言（包括它的分支），有着相同或相似的文化传统和民风民俗。范围包括我国东南和华南沿海一带，如福建省的厦门、泉州、漳州3市，广东的汕头、潮州、揭阳、汕尾4市和雷州半岛，海南省的汉族地区，台湾地区以及东南亚地区等。此外，江浙沪、广西、江西、江苏等省区也分布有讲闽南方言的县、镇、村，香港、澳门还有近200万人使用闽南方言。在我国境内使用闽南方言（包括它的分支）者总共约有5 000多万人，占汉族人口的4.6%左右。在潮学研究中，一些学者力求在更大范围内寻找一种能够包含潮汕文化的体系。有的提出了"福佬文化"的概念，把潮汕文化看作是福佬文化的核心区，汕尾文化则是其亚区，琼雷文化也被视为其向外延伸的一部分。这个观点确立的障碍不仅在于目前学术界对于"福佬"一词的理解尚有很大争议，还在于很难作出潮汕文化是琼雷文化以及其他闽南语系文化的核心的结论。但是，客观上确实存在着一种包含潮汕文化在内的地方文化体系，我们姑且称它为"泛闽南文化"。

文化的多元性、兼容性是闽南文化的主要特征之一。泛闽南文化以闽南为核心区，是历史上由此向外移民，将闽南文化传播、扩散到各地而后逐步形成。我们可以把泛闽南文化看作是闽南文化的延伸，这样就可以避免简单地把潮汕文化、汕尾文化、琼雷文化简单同等于闽南文化的误导，又可以在泛闽南文化的大框架下，深入地研究它们共同的文化渊源和基本特征，研究其发展变化的过程。正因为泛闽南文化在其历史发展的过程中，是由中原文化经过若干层次的加工、包装而形成的，因此必然呈现出多元性。中原文化、百越文化、各地土著文化、海外文化相互影响、碰撞、渗透、融合，构成了泛闽南文化万紫千红、绚丽多彩的形态。它体现在方言习俗、民风民性各个方面。语言专家们都肯定，闽南系方言是现存最古老的汉语方言之一，它融合了华夏古汉语、古吴语、古楚语、古百越语、上古中原汉语等各种成分，我们甚至可以从中搜寻出中国汉语言发展的一些轨迹。此外，闽南系方言还是借用外来语词汇最多的方言之一，包括英语、日语、泰语、马来语、印尼语等等。

泛闽南地区多神教信仰也是其文化多元性的重要表现。历史上，道教、佛教、伊斯兰教、基督教（包括天主教）、犹太教、婆罗门教（印度教）、摩尼教（明教）等，都曾在这一地区传播过。泉州曾是中世纪世界宗教文化的辐射点，至今仍然保存着许多宗教遗址，被誉为"宗教博物馆"。考古学证明，婆罗门教也曾在海南岛和雷州半岛传播过。还有一种叫作"德教"的宗教曾经在潮汕地区流传过，现已在中国消失，但在东南亚华人中，仍有人信奉。至于佛教和基督教，这片地区现在仍然有许多信徒。除此之外，各式各样的自然神和动物神、行业神和保护神、帝王将相、名宦乡贤、英雄隐士等的崇拜祭祀在泛闽南地区也十分突出。在这些地方，各种宗教在儒、道、释文化的主导下，互相影响、互相吸收、互相渗透。如明代泉州的伊斯兰教清净寺是按道教和儒家的天地理论进行改建的；元代泉州的景教称基督为"佛"；潮汕地区称道教的玄天上帝为"佛祖"。这种独特的文化现象，也说明了泛闽南文化的兼容性。

泛闽南文化的另一个基本特征是它具有浓郁的海洋文明的特征。泛闽南文化地区大都沿海分布，具有内陆－海洋型的地理区位，兼有农林业和渔盐业之利，又有沟通内陆与海外联系之便。海洋是这一地区人民生存和发展的命脉。这一地区的海上贸易至少可以追溯到隋唐时期，到了宋元时已经十分发达。泉州是海上丝绸之路首发港口之一，潮汕的樟林港、漳州的月港等古港闻名于世。从古至今，从闽南地区到潮汕地区、汕尾地区、琼雷地区和台湾地区，沿海港口林立，商船川流不息。当明朝统治者实行"海禁"，企图割断这片土地和海洋的联系时，立即遭到强烈的反抗，在漳、湖一带产生了中国历史上十分奇特的亦商亦盗的海上武装贸易集团，在清初海禁开放时，从这里开出的"红头船""绿头船"即扬帆世界各地，成为世界闻名的海上贸易大军。

　　侨乡文化、商业文化是泛闽南文化的又一文化特征。泛闽南地区是著名的侨乡，宋元以后海外移民逐渐增多，近现代形成高潮。现在，使用闽南方言的海外华侨、华人遍布世界40多个国家和地区，总数近2 000万，占海外华侨、华人总数的60%以上。在东南亚国家，使用闽南方言十万人以上的城市就达到14个。在交通不发达的旧时代，海洋是海外移民迁出的载体，也是他们联系祖国的唯一通道。海外华侨、华人在居住国拓荒创业，又以其血汗来报效祖国，报效桑梓，这种精神为泛闽南文化海洋性的历史沉积增添了不少光彩。泛闽南地区存着悠久的商业传统，从明代我国资本主义萌芽开始，这里占地理之优，得风光之先，商业得到蓬勃发展。其商业活动是以海上贸易为动力，以民间贸易为主要形式，很少沾染官商的色彩。社会经济发展状态使泛闽南文化打上很深的市场烙印，形成了与传统重农抑商儒家文化不同的商业文化。这种追求效益、讲求效率的文化观念，反过来推动贸易的发展，哺育和成就了一代代、一批批富商巨贾。在2004年《新财富》华商100富人排行榜中，台湾籍（包括祖籍福建）占24人，财产290.3亿美元；潮汕籍19人，财产230.3亿美元；闽南籍14人，财产149.6亿美元；海南籍1人，财产15.0亿美元。整个泛闽南地区入榜57人，财产682.5亿美元，分别占总人数的57%，总财产的52.4%。追求效益的商业文化特性也有其负面影响，以追求最大利润为目的的市场，不可避免地使文化带上太多的功利色彩。与善于经营的美誉同时并存的急功近利是闽南文化特点的另一面。

总的说来，泛闽南文化均有一定的多元性、兼容性和追求效益、讲求效率的急功近利的商业文化观念，特殊的地理位置和独特的地方文化，使泛闽南地区成为中国最活跃的地方。中国有五个经济特区，这里就占其三，它们所取得的成就为世界所瞩目。随着中国海洋战略的深入推进，闽南文化的一些优秀的特质如何深入中国内陆地区。扬长避短，趋利避害，从文化入手寻求中国海洋战略实施和走出去战略的对策，为中国改革开放、民族振兴作出贡献。

六、岭南文化概况及特点

岭南文化主要分布在五岭以南的广大地区，范围包括我国今天的佛山、广州等珠江流域。其文化来源和构成如下：一是岭南地区古百越族先民创造的固有本土文化，如渔猎文化、稻作文化和商贸文化；二是秦汉统一岭南以后南迁的中原文化，它与岭南固有的本土文化高度融合构成了岭南文化的主体；三是经过海上丝绸之路传入的域外文化，包括西方的商业文化、科技文化、宗教文化、政治文化等等。总的归纳起来，岭南文化的发展主要有以下特征。

（一）农业文化与商业文明并重

早在 4500 年前，古南越族人民就创造了以稻谷为主粮的农业锄耕文化。岭南除盛产水稻外还盛产水果，菠萝、荔枝、香蕉、木瓜被称作岭南四大名果。中原民众四次大规模的南迁为岭南人民带来先进的农业生产工具和生产技术。《中华全国风俗志》中记载"粤俗之大较"，这些节日带有浓重的农业色彩：迎春竞看土牛，或洒以菽稻，名曰消疹；啖生菜春饼，以迎生气；十六夜，妇女走百病，撷取园中生菜，曰采青。十九日挂蒜于门，以辟恶，广州谓之天穿日，作馎饦祷神，曰补天穿；二月祭社，分肉小儿食之使能言，入社后，田功毕作。《羊城古钞》中的"广州时序"也记载了一些与农事有关的习俗："立春日，有司逆句芒、土牛。句芒名拗春童，着帽则春暖，否则春寒。土牛色红则旱，黑则水""二月，始东作，社日祈年。师巫遍至人家除禳。望日，以农器、耕牛相市，曰'犁耙会'""四月八日，江上陈龙舟，曰'出水龙'，潮田始作""夏至，磔犬御蛊毒，农再播种，曰'晚禾'。小暑，小获；大暑，则大获。随获随莳，皆及百日而收。"①

与此同时，岭南民俗中的商业文化特质使之卓尔不群。岭南拥有较长的海岸线，早在汉代已有港口徐闻、合浦，有全国屈指可数的具有内外商品集散功能的商业都会——番禺。岭南人在汉代就开辟了"海上丝绸之路"，它不仅是中原、荆楚、黔蜀、闽浙以及南海诸国多种货物的集散地，还使中原与天竺国（印度）、大秦国（东罗马帝国）建立了贸易关系。十六世纪后，海上丝绸之路又开辟了从欧洲绕过好望角到达印度的新航路，使岭南与欧洲、美洲开始了往来。由于贸易日盛，人们"逐番舶之利，不务本业""不务农田""农者以拙业力苦利微，辄弃而从之"。从事农业生产的民众也积极地发展经济作物，明清时期，珠江三角洲一带的农民创造了桑基鱼塘和围垦沙田的农作方式，除了水稻外，大力种植桑、甘蔗、菱角和各种水果，养殖鱼、蚕，这些经济作物的发展又带动了缫丝业、水果加工业、制香业、包装业、运输业的发展，进一步促进了工商业的繁荣。岭南百姓民俗生活中的商业文化特征越来越显著。

关羽本是三国名将，因忠义守节被后世崇奉为神，中原民众将其视为忠义、神勇的象征。在岭南，关帝庙为仅次于天后、龙母的三大寺庙之一，关公作为"武圣人"与"文圣人"孔子并立。在浓重的商业文化氛围中，岭南民众基于自己的文化观念对这个起源于农业背景的神进行了"文化重构"，注入岭南独特的"向财重商"的文化因素，使它的神格由忠义神转变为财神。在珠三角一带的商家店铺几乎家家都供奉关公，这种财神信仰甚至改变了内地的关公崇拜之风尚，使千百年来中国百姓

---

① 严泽贤，黄世瑞.《岭南科学技术史》［M］.广东：广东人民出版社，2002：623-638.

生活中的忠勇神关羽成为现代社会的财星。

在岭南民俗中还有大量具有求财象征意义的民俗事象和民俗行为。广州近郊各乡以农历正月二十四日为食生菜之节，乡民会聚一处，大啖生菜，吃完还要带些生菜回家。"菜"与"财"谐音，吃生菜即象征生财之意。新年舞醒狮有"采青"之俗，为取吉祥，常在正门上方以细绳垂系一棵生菜，菜下挂一封利是，在锣鼓鞭炮声中，醒狮跳跃起舞，直至将"菜"衔到口中方为大吉，这一活动亦寓意生财。此外，广州买发财大蚬的春节旧俗，重阳节的登高转运，梅县客家人的新年初三送穷鬼，阳江新春初一的行大运等等，都体现了在浓重的商业风俗中岭南民众突破"循规蹈矩"的农业意识，求财求运的功利愿望和投机心理。可见，岭南商业文化的形成亦是自然自发，由广大民众尤其是中下层民众创造承载的。在浓厚的农业文明背景中凸显商业文化氛围是岭南民俗文化的第一个特征。

（二）传统文化与现代文明兼容

岭南是全国改革开放、科技发展的前沿阵地，但是这些古老的习俗惯制并未在现代化的风云中黯然失色，仍然是岭南的象征。以岭南的传统食品和居住习俗为例，岭南小吃、点心和粥品大多是民间流传之物。岭南古属楚地，端午纪念屈原的风俗一直盛行，粽子早有名气。广东点心以岭南小吃为基础，几千年来广泛吸取北方各地包括六大古都的宫廷面点和西式糕饼的技艺发展而成，足有一两千种之多。代表名品有薄皮鲜虾饺、荷叶饭、娥姐粉果、叉烧包、荔浦秋芋角等，时至今日，仍然是岭南大街小巷、茶楼酒店的常见之物。在居住上，客家围龙屋是岭南著名的传统建筑，其分布与客民分布相一致，多在山地及丘陵区域，以东江上游嘉应州一带及粤北各地为主，并延入广西、赣南、闽南诸地。即便进入现代社会，客家围龙屋仍然广泛存在于岭南地域的客家居住区，保持着坚韧的文化持久力，岭南传统文化的深厚与顽固可见一斑。

在继承传统的同时，岭南大地也在尽情地上演着一幕幕现代时尚。

改革开放以来，西方社会的生活方式和流行时尚率先在岭南大地上演。以节日民俗为例，珠三角地区包括广州、深圳、珠海等大中城市和农村过"洋节"已经成为一种司空见惯的事情。充分吸纳西方现代社会的风俗时尚，使岭南地域的民众生活充满现代色彩。传统民俗与现代时尚交织在一起，在岭南的城市中体现得尤为明显，人们常常上午喝早茶，下午去冰室吃冰淇淋，晚上在酒吧流连；在广州荔湾区，传统的骑楼、西关大屋与独具异国风情的沙面洋房互相掩映；在珠三角地区，粤语、英语和普通话同时被使用，是办公、经商、旅游、日常交往的通用语言。随着时代的发展，这一特征愈加显著，成为岭南民俗文化的一道风景。

（三）开放创新而不失自我

远离中央政权的边陲位置使岭南受中原思想文化的浸染较弱，没有过重的历史负荷；海上贸易开展得较早，铸成岭南民众的海洋文化性格：勇于探索、大胆创新、乐于接受新事物。尤其近三百年来，岭南精英们创造的大文化传统是一个相对年轻的文化个体。特殊的历史环境和地理位置使它具有革命性、破坏性，铸成岭南文化特异的品格：不重传统，不畏权威。这种精神突出地表现在岭南文化强烈的社会政治意识上。洪秀全领导的太平天国革命、康梁主持的维新变法、孙中山领导的反清革命和国民革命都发源于岭南。大传统的这种鲜明品格绝不是空穴来风，而是几千年大小传统互动的结果，它也进一步强化了岭南地域开放创新的民间传统。以粤菜为例，粤菜在汇集岭南各地民间传统美食的基础上不断吸收各大菜系精华，借鉴西方食谱之所长，融会贯通而成一家。粤菜"无所不食"的用料广泛体现了岭南民俗文化开放兼容的品格，岭南民众不排斥、不抗拒，而是以一种宽容的态度，对各种饮食文化兼收并蓄——敢于接受、善于理解、精于变化。

岭南文化处于中原文化圈的边缘位置，由于处于文化圈的边缘地带，当中原文化中心发生形态改变后，岭南民俗文化并未紧随其后，反倒保存了中原传统民俗文化一些初始的形态，在岭南现代社会中呈现出凝重保守的特殊样态。最显著的例子是语言，以广东为例，在广东境内主要分布着四种方言，即广州方言、客家方言、潮州方言和海南方言，几乎占全国主要汉语方言的一半，在我国汉语方言中占有重要地位。这四种方言都由汉语分化而来，都是在民族迁移中，由当时的汉语和迁入地原住民族语言（主要是少数民族语言）接触而形成的地方语言。岭南地区政局相对稳定，山川、河流等障碍不利于民众交往，使广东方言不同程度地保留了较多的古汉语成分。当中原腹地的古汉语几经流变，终于在轰轰烈烈的"白话文运动"的尘嚣中退出中国人的当代生活的时候，以开放变通为特征的岭南人却满口的古词汇，而且津津乐道于自己的区域方言，对普通话"敬而远之"。有学者在研究岭南文化的原生形态时指出，秦汉以前的岭南文化在对外来文化的吸收中保持着这样一种方式——它只选择对自己有直接利用价值的物质文化，却并不改变长期形成的生活习俗和生存文化，如只在器物种类等方面显示外来文化的印迹，而在实际生活中依然保留着野蛮落后的习俗。岭南民俗文化在几千年的发展历程中的确存在这一倾向，这也是它既乐于创造新事物又自发性地坚持自我，开放创新与保守陈旧在岭南同时存在的深层原因。

（四）包容气度与多元品格共存

岭南民俗文化经过数千年岁月的洗礼已经很难找到古代南越族文明的底色，它对内接受了中原四次大规模移民，对外从汉代开始就敞开大门，接受东南亚、欧洲乃至美洲各国的贸易往来，这些彰显了岭南民俗文化"海纳百川，有容乃大"的包容气度。秦朝把岭南作为强制迁徙中原"罪徒"的一个基地。他们带来了铁制农具、生产技术（牛耕、制砖瓦等）和多方面的文化科学知识，对南海诸郡的早期开放和封建社会的扩展起了关键性的作用。西晋末年，继司马氏八王之乱后，匈奴贵族刘氏入据洛阳、长安，中原人民为了逃避战乱纷纷南渡，形成秦汉之后移民岭南的又一高潮。移民带来冶铁业、畜力拉耙的新农具和新技术，开始掌握农田用水，这些都是岭南生产力提高的标志。北宋末年，中原不断受到辽、西夏和金的侵扰，终于在1276年被新建的蒙古汗国所灭。连年的战乱和天灾使农民饿死、淹死，被迫逃难者不计其数。当时岭南社会环境相对安定，地广人稀，大量难民逃至岭南。两宋间移民的规模超过以往时代，不仅有中原人还有大量江南人，他们融合了黄河文化和长江文化的精华，给岭南文化输送了新的更高层次的养分。

除了对内吸纳中原移民，岭南民众早就向海外敞开大门。汉代即已形成的以番禺（广州的古称）为起点的"海上丝绸之路"与穿越河西走廊的"陆上丝绸之路"一同构成我国古代主要的外贸路线，是沟通古中国与世界各地的交流窗口。到了唐代中期，这条著名的国际航路发展到鼎盛期，被称作"广州通海夷道"，它从广州出发，经马六甲海峡，越印度洋，入波斯湾，直抵东非海岸，沿途所经的山、洲、城、国，共百余处之多。海上贸易不仅为岭南带来奇珍异货，还带来伊斯兰教、天主教等西方教义。悠久的中原移民和海外贸易历史形成了岭南民俗文化以古代南越族文化为基础，融汇中原文化与西方文化的独特内核，使它自然而然地具备了强大包容性，对新事物敏感，接受能力强。它可以宽容地对待异己成分，但是由于文化根基薄弱，对来自四面八方的各种文化元素缺乏整合能力，造成岭南民俗千姿百态的多元品格。以广州古老的商业区——荔湾区的建筑为例，西关古老大屋是明清时期豪门富商在此营建的大型住宅，其基本布局是三间两廊、左右对称，中间为主要厅堂。院内高大明亮、厅园结合、装饰精美，具有浓郁的岭南韵味。骑楼是广泛分布在荔湾区商业街的商业建筑，它起源于2 000余年前的古希腊，后来流行于欧洲，近代传入我国。骑楼因适合广州多变的气候，逐步成为广州街景的主格局。它在楼房前半部跨人行道而建，在马路边相互连接而形成自由步行的长廊，长可达几百米至一两千米以上。除了中、西这两种典型建筑，沙面岛上的西方古典主义建筑群也是荔湾区重要建筑类型。沙面原为珠江冲击而成的一个沙洲，自宋到清代一直是广州对外通商要地，1859年划为外国租界后，陆续设有英、法、美、德、日、意、荷、葡等领事馆及银行、洋行等，形成了极具西方古典主义风格的沙面建筑群。西关大屋、商业骑楼和沙面洋房是荔湾区三种典型的民俗建筑，他们混杂在一起，但是各不影响。可以说西关大屋是岭南本土文化的代表，历史也最悠久，但是商业骑楼与沙面洋房并没有吸收它的建筑元素，而是自成风格；同样，荔湾区后世的民居也没有借鉴西方建筑元素，而是秉承西关民居的传统风格，只是繁简不一，又出现了近代的竹筒屋等建筑形式。因缺乏文化整合力，岭南民俗纷繁各异，使人宛如置身于"花花世界"之中。

岭南文化里的中原根基与底色与其说是通过精英阶层以政治话语方式由上而下传达，毋宁讲是由于岭南历史上四次大规模中原移民的到来，使中原文化由民间从下而上渗透到岭南文化中，并逐渐覆盖了基础地位。另一方面，由于受中原文化辐射较弱，岭南民众的文化素质偏低；濒临大海和海岸线长的地理优势使岭南地域的经商之风非常浓厚，形成"重商轻文"的社会风气，由精英阶层控制的大传统话语在这种文化淡化的风气中的影响力非常有限。因此，岭南文化的精髓在民俗文化中体现得尤为全面。岭南民俗文化即是在南越土著文化的基础上，融汇了中原文化和西方文化，逐渐形成和发展起来的具有鲜明时代色彩和地域特征的区域性文化。

岭南文化的种种来源和构造决定了它具有重商性、开放性、坚定性、兼容性、多元性和平民性特点，其特质突出表现为"新、实、活、变"四个字。岭南文化经过绵长发展，至今已发展为博大精深的大文化系统，包括政治、思想、哲学、经济、社会、道德、宗教、教育、体育、文学、艺术、医学、药学、民俗、戏剧、曲艺、建筑、生活、生态等领域，林林总总，博大精深，丰富多彩。岭南文化经过长期积累，厚积薄发，在近、现代中国民主化、现代化进程中发挥了巨大作用，充分显示出强大的生命力。随着中国改革开放战略的深入推进和蓝色战略的实施，岭南文化必将在与时俱进中发光异彩，为祖国的强盛、民族的复兴提供源源不断的智慧源泉。

第二节　我国沿海省市地方文化思想比较分析

一、人类两种不同文明的比较分析及海洋文明的特点

（一）人类两种不同文明比较

在人类文明发展史上，由于人类所处的自然环境和经济生产生活方式不一样，在多年的文明进化演变中形成了不同的文明类型——大河文明和海洋文明。大河文明和地中海文明发祥地的自然地理环境不同，造成了两种文明在发展过程中存在相当大的差异。地理环境的差异性、自然资源的多样性，是人类分工的自然基础，它造成各地域、各民族的物质生产方式不同。不同生产方式的差异导致文化类型不同，直接影响着各地域人群的生活方式与思维方式：大河文明的稳定持重，与江河造成两岸居民农耕生活的稳定性有关；海洋商业文明的外向开拓精神，则与大海为海洋民族提供的扬帆异域、纵横驰骋的条件有关。

大河文明诞生于大江大河流域，这些区域灌溉水源充足，地势平坦，土地相对肥沃，气候温和，适宜人类生存，利于农作物培植和生长，能够满足人们生存的基本需要，因此农业往往很发达。大河文明以农耕经济为基本形态，对自然环境的依赖性较强。农耕经济是一种和平自守的经济，由此派生出的民族心理也是防守型的。作为典型的大河文明，中华民族较少有拓边侵略的行径。最能体现中国人防御思想的是长城的修建。长城，不带进攻性质，完全着眼于防卫。中华文明在相当长的历史阶段中曾经执世界文明的牛耳，特别是纺织、造船、制瓷、造纸、印刷、火药、建筑等行业的成就，曾一度令世界各国望尘莫及。大河文明创造

了灿烂而持久的封建文化，维系了长期的政治稳定。

再看欧洲人所聚居的地中海地区。地中海是处于欧、亚、非大陆之间的陆间海，被称为"上帝遗忘在人间的脚盆"。簇拥地中海的陆地，森林茂密，丘陵遍布，土地贫薄，不适合农作物的生长。其陆海交错、港湾纵横，海面大多是波平浪静，为地中海人航行海上从事商贸活动创造了得天独厚的地理条件。地中海文明的发祥地古希腊地处爱琴海，海岸线曲折，岛屿众多，陆路交通不方便，可耕地面积较少，农耕文明发展空间小，陆路交通的不方便自然选择了海洋为文明发展的主要方向。滨海地区拥有渔盐之利和交通之便，工商业便应运而生。地中海文明以外向发展和商品经济为基本特征，开拓海外市场、抢占殖民地、实施海外扩张是其天然使命。地中海人的航海业和海上贸易十分发达，而且形成了一种向外展拓的文化类型。地中海文明的特点是发展和变化的跳跃性，活力强劲，有一种勃然而发的力量，可以在短期内迅速生长壮大起来。地中海文明造就了西方近代的战略文化，它以"生存竞争""弱肉强食"作为人之本性和认知世界的基本范式，把社会达尔文主义演绎的竞争和冲突作为生存的基本法则。在这一逻辑下，侵略、扩张、掠夺是合法的，战争是必需的，世界是强者的世界。

大河文明与以地中海文明为标志的海洋文明尽管存在差异，但也是一种互动的和互相借鉴的关系，在整体上并没有优劣之分。大河文明的主要特点是生命力顽强，海洋文明的主要特点是活力强劲。一个民族的文化形态是属于海洋的还是属于内陆的，其本质区别在于它是以农业生产为主要经济生活，还是以海上航运、海外贸易为主要的经济生活，最终占主导地位的经济生活决定这个民族的基本性格和文明基调。

（二）海洋文明的特点

海洋文明是人类历史上主要因特有的海洋文化而在经济发展、社会制度、思想、精神和艺术领域等方面领先于人类发展的社会文化。所以，海洋文明之所以能称为海洋文明，一是它要领先于人类社会的发展，二是这种领先主要得益于海洋文化，两者缺一不可。一种文明在地理位置上靠近海洋，甚至有比较发达的海洋文化，并不一定是海洋文明。古埃及靠海，但其文明的发展主要得益于尼罗河；古巴比伦也靠近海洋，但其文明的发展主要得益于两河。中国古代文明的发展，得益于海洋的不多，尽管中国有漫长的海岸线，也创造了丰富的海洋文化，也不能算是海洋文明。古代日本文明与海洋的关系远比中国文明与海洋的关系密切，然而其文明程度却远不如以长安为中心的中华文明，所以也不能算是海洋文明。太平洋诸岛的土著文化，其文化与海洋的关系虽然十分密切，也创造了一些海洋文化，但却落后于时代的发展，当然更不能算是海洋文明。所以，靠近海洋，有海洋文化不一定就能发展成海洋文明。从两种文明的不同本质特点着手，寻找后来海洋文明的发展，最后总结出海洋文明的根本特点和优势，以使我们对海洋文化和海洋文明的认识有一个新的高度和新的起点。

从古埃及、古巴比伦、中国等国的古文明特点研究发现，以农耕经济为基础的大河文明的特点是：稳定持重，但不思变革；注重防卫手段，但缺乏出击精神；推崇道德，但轻视效率；安贫乐道，但不具冒险精神。如大河文明造就的中国的战略文化，崇尚"人之初，性本善"，崇尚"和为贵"，将基本战略目标定位于守国土、求统一、保和平，将"不战而屈人之兵"作为战争手段选择的最高境界。相比之下，海洋文明有三大特点，第一个特点是开放性。海洋文明不是一种闭关自守的文明，而是一种不断从异质文化汲取营养的文明。海洋文明的开放是多方位的。从经济上讲，它是一种对外贸易依赖型的文明，发展海外市场、开拓海外殖民地成为这种文明的最重要的经济要求。从人口流动上讲，它在不断吸收外来人口的同时，又不断向外殖民。人口的流动改良了人种的素质，又促进了文化和思想的开放。海洋文明的第二个特点是文化的多元性。容忍异质文化和多种文化共存和竞争成了这种文明开放性的补充。多种文化的共存使每一种文化都随时意识到竞争的存在，为了在竞争中取得优势，都要设法不断发展，以发展求生存。海洋的分隔使希腊文化的各个实体保持了其多样性。多样性促进了竞争，而竞争又促进了发展。同时又是由于海洋的保护，使每一个城邦都有可能保持自己的文化特点而又可以有选择地吸收他人的优点。文化的多元性体现在一个政治实体内部就是可以容忍个体的发展个性，它的政治体现就是民主制，雅典就是典型的代表。希腊的活力就在于文化的多元性。海洋文明的第三个特点是它的原创性和进取精神。人从陆地进入海洋本身就意味着一种挑战，征服海洋会培养和激发人的创新和进取精神。古希腊人较少有思想上和精神上的束缚。从希腊神话中可以看出，在希腊人的眼中，没有谁具有至高无上的权威，甚至神也是如此。大多数神的行为更像一群顽皮的孩子，主神宙斯的行为也没有很高的权威。神和人都不是因其已有的地位而是因其事功的独一无二性而受到颂扬。

二、我国沿海六大区域文化板块比较分析

中华文明虽然从整体上属于大河农耕文明，但是在广袤的中华大地上，生存的地理自然环境不一样，生产生活方式不一样，在长期的进化演变中形成了不同的地区文化。随着人类造船技术和航海技术等科学技术的大发展，东方大河农耕文明与西方地中海海洋文明这两种文明的接触和交融成为可能。西方海洋文明与我国沿海省市的接触交流程度也不一样，从而对我国沿海省市的地方文化也形成了不同程度的演变。内在和外在的因素使得我国的沿海地区形成了不同的区域文化板块。从目前的研究来看，从不同区域文化板块的文化特质表现来看，主要包括关外文化、燕赵文化、齐鲁文化、吴越文化、闽南文化和岭南文化六大区域文化板块。

关外文化是对山海关以东的东北三省文化的统称。辽宁是我国沿海关外文明的主要代表区域。关外文化是一个多民族文化融合体，在时代的变迁中，关外文化又打下了深深的时代的烙印，民族性、时代性构成

了关外文化两大明显的特质。[①] 其显著的文化特质表现为蒙古民族的牧猎文化及满族的半渔猎半农耕文化，重传统、"祖制不可违"成为满族人的处世哲学，思想表现为保守、封闭，缺乏包容。新中国成立以后，关外东北成为新中国的重工业基地，也是国有企业最集中的地方，在长期计划经济这一官本位机制影响下，东北人无论是从思想内容上还是从思维方式上来说，都相对保守、教条，缺少开拓精神。因此，关外文化形成的保守、教条、缺少开拓精神的文化特质，与海洋文明的开放、多元、包容、开拓的文化特质是相差甚远的。辽宁海洋战略的有效推行和实施，树立新时代的海洋文明思想观念是关键。

河北、天津是燕赵文化在我国沿海文化板块的主要代表。燕赵文化从文化特征上看，具有既不同于中原、关陇又不同于齐鲁、江南的特点。总的说来，燕赵文化集中表现在以下几个方面。① 好气任侠、慷慨悲歌的侠义精神，这是燕赵文化最突出的特质。② 变革进取、自强不息的奋斗精神。③ 追求和合、顾全大局的德义精神。燕赵自古崇尚德义，廉颇蔺相如列传中的故事就生动地表现了这种精神境界。④ 勤劳淳朴、虔诚礼让的处世精神。燕赵文化的好气任侠、慷慨悲歌的侠义精神，从另外的侧面来看，燕赵文化具有冒险的精神，这与海洋文明的冒险特质很接近。但是二者有本质区别，燕赵文化的冒险是为了义气、知己而冒险，是站在精神的角度。海洋文明的冒险精神是为了利益而冒险，是站在实用的角度。燕赵文明的变革图强思想，从另外一个角度反映了燕赵文化的开放性、包容性、开拓性。这与西方海洋文明的许多特质十分接近。由于燕赵地区紧靠帝都和中原地区，中原文明对其影响和约束过于强大。因此即便在中国近代西方海洋文明登陆中华大地时，也没能将这一地区带向世界，走向海洋。

---

① 叶立群. 论辽海文化的多元性特征——兼论辽宁人文化性格的形成 [J]. 辽宁经济管理干部学院学报，2008（4）：3.

山东是我国沿海齐鲁文化的主要代表地区，齐鲁文化是中原文化、孔孟文化、封建官本文化、大河农耕文明继承和发扬最为完善的集大成者，是中华文明的杰出代表和核心地区。齐鲁文化对该地区人的思想、思维模式的影响之深、之强烈是任何外来文化无可比拟的，齐鲁文化是齐鲁地区人的一个思想铁桶。其主要的文化精神特质表现为以下几个方面。① 自强不息的刚健精神。齐鲁文化这一基本精神，在中国传统文化中得到充分发扬，成为我们民族的基本精神，对我们民族的自强、自立、发展、壮大，独立于世界民族之林，起了巨大的积极作用。② 崇尚气节的爱国精神。坚持正义和真理，宁死不向邪恶屈服。气节之中，民族气节为重。民族气节是爱国主义的道德基础，它以维护民族、国家利益为最高原则，表现出不屈不挠的奋斗精神和强烈的忧国忧民意识。齐鲁文化的这一基本精神，对我们国家的统一巩固、民族的团结凝聚起了极大的积极作用，也成为我们民族的基本精神之一。③ 人定胜天的能动精神。这种思想在古代是难能可贵的，里面充满了辩证、唯物精神，对后世影响至深至大。④ "民贵君轻"的民本精神。"民贵君轻"是对人本主义的一种激进的注脚。⑤ 厚德仁民的人道精神。人道主义是以人为本位，强调人的价值，尊重人的独立品格，维护人的尊严和权利。人道精神，是齐鲁文化的灵魂和核心。齐鲁文化是围绕"人"这个核心展开的，因此，我们把齐鲁之学概括为"人学"或"仁学"。也就是说，齐鲁诸子百家，无不高举人道旗帜，把人作为治国的根本。⑥ 大公无私的群体精神。中华民族崇尚集体主义，讲合群，讲和谐，讲统一，强调大公无私。群体主义精神，是齐鲁诸子、各家学派的又一共同主导精神。总的来说，齐鲁文化是中华文化的核心代表，中华文化是大河农耕文明的集大成者，是一种社会礼制文明，其文明的实效是为社会的治理、人的思想行为作出指导，因此它无形中产生了很强的约束力，也容易被统治阶级为维护其统治所利用。事实证明也是如此。也正因为如此，齐鲁文化才能被无数统治者宣扬、推崇，才能传承和发扬得最完善。任何外来新的思想和文化很难撼动其主导地位。海洋文明是一种生存文明，其文明的实效是强调个体的生存发展，约束和墨守成规是其无法接受的，挑战和接受挑战是推动其文明不断前进的动力。在当今世界大变革中，工业化、信息化、智能化成为当今世界的主要经济生活方式，交流替代了封闭、融合代替了隔离，具有开放、多元、多变、冒险、开拓等文化特质的海洋文明正席卷世界。新的思想、观念不断形成，齐鲁文化的发展进步能否做到与时俱进，这无疑是一个严重的挑战，过于完美的齐鲁文化是要保持一种完美的残缺，还是要残缺的美，这考验着齐鲁人乃至每一个中国人的智慧。山东是齐鲁文明的发祥地，也是我国海洋战略试点区。山东半岛蓝色经济区建设的成功与否，文化革新是关键。

江浙沪文化古称吴越文化。吴越地域文化主要表现出吃苦耐劳、实干、喜静、惧变、平和、细腻、柔情等个性心理倾向。吴越人比较容易满足，在某种意义上有一种安于现状的惰性。江浙沪人不仅历来就有相当先进的造船技术和航海技术，而且善于从事海外贸易，这种冒险、有为和开拓精神及强烈的对外贸易意识是在江浙沪沿海人们的生存环境中自然地孕育出来的，近代以来，在现代化要求和外来文化的交互作用下，这种开放意识逐渐定型。

闽南文化是汉民族文化的一个分支，是开放的、动态的、有着更加灵活和广阔空间的文化体系。文化的多元性、兼容性是闽南文化的主要特征之一。随着中国海洋战略的深入推进，闽南文化的一些优秀的特质应如何深入中国内陆地区。扬长避短，趋利避害，从文化入手寻求中国海洋战略实施和走出去战略的对策，为中国改革开放、民族振兴做出贡献。

岭南文化主要分布在五岭以南的广大地区，范围包括我国今天的佛山、广州等珠江流域。总的归纳起来，岭南文化主要有以下特征：① 农业文化与商业文明并重；② 开放创新而不失自我；③ 包容气度与多元品格共存；随着中国改革开放战略的深入推进和蓝色战略的实施，岭南文化必将在与时俱进中发光异彩，为祖国的强盛、民族的复兴提供源源不断的智慧源泉。

通过对我国沿海六大区域文化板块的分析发现，河北、天津的燕赵文化板块的特质与西方海洋文明特质有很多接近的地方，具有培育海洋文明、推行海洋战略的潜在优势。吴越文化、闽南文化和岭南文化与中原文化在地理上的关系以及多年受西方海洋文明的影响，其文化特质与西方海洋文明存在着一定的血缘关系。这对这些地区未来海洋文明的培育和海洋战略的推行无疑是一个优势。

第十一章
我国沿海省市海洋生态环境承载竞争力比较研究

　　海洋尤其是沿海地区是生态环境最为脆弱的地区之一，而生态环境是很多海洋资源尤其是海洋生物资源的载体。近年来，由于海洋的无序和不合理的开发，我国海洋生态环境遭到不同程度的破坏，海洋经济的可持续发展受到严重的挑战。我国沿海不同地区的地理环境、经济开发和环境破坏程度不一样，因此目前不同地区海洋生态环境对经济发展的承载能力也不一样。这对我国沿海省市制定不同的海洋开发政策提出了新的课题。

第一节　　我国沿海省市海洋生态环境总体概况

　　我国沿海省市海洋生态环境的基本概况可以从 2008 年国家海洋局的我国沿海海域的检测报告中获得。从该检测报告可以得知，我国近岸海域总体污染程度依然较高。全海域未达到清洁海域水质标准的面积约13.7 万平方千米。污染海域主要分布在辽东湾、渤海湾、莱州湾、长江口、杭州湾、珠江口和部分大中城市近岸局部水域。与上年度相比，近岸局部海域水质略有好转；近海大部分海域为清洁海域；远海海域水质保持良好状态。海水中的主要污染物是无机氮、活性磷酸盐和石油类。近岸海域沉积物质量总体良好，部分贝类体内污染物残留水平依然较高。88.4%的入海排污口超标排放污染物，部分排污口邻近海域环境污染严重。河流携带入海的污染物总量略有减少。由大气输入海洋的部分污染物通量仍呈上升趋势。

近岸海域生态系统基本稳定，但生态系统健康状况恶化的趋势仍未得到有效缓解，大部分海湾、河口、滨海湿地等生态系统处于亚健康状态。奥运帆船赛区的环境质量满足海上帆船比赛的要求。海水增养殖区环境状况基本满足其功能要求。滨海旅游度假区、海水浴场环境状况良好，功能区内海洋垃圾数量总体处于较低水平。海洋倾倒区和海上油气开发区环境质量基本符合功能区环境要求。2008年发生赤潮68次，累计面积13 700平方千米。赤潮发生次数较上年明显减少，但累计面积比上年增加2 100平方千米，赤潮多发区主要集中在东海海域。渤海和黄海部分滨海平原地区海水入侵严重、盐渍化范围大。

一、海水环境质量

（一）全海域海水环境质量

我国污染海域面积减少，较清洁海域面积增加，近岸局部海域水质略有好转，但总体污染程度依然较高；近海大部分海域为清洁海域；远海海域水质保持良好。全海域未达到清洁海域水质标准的面积约为13.7万平方千米，其中较清洁海域面积约6.5万平方千米，比2007年增加约1.4万平方千米；污染海域面积约7.2万平方千米，比2007年减少约2.2万平方千米。污染海域主要分布在辽东湾、渤海湾、莱州湾、长江口、杭州湾、珠江口和部分大中城市近岸局部水域。海水中的主要污染物依然是无机氮、活性磷酸盐和石油类。上述污染物超第二类海水水质标准的站位数比例分别为52%、29%和19%。近年来，由于我国积极调整和优化产业结构,不断推进经济增长方式由粗放型向集约型转变,沿海各级地方政府严格落实节能减排政策,以节能减排作为调整经济结构、转变发展方式的突破口,加快资源节约型、环境友好型社会建设步伐。伴随着节能减排工作的不断推进,海洋领域的节能减排工作也初见成效。2000 年以来,我国陆源排污口污染物入海量总体呈下降趋势,尤其近年来下降趋势更为明显。同时,我国海域污染面积呈现总体下降趋势,2008 年,全海域未达到清洁海域的面积约为 13.7 万平方千米,比 2000 年明显减少。

(二)各海区海水环境质量

渤海:较清洁海域面积 7 560 平方千米,比 2007 年增加 300 平方千米。污染海域面积 13 810 平方千米,约占渤海总面积的 18%,比 2007 年减少 3 230 平方千米。严重污染海域主要集中在辽东湾、渤海湾和莱州湾近岸。主要污染物为无机氮、活性磷酸盐和石油类。

黄海:较清洁海域面积 11 630 平方千米,比 2007 年增加 2 480 平方千米。污染海域面积 12 030 平方千米,比 2007 年减少 7 110 平方千米。严重污染海域主要集中在胶州湾、海州湾、江苏洋口和启东近岸。主要污染物为无机氮、石油类和活性磷酸盐。

东海:较清洁海域面积 34 140 平方千米,比 2007 年增加 11 710 平方千米。污染海域面积 32 470 平方千米,比 2007 年减少 15 780 平方千米。严重污染海域主要集中在长江口、杭州湾、象山港和闽江口近岸。主要污染物为无机氮和活性磷酸盐。

南海:较清洁海域面积 12 150 平方千米,比 2007 年减少 300 平方千米。污染海域面积 13 210 平方千米,比 2007 年增加 3 650 平方千米。严重污染海域主要集中在珠江口海域。主要污染物为无机氮、活性磷酸盐和石油类。

表 11-1 2004—2008 年各海区较清洁和污染海域面积

海区	年 度	较清洁海域 / 平方千米	轻度污染 / 平方千米	中度污染 / 平方千米	严重污染 / 平方千米	污染海域合计 / 平方千米
渤海	2004	15 900	5 410	3 030	2 310	10 750
	2005	8 990	6 240	2 910	1 750	10 900
	2006	8 190	7 370	1 750	2 770	11 890
	2007	7 260	5 540	5 380	6 120	17 040
	2008	7 560	5 600	5 140	3 070	13 810
黄海	2004	15 600	12 900	11 310	8 080	32 290
	2005	21 880	13 870	4 040	3 150	21 060
	2006	17 300	12 060	4 840	9 230	26 130
	2007	9 150	12 380	3 790	2 970	19 140
	2008	11 630	6 720	2 760	2 550	12 030
东海	2004	21 550	13 620	12 110	20 680	46 410
	2005	21 080	10 490	10 730	22 950	44 170
	2006	20 860	23 110	8 380	14 660	46 150
	2007	22 430	25 780	5 500	16 970	48 250
	2008	34 140	9 630	6 930	15 910	32 470
南海	2004	12 580	8 570	4 360	990	13 920
	2005	5 850	3 460	470	1 420	5 350
	2006	4 670	9 600	2 470	1 710	13 780
	2007	12 450	3 810	2 090	3 660	9 560
	2008	12 150	6 890	2 590	3 730	13 210
	2004	65 630	40 500	30 810	32 060	103 370
	2005	57 800	34 060	18 150	29 270	81 480
	2006	51 020	52 140	17 440	28 370	97 950
	2007	51 290	47 510	16 760	29 720	93 990
	2008	65 480	28 840	17 420	25 260	71 520

二、近岸海域沉积物质量

从 2008 年检测情况来看，我国海洋近岸海域沉积物质量状况总体良好，沉积物污染的综合潜在生态风险低。部分海域沉积物受到铜、镉、石油类和多氯联苯污染，个别站位石油类污染严重。

辽宁：沉积物质量总体良好，综合潜在生态风险低。辽东湾海域普遍受到石油类的污染，个别站位石油类污染严重；辽东湾海域个别站位受到镉的污染。大连近岸海域个别站位石油类污染严重。

河北：沉积物质量良好，综合潜在生态风险低。

天津：沉积物质量良好，综合潜在生态风险低。

山东：沉积物质量总体良好，综合潜在生态风险低。

江苏：沉积物质量总体良好，综合潜在生态风险较低。苏北浅滩近岸海域沉积物普遍受到多氯联苯的轻微污染，局部海域受到汞的轻微污染，个别站位受到石油类和铜的轻微污染。

上海：沉积物质量总体良好，综合潜在生态风险较低。

浙江：沉积物质量总体良好，综合潜在生态风险低。宁波近岸、温州近岸和台州近岸海域沉积物普遍受到铜的轻微污染。

福建：沉积物质量总体良好，综合潜在生态风险低。

广东：沉积物质量总体良好，综合潜在生态风险低。粤东近岸海域个别站位受到铅的污染，深圳近岸局部海域受到镉的轻微污染，珠江口个别站位沉积物受到多氯联苯的污染，局部海域沉积物受到镉的轻微污染。

广西：沉积物质量总体良好，综合潜在生态风险低。广西近岸海域个别站位石油类污染较重。

海南：沉积物质量总体一般，综合潜在生态风险中等。海南近岸局部海域沉积物受到镉的污染，个别站位镉污染严重。

（一）近岸海域贝类体内污染物残留状况

2008 年，我国继续在近岸海域实施了贻贝监测计划，旨在通过监测海洋贝类体内污染物的残留水平，评估我国近岸海域的污染程度和变化趋势。监测的贝类主要种类为缢蛏、菲律宾蛤仔、文蛤、四角蛤蜊、翡翠贻贝、紫贻贝、毛蚶等。监测结果显示，我国近岸海域部分贝类体内的铅、石油烃、镉、砷和滴滴涕残留水平超第一类海洋生物质量标准，其中个别站位贝类体内的石油烃和砷的残留水平较高，超第三类海洋生物质量标准。上述结果表明，我国近岸海域局部环境受到了铅、镉、砷和石油烃的污染，个别站位受到滴滴涕的轻微污染。多年监测的统计结果表明，我国近岸海域贝类体内石油烃的残留水平基本保持不变，部分近岸海域贝类体内铅、滴滴涕、多氯联苯和镉的残留水平呈现下降趋势。

表 11-2　1997—2008 年近岸海域贝类体内污染物的残留水平变化趋势

海　域	石油烃	总 Hg	Cd	Pb	As	666	DDT	PCBs
大连近岸	⇔	⇔	⇔	⇔	⇔	⇔	⇔	⇔
辽东湾	⇔	⇔	⇔	⇔	⇔	⇔	⇔	↗
渤海湾	⇔	⇔	⇔	⇔	⇔	⇔	⇔	⇔
莱州湾	⇔	↗	⇔	⇔	⇔	⇔	⇔	⇔
烟台和威海近岸	⇔	➚	⇔	⇔	⇔	⇔	⇔	⇔
青岛近岸	⇔	⇔	⇔	⇔	⇔	⇔	⇔	⇔
苏北浅滩	⇔	⇔	⇔	⇔	⇔	●	⇔	⇔
南通近岸	⇔	⇔	➚	↘	⇔	⇔	⇔	⇔
杭州湾和宁波近岸	⇔	⇔	⇔	⇔	⇔	⇔	⇔	⇔
三门湾和温州近岸	⇔	⇔	⇔	⇔	⇔	⇔	⇔	⇔
宁德近岸	⇔	⇔	⇔	↘	⇔	●	⇔	⇔
闽江口至厦门近岸	⇔	⇔	➘	↘	⇔	●	⇔	➘
粤东近岸	⇔	⇔	⇔	↘	⇔	↘	➘	➘
深圳近岸	⇔	↗	⇔	↘	⇔	⇔	➘	➘
珠江口	⇔	⇔	⇔	↘	⇔	↗	⇔	⇔
粤西近岸	⇔	⇔	⇔	➘	↘	⇔	➘	⇔
广西近岸	⇔	⇔	⇔	⇔	⇔	⇔	⇔	⇔
海南近岸	⇔	⇔	⇔	⇔	⇔	⇔	➘	⇔
图例说明	➚ 显著升高　　➘ 显著降低　　⇔ 基本不变　　↗ 升高　　↘ 降低　　● 数据年限不够							

（二）海洋大气环境质量与污染物沉降通量

2008 年，国家海洋局在大连近岸、渤海东部、青岛近岸、长江口和珠江口五个重点海域开展污染物大气沉降通量监测。

大连近岸海域：大气气溶胶中总悬浮颗粒物、铜、铅和镉的浓度及其沉降通量基本保持不变。

青岛近岸海域：大气气溶胶中总悬浮颗粒物浓度呈上升趋势，总悬浮颗粒物沉降通量基本保持不变；铜浓度基本保持不变，铜沉降通量呈上升趋势；铅浓度及其沉降通量基本保持不变；镉浓度呈下降趋势，镉沉降通量下降趋势显著。

长江口海域：大气气溶胶中总悬浮颗粒物浓度呈上升趋势，总悬浮颗粒物沉降通量上升趋势显著；铜和铅浓度及其沉降通量上升趋势显著；镉浓度及其沉降通量基本保持不变。

珠江口海域：大气气溶胶中总悬浮颗粒物浓度及其沉降通量呈上升趋势；铜浓度及其沉降通量上升趋势显著；铅浓度呈上升趋势，铅沉降通量基本保持不变；镉浓度及其沉降通量基本保持不变。

大气气溶胶中无机氮含量的比较：大气沉降是海洋中氮元素的重要来源之一，氨氮和硝态氮是大气无机氮沉降的最主要形态。2008 年国家海洋局在五个重点海域开展了大气气溶胶中的无机氮含量的监测工作，监测结果表明，重点海域气溶胶中无机氮含量：青岛近岸＞长江口＞珠江口＞渤海东部＞大连近岸。

三、入海排污口及邻近海域环境质量状况

2008 年，国家海洋局组织地方海洋行政主管部门继续加大陆源入海排污口监测力度，重点监测部分排污口邻近海域生态环境状况和排污影响，深入开展特征污染物监测。

（一）入海排污口分布

2008 年，全国实施监测的入海排污口 525 个，其中，渤海沿岸 96

个、黄海沿岸 185 个、东海沿岸 112 个、南海沿岸 132 个，分别占总数的 18.3%、35.2%、21.3% 和 25.2%，与 2007 年分布状况基本一致。上述排污口中，工业和市政排污口占 64.8%，排污河和其他排污口占 35.2%。设置在渔业资源利用和养护区的排污口占 40.6%，旅游区的占 10.5%，海洋保护区的占 1.1%，港口航运区的占 32.2%，排污区的占 8.6%，其他海洋功能区的占 7.0%，排污口设置不合理的现象仍未改变。

（二）入海排污口排污状况

监测结果表明，2008 年实施监测的入海排污口中，约 88.4% 的排污口超标排放污染物。主要超标污染物（或指标）为化学需氧量（COD_{Cr}）、磷酸盐、悬浮物和氨氮等。

四个海区中，东海沿岸超标排放的排污口比例最高，达 92.0%，南海 89.4%，黄海 88.1%，渤海 83.3%。山东、江苏和广西三省（自治区）超标排放的入海排污口数量占各自实施监测的入海排污口数量的比例居全国前三位。

表 11-3　2008 年各省（自治区、直辖市）入海排污口超标排放情况统计

省（区、市）	监测的排污口数量 / 个	超标的排污口数量 / 个	超标排污口所占比例 /%
辽宁	76	54	71.1
河北	32	21	65.6
天津	12	11	91.7
山东	105	103	98.1
江苏	56	54	96.4
上海	13	10	76.9
浙江	30	28	93.3
福建	69	65	94.2
广东	86	75	87.2
广西	26	25	96.2

省（区、市）	监测的排污口数量 / 个	超标的排污口数量 / 个	超标排污口所占比例 /%
海 南	20	18	90.0
合 计	525	464	88.4

　　设置在渔业资源利用和养护区的排污口中，有 95.3% 超标排放；设置在港口航运区的排污口中，有 81.1% 超标排放；设置在旅游区的排污口中，有 87.3% 超标排放；设置在海洋保护区的排污口全部超标排放；设置在其他功能区的排污口中，有 85.4% 超标排放。

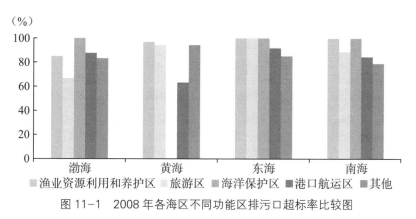

图 11-1　2008 年各海区不同功能区排污口超标率比较图

（三）污水及污染物排海量

　　监测与统计结果显示，2008 年监测的入海排污口污水排海总量（含部分入海排污河径流，下同）约 373 亿吨。排入渤海、黄海、东海和南海的分别占总量的 23.1%、36.6%、19.4% 和 20.9%。排入渔业资源利用和养护区、港口航运区、旅游区和海洋保护区、其他海洋功能区的分别占 47.7%、33.8%、4.7%、13.8%。

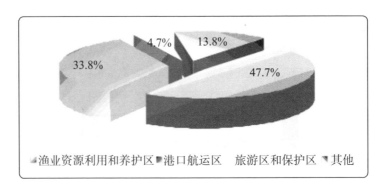

图 11-2　2008 年排入不同功能区的污水量比例图

2008 年，监测的入海排污口排海的主要污染物总量约 836 万吨，其中，COD_{Cr} 410 万吨，占主要污染物入海总量的 49.0%；悬浮物 400 万吨，占 47.8%；氨氮 17 万吨，五日生化需氧量（BOD_5）5 万吨，磷酸盐 1.7 万吨，油类 0.9 万吨，重金属 0.2 万吨，其他 1.2 万吨。排海污染物中，有 26.0% 进入渤海，47.4% 进入黄海，11.5% 进入东海，15.1% 进入南海。排海污染物中，排入渔业资源利用和养护区的占 67.3%，港口航运区的占 16.8%，旅游区和海洋保护区的占 3.4%，其他功能区的占 7.4%，排污区的占 5.1%。

（四）陆源污染物排海对海洋环境的影响

沿海地区排放的工业和生活污水将大量污染物携带入海，给近岸海域，尤其是排污口邻近海域环境造成巨大压力。长期连续大量排污使排污口邻近海域海水污染严重，沉积物质量恶化，生物质量低劣，生物多样性降低，陆源污染物排海已严重制约了排污口邻近海域海洋功能的正常发挥。监测与评价结果表明，2008 年实施监测的排污口邻近海域中，高达 73% 的排污口邻近海域水质不能满足海洋功能区要求，67% 的排污口邻近海域水质为第四类和劣于第四类，27% 的排污口邻近海域水质为第三类；近 30% 的排污口邻近海域沉积物质量不能满足海洋功能区要求，15% 的排污口邻近海域沉积物质量为第三类和劣于第三类。海域生态环境质量评价结果显示，近 40% 的排污口邻近海域生态环境质量处于差和极差状态。177 亿吨污水排入渔业资源利用和养护区，携带了大量营养盐和有毒有害物质，使区内水体富营养化趋势加剧，生物质量降低。

表 11-4　2008 年部分入海排污口邻近海域生态环境质量等级

排污口名称及所在地		海洋功能区类型	要求水质类别	实际水质类别	生态环境质量等级
辽宁	大连化学工业公司排污口	航道区	第三类	劣于第四类	差
	金城造纸公司排污口	养殖区	第二类	劣于第四类	极差
	百股桥排污口	养殖区	第二类	劣于第四类	极差
山东	虞河入海口	养殖区	第二类	劣于第四类	极差
	弥河入海口	养殖区	第二类	劣于第四类	极差
江苏	中山河入海口	养殖区	第二类	劣于第四类	极差
	王港排污区排污口	养殖区	第二类	劣于第四类	极差
	小洋口外闸入海口	养殖区	第二类	劣于第四类	极差
浙江	温州工业园区排污口	航道区	第三类	劣于第四类	差
	乐清磐石化工排污口	航道区	第三类	劣于第四类	差
	象山墙头综合排污口	养殖区	第二类	劣于第四类	极差
	宁海颜公河入海口	养殖区	第二类	劣于第四类	极差
福建	埭辽排污口	围海造地区	第三类	劣于第四类	差
	福鼎白琳石板材加工区排污口	养殖区	第二类	第四类	差
	福鼎星火工业园区排污口	养殖区	第二类	第四类	差
	福建省太平洋电力有限公司排污口	航道区	第三类	劣于第四类	差
	龙海市龙海桥市政排污口	航道区	第三类	劣于第四类	差
	莆田涵江牙口排污口	航道区	第三类	劣于第四类	差
	莆田市城市污水处理厂排污口	航道区	第三类	劣于第四类	差
	同安污水处理厂排污口	保留区	第三类	劣于第四类	差
	翔安污水处理厂排污口	保留区	第三类	劣于第四类	差

排污口名称及所在地		海洋功能区类型	要求水质类别	实际水质类别	生态环境质量等级
	长乐金峰陈塘港排污口	海洋自然保护区	第一类	劣于第四类	极差
	福清三山后郑排污口	养殖区	第二类	劣于第四类	极差
	晋江、石狮11孔桥排污口	养殖区	第二类	劣于第四类	极差
	龙海市东园工业区排污口	海洋自然保护区	第一类	劣于第四类	极差
	罗源松山排污口	养殖区	第二类	劣于第四类	极差
	宁德蕉城市政排污口	养殖区	第二类	劣于第四类	极差
广东	惠州市大亚湾区淡澳河入海口	养殖区	第二类	第四类	差
	建滔（番禺南沙）石化有限公司排污口	一般工业用水区	第三类	劣于第四类	差
	东莞沙田丽海纺织印染有限公司排污口	一般工业用水区	第三类	劣于第四类	差
	珠海威立雅水务污水处理有限公司排污口	风景旅游区	第三类	劣于第四类	差
广西	金银鹰纸业有限公司排污口	养殖区	第二类	第三类	差
海南	龙昆沟排污口	风景旅游区	第三类	劣于第四类	差

（五）排污口特征污染物监测

2008年，国家海洋局连续第三年开展部分入海排污口特征污染监测。监测项目包括我国"水中优先控制污染物"中的主要污染物以及其他典型持久性有机污染物、环境内分泌干扰物质、国际公约禁排物质及剧毒重金属等，并进一步加强对入海排污口污水综合生物效应的监测。监测结果显示，实施监测的94个排污口污水及邻近海域沉积物中普遍检出特征污染物。其中，24%的排污口超标排放严重，污水中部分特征污染物的排放浓度超污水综合排放标准几十倍；15%的排污口邻近海域沉积物受到严重污染，部分特征污染物含量超第三类海洋沉积物质量标准十几倍。2006—2008 年的监测结果表明，入海排污口特征污染物的超标排放状况及邻近海域沉积物的污染状况呈逐年加剧的趋势。对 94 个排污口实施污水综合生物效应监测，并评价排污口污水对海洋生物的综合毒性风险等级。结果显示，78% 的排污口污水对海洋生物产生危害，其中，20%的排污口污水对海洋生物的综合毒性风险较高。污水综合生物效应最为显著的排污口类型为工业排污口，主要分布于环渤海沿岸和浙江、福建海域。其中，部分污水处理厂所排放污水中特征污染物含量较高，污水综合毒性风险高，与现有污水处理工艺对此类污染物处理能力不足有关。

四、主要河流污染物入海量

2008 年，全国主要河流入海污染物总量监测结果显示，由长江、珠江、黄河和闽江等入海河流排海的 COD_{Cr}、油类、氨氮、磷酸盐、砷和重金属等主要污染物总量为 1 149 万吨，比 2007 年减少 258 万吨。其中，COD_{Cr} 1 102 万吨，约占总量的 95.9%；营养盐 34.4 万吨，约占 3.0%；油类 74 879 吨，重金属 44 128 吨，砷 6 183 吨。

表 11-5　2008 年部分河流排放入海的污染物量

河流名称	COD_{Cr}/ 吨	营养盐 / 吨	油类 / 吨	重金属 / 吨	砷 / 吨	合计 / 吨
长江	5 668 246	100 803	19 546	22 600	2 052	5 813 247
珠江	1 550 000	68 100	40 200	8 813	3 760	1 670 873
闽江	805 227	37 732	3 398	3 105	55	849 517
南渡江	449 005	1 934	153	387	13	451 493
黄河	336 899	24 200	—	773	23	361 895
钱塘江	312 800	19 712	3 640	690	44	336 886
椒江	272 588	7 941	253	264	28	281 074

河流名称	COD$_{Cr}$/ 吨	营养盐 / 吨	油类 / 吨	重金属 / 吨	砷 / 吨	合计 / 吨
西江	154 859	8 996	2 110	462	47	166 474
甬江	142 800	11 170	452	63	4	154 488
潭江	133 476	10 689	1 686	439	29	146 319
大风江	114 841	274	106	121	2	115 344
南流江	61 079	1 391	242	171	6	62 889
敖江	56 321	1 265	144	78	1	57 809
小清河	52 205	2 046	383	33	3	54 670
茅岭江	35 573	1 447	107	37	2	37 166
射阳河	25 917	4 216	132	48	10	30 323
钦江	27 182	2 716	109	111	2	30 120
晋江	16 525	10 673	1 228	70	14	28 511
碧流河	25 288	159	44	2	4	25 497
东江北支流	19 852	1 526	50	648	3	22 079
大凌河	20 800	424	4	—	8	21 235
小凌河	14 850	1 557	8	1	1	16 417
灌河	12 750	1 496	84	77	3	14 409
东江南支流	9 814	1 639	66	448	3	11 970
防城江	10 704	1 092	50	15	—	11 861

五、近岸生态系统健康状况

2008 年，国家海洋局对 18 个生态监控区进行了生态监测。监控区总面积达 5.2 万平方千米，主要生态类型包括海湾、河口、滨海湿地、珊瑚礁、红树林和海草床等典型海洋生态系统。监测内容包括环境质量、生物群落结构、产卵场功能以及开发活动等。

表 11-6　2008 年全国海洋生态监控区基本情况

生态监控区	所在地	面积/平方千米	主要生态系统类型	健康状况	五年变化趋势
双台子河口	辽宁省	3 000	河 口	亚健康	基本稳定
锦州湾*	辽宁省	650	海 湾	不健康	略有好转
滦河口—北戴河	河北省	900	河 口	亚健康	基本稳定
渤海湾	天津市	3 000	海 湾	亚健康	基本稳定
莱州湾	山东省	3 770	海 湾	不健康	基本稳定
黄河口	山东省	2 600	河 口	亚健康	略有好转
苏北浅滩	江苏省	3 090	湿 地	亚健康	略有好转
长江口	上海市	13 668	河 口	亚健康	基本稳定
杭州湾	上海市	5 000	海 湾	不健康	基本稳定
	浙江省	—	—	—	—
乐清湾	浙江省	464	海 湾	亚健康	基本稳定
闽东沿岸	福建省	5 063	海 湾	亚健康	略有下降
大亚湾	广东省	1 200	海 湾	亚健康	基本稳定
珠江口	广东省	3 980	河 口	不健康	基本稳定
雷州半岛	广东省	1 150	珊瑚礁	亚健康	基本稳定
西南沿岸	—	—	—	—	—
广西北海	广西壮族自治区	120	珊瑚礁、红树林、海草床	健康	基本稳定
北仑河口*	广西壮族自治区	150	红树林	健康	基本稳定
海南东海岸	海南省	3 750	珊瑚礁海草床	健康	基本稳定
西沙珊瑚礁*	海南省	400	珊瑚礁	亚健康	略有下降

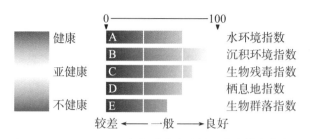

图 11-3 2004—2008 年海洋生态监控区生态健康状态图

监测结果表明，多数珊瑚礁、红树林和海草床生态系统处于健康状态，海南东海岸生态监控区内的珊瑚礁、海草床生态系统，广西北海生态监控区内的珊瑚礁、海草床及红树林生态系统以及北仑河口红树林生态系统健康状况良好；西沙珊瑚礁生态监控区内的珊瑚礁生态系统和雷州半岛西南沿岸生态监控区内的珊瑚礁生态系统处于亚健康状态。主要海湾、河口及滨海湿地生态系统处于亚健康和不健康状态，锦州湾、莱州湾、杭州湾和珠江口生态系统仍处于不健康状态。连续五年的监测结果表明，我国海湾、河口及滨海湿地生态系统存在的主要生态问题是无机氮含量持续增加，氮磷比失衡呈不断加重趋势；环境污染、生境丧失或改变、生物群落结构异常状况没有得到根本改变。红树林和海草床生态系统基本保持稳定，珊瑚礁生态系统健康状况略有下降。影响我国近岸海洋生态系统健康的主要因素是陆源污染物排海、围填海活动侵占海洋生境、生物资源过度开发等。总体而言，我国近岸海域生态系统基本稳定，但生态系统健康状况恶化的趋势仍未得到有效缓解。

双台子河口生态监控区的生态系统处于亚健康状态。水体氮磷比严重失衡，夏季全海域活性磷酸盐含量超第四类海水水质标准；部分水域夏季溶解氧含量未达到第二类海水水质标准的要求；镉和铅仍然是影响本区海洋生物质量的主要因子。生物群落结构一般，春季浮游植物密度正常，平均为 9.2×10^4 个细胞 / 立方米；浮游动物密度显著偏高，平均为 77 672 个 / 立方米；底栖生物数量仍然偏低，平均密度为 13.1 个 / 平方米；鱼卵、仔鱼密度低，平均密度分别为 2.5 个 / 立方米和 2.3 尾 / 立方米。

连续五年的监测结果表明，双台子河口生态系统健康状况总体上处于恢复状态，主要表现在生态系统健康指数呈上升趋势，海域石油类含量超第一类海水水质标准的面积呈减少趋势，沉积环境质量持续改善，影响生物质量的主要污染因子呈减少趋势。但陆源污染物输入、油气勘探和海水养殖等开发活动对栖息地的破坏依然是影响生态监控区健康的主要因素。近几年，河口近岸水域春季盐度波动较大，平均盐度由 2004 年同期的 33.32 持续降为 2007 年的 27.50，2008 年又升至 31.19，盐度的波动也对海洋生态系统健康产生一定影响。

锦州湾生态监控区的生态系统处于不健康状态。夏季近 20% 水域的无机氮含量超第四类海水水质标准。沉积环境质量较差，部分测站重金属和石油类含量超标。海洋生物质量一般。湾内栖息地面积减小。生物群落结构异常，春季和夏季的浮游植物密度偏低，分别为 8.5×10^4 个细胞 / 立方米和 17×10^4 个细胞 / 立方米；浮游动物密度偏低，平均密度分别为 18 441 个 / 立方米和 39 388 个 / 立方米。连续四年的监测结果表明，锦州湾生态系统始终处于不健康状态，湾内沉积物污染严重，生物质量较差。围填海导致了锦州湾栖息地面积大幅缩减，生境丧失严重。湾内生物群落结构异常，浮游植物、浮游动物和底栖生物平均密度始终偏低，生物资源明显减少。围填海对栖息地的破坏和陆源排污是影响锦州湾生态系统健康的主要因素。

滦河口—北戴河生态监控区的生态系统处于亚健康状态。水体和沉积环境总体质量良好。部分生物体内镉和砷含量偏高。生物群落结构异常，夏季的浮游植物密度偏高，平均为 $3\,240 \times 10^4$ 个细胞 / 立方米。文昌鱼栖息密度和生物量下降，春季和夏季的栖息密度分别 125 尾 / 平方米和 71 尾 / 平方米，生物量分别为 5.50 克 / 平方米和 3.13 克 / 平方米。

连续多年的监测结果表明，适于文昌鱼栖息的沉积物类型生境不断缩小和破碎化，文昌鱼数量呈减少趋势。2001—2008 年文昌鱼的栖息密度逐年降低，2006 年降至最低值，为 64 个 / 平方米。2001—2008 年文昌鱼的生物量总体呈降低趋势，2008 年已降至 1999 年以来的最低值，为 3.13 克 / 平方米。其主要原因是海水养殖业发展迅速，养殖污染物沉降导致沉积物组分改变，使得适宜文昌鱼栖息的栖息地面积减少。

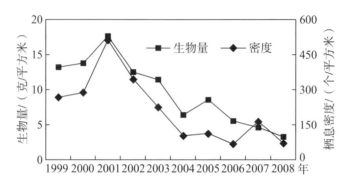

图 11-4　1999—2008 年 8 月份文昌鱼栖息密度及生物量变化趋势

渤海湾生态监控区的生态系统处于亚健康状态。水体氮磷比失衡，大部分水域无机氮含量超第四类海水水质标准，部分水域活性磷酸盐含量超第四类海水水质标准。沉积环境总体质量良好。部分生物体内总汞、砷和镉的含量偏高。生物群落结构状况较差，春季浮游植物密度偏低，平均为 12.8×10^4 个细胞 / 立方米；春季和夏季浮游动物密度偏高，平均分别为 23 830 个 / 立方米和 10 280 个 / 立方米；夏季底栖生物栖息密度和生物量偏低，为 51 个 / 平方米和 19 克 / 平方米；鱼卵、仔鱼密度低，平均密度分别为 1 个 / 立方米和 3 尾 / 立方米。

连续五年的监测结果表明，持续的城市化进程和陆源排污未得到有效控制，致使渤海湾水体始终处于严重的富营养化和氮磷比失衡状态，严重影响了水环境质量。水体污染影响了海洋生态系统平衡，生物群落结构差。持续大规模围填海工程使天然滨海湿地面积大幅减小，导致许多重要的经济生物的栖息地丧失，生物多样性迅速下降。渤海湾生态系统始终处于亚健康状态，陆源污染和围填海工程等依然是影响渤海湾生态系统健康的主要因素。

黄河口生态监控区的生态系统处于亚健康状态。水体富营养化严重，氮磷比失衡，大部分水域无机氮含量超第四类海水水质标准。沉积环境总体质量良好。部分生物体内砷和镉的含量偏高。生物群落结构状况一般，生物多样性和均匀度较差，春季浮游动物密度偏高，平均密度为74 129 个 / 立方米，生物多样性指数平均为 0.877，均匀度平均为 0.337；底栖动物栖息密度偏低，春季和夏季分别为101 个 / 平方米和 88 个 / 平方米。鱼卵、仔鱼密度低，平均密度分别为1.5 个 / 立方米和 1 尾 / 立方米。

连续五年的监测结果表明，黄河来水量的明显增加使河口湿地生态环境质量略有改善，黄河口生态系统健康状况总体处于恢复状态，生态系统健康指数有增加趋势。但水体富营养化、氮磷比失衡仍然严重。部分生物体内砷、镉和石油烃的含量偏高。渔业生物资源衰退等生态问题依然严重。外来物种泥螺数量持续增加，密度和分布范围都超过邻近的莱州湾。陆源排污和过度捕捞等是影响黄河口生态系统健康的主要因素。

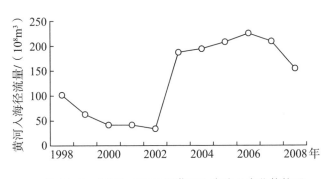

图 11-5　1998—2008 年黄河入海流量变化趋势图

莱州湾生态监控区的生态系统处于不健康状态。水体氮磷比严重失衡，大部分水域无机氮含量超第四类海水水质标准；局部水域活性磷酸盐含量超第四类海水水质标准；春季，近 30% 水域石油类含量超第二类海水水质标准。部分生物体内砷、镉、铅和石油烃的含量偏高。生物群落结构状况较差，生物多样性和均匀度一般。春季，浮游植物平均密度偏高，生物多样性指数平均为 2.02，均匀度平均为 0.64；浮游动物密度偏高，平均为 49 615 个 / 立方米，生物多样性指数平均为 0.85，均匀度平均为 0.37；底栖生物栖息密度偏高，平均值为 1 117 个 / 平方米，生物多样性指数平均为 1.73，均匀度平均为 0.64；鱼卵、仔鱼密度低，平均密度分别为 1 个 / 立方米和 0.8 尾 / 立方米。

连续五年的监测结果表明，莱州湾水体富营养化依然严重，石油类含量超标面积有所增加。部分生物体内总汞、砷、镉、铅和石油烃含量偏高。生物多样性和均匀度一般，重要经济生物产卵场萎缩，渔业生物资源衰退趋势未得到有效遏制。外来物种泥螺数量持续增加，在局部区域已成为优势种。陆源排污、围填海工程和不合理养殖活动等是导致莱州湾生态系统不健康的主要因素。

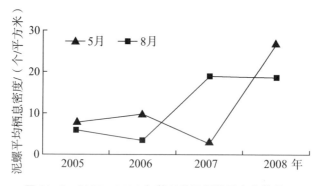

图 11-6　2005—2008 年莱州湾泥螺数量变化趋势图

苏北浅滩生态监控区的生态系统处于亚健康状态。水体氮磷比失衡，局部水域活性磷酸盐含量超第四类海水水质标准。近 10% 海域沉积物中硫化物含量超第一类海洋沉积物质量标准。部分生物体内铅含量偏高。生物群落结构状况一般。春季，浮游植物密度偏低，平均为 3.4×10^4 个细胞 / 立方米；春季和夏季，浮游动物密度明显偏低，平均值分别为 2 504 个 / 立方米和 2 278 个 / 立方米；鱼卵、仔鱼平均密度分别为 4 个 / 立方米和 45 尾 / 立方米。

连续五年的监测结果表明，苏北浅滩生态系统健康状况总体处于稳定状态。水体氮磷含量呈下降趋势，但水环境质量指数波动较大，水体富营养化、氮磷比失衡现象依然存在。底栖生物栖息密度和生物量始终偏低，尤其是潮间带生物资源衰退等生态问题仍然严重。滩涂围垦、陆源排污和过度捕捞等是威胁苏北浅滩湿地生态系统健康的主要因素。

长江口生态监控区的生态系统处于亚健康状态。水体富营养化严重，氮磷比严重失衡。春季和夏季，大部分水域无机氮和活性磷酸盐含量超第四类海水水质标准。全部生物残毒检测样品中石油烃和铅含量偏高，部分生物体内砷、镉和总汞含量偏高。生物群落结构异常，生物多样性和均匀度较差，夏季浮游植物密度偏高，平均为 $6\,719 \times 10^4$ 个细胞 / 立方米，生物多样性指数平均为 1.71，均匀度平均为 0.39；春季浮游动物密度偏低，平均为 1 346 个 / 立方米；春季底栖生物栖息密度偏高，为 191 个 / 平方米，生物多样性指数平均为 1.95，均匀度平均为 0.69；鱼卵、仔鱼密度低，平均密度分别为 0.34 个 / 百立方米和 6 尾 / 百立方米。

连续五年的监测结果表明，长江口生态系统健康状况总体稳定，但始终处于不健康和亚健康之间的临界状态。长江口水体富营养化、氮磷比失衡严重，水体溶解氧含量呈下降趋势，局部出现溶解氧低于 2 毫克 / 升的低氧区。部分生物体内铜、锌、砷、镉和铅含量偏高。长江口生物群落结构状况总体上仍然较差，长江冲淡水区域生物群落结构基本保持稳定；长江口门以内区域生物群落结构趋于简单，生物种类减少，生物多样性降低；渔业生物资源衰退等生态问题严重。陆源排污、长江来水量不足、各类海洋海岸工程建设和滩涂围垦等是威胁长江口生态系统健康的主要因素。

杭州湾生态监控区的生态系统处于不健康状态。水体呈严重富营养化状态，氮磷比失衡，全部水域无机氮含量超第四类海水水质标准。栖息地面积缩减。生物群落结构状况较差，春季，浮游动物生物量偏低，平均为 24 毫克 / 立方米；鱼卵、仔鱼种类少，密度低，平均密度分别为 6 个 / 百立方米和 110 尾 / 百立方米。

连续五年的监测结果表明，杭州湾生态系统始终处于不健康状态。水体始终呈严重富营养化状态，氮磷比失衡。沉积物中多氯联苯含量增加。每年滩涂湿地减少 10% 以上，湿地水生生物和水禽栖息面积不断缩减。浮游植物群落结构趋向简单，渔业生物资源衰退。滩涂围垦、各类海洋海岸工程建设和陆源排污是威胁杭州湾生态系统健康的主要因素。

乐清湾生态监控区的生态系统处于亚健康状态。水体富营养化严重，氮磷比失衡。20% 水域活性磷酸盐含量超第三类海水水质标准，春季，全部水域无机氮含量超第四类海水水质标准；夏季，40% 水域无机氮含量超第三类海水水质标准。部分生物体内镉、砷和铅含量较高。生物群落结构状况异常，夏季浮游植物、浮游动物和底栖生物密度均高于正常波动范围，平均密度分别为 $7\,504 \times 10^4$ 个细胞 / 立方米、14 604 个 / 立方米和 145 个 / 平方米。

乐清湾分布着我国最北的红树林，近年来乐清市开展乐清湾生态修复工作，在西门岛国家级海洋特别保护区内积极引种红树林幼苗，并开展红树林的生长环境研究，努力提高红树林的成活率，促使红树林面积不断扩大。

连续五年的监测结果表明，乐清湾生态系统基本保持稳定，生态系统健康指数变化不大。乐清湾水体始终处于严重的富营养化和氮磷比失衡状态，无机氮和活性磷酸盐含量持续偏高。部分生物体内石油烃含量下降，铅含量始终偏高。生物群落结构异常，浮游植物、浮游动物和底栖生物多样性指数始终处于较低水平。围填海导致湾内流场改变，海水交换能力下降，海湾淤积状况严重，底质环境发生变化。影响乐清湾生态系统健康的主要因素是陆源排污、围海造地、不合理的海岸工程和海水养殖。

闽东沿岸生态监控区的生态系统处于亚健康状态。水体有富营养化的倾向，40% 水域无机氮含量超第二类海水水质标准，10% 水域活性磷酸盐含量超第三类海水水质标准。部分生物体内砷、铅、镉、滴滴涕和石油烃含量较高，70%的生物残毒检测样品中砷含量偏高，50%的检测样品中铅和滴滴涕含量偏高。生物群落结构状况一般，生物多样性和均匀度处于一般水平，浮游植物和浮游动物密度高于正常波动范围，底栖生物密度低于正常波动范围。夏季，浮游植物、浮游动物和底栖生物平均密度分别为 $44\,380 \times 10^4$ 个细胞/立方米、5 448 个/立方米和 68 个/平方米，多样性指数分别为 1.41、4.04 和 2.24。

连续五年的监测结果表明，闽东沿岸生态系统健康状况呈下降趋势。水体无机氮和活性磷酸盐含量持续增高，超海水水质标准面积不断扩大；pH 值呈上升趋势。沉积环境中，总磷、总氮、硫化物和有机碳含量均呈上升趋势。部分生物体内砷、铅和镉含量持续偏高。围填海导致滩涂湿地面积不断减少，生物多样性降低，生境受损，珍稀物种生存和候鸟迁徙受到威胁。外来物种互花米草分布面积持续增加，危害不断扩大。影响闽东沿岸生态系统健康的主要因素是陆源排污、围海造地、外来物种入侵和资源过度开发。

大亚湾生态监控区的生态系统处于亚健康状态。春季，水质状况良好；夏季，15% 水域无机氮含量超第二类海水水质标准，90% 水域活性磷酸盐含量超第一类海水水质标准。全部生物残毒检测样品中铅含量偏高，部分生物体内镉、砷和石油烃含量偏高。生物群落结构异常，生物多样性和均匀度较差，浮游植物密度高于正常波动范围，浮游动物和底栖生物密度低于正常波动范围。夏季，浮游植物的平均密度为 $17\,805 \times 10^4$ 个细胞/立方米，浮游动物和底栖生物的平均密度分别为 5 661 个/立方米和 43 个/平方米，多样性指数分别为 0.97、3.86 和 2.02。

连续五年的监测结果表明，大亚湾生态系统基本保持稳定，水质状况基本保持良好。部分生物体内铅和镉的含量始终偏高，砷和石油烃含量呈增加趋势。受"热污染"和港口建设等海岸带开发活动影响，生物群落结构发生改变，浮游植物数量增加，浮游动物和底栖生物数量减少，浮游植物和底栖生物多样性指数呈下降趋势，分别由 2004 年夏季的 3.11

和 3.19 降为 2008 年的 0.97 和 2.02，渔业资源衰退。大亚湾生态系统存在的主要生态问题为生境改变、生物群落结构异常和环境污染。主要影响因素是围填海、"热污染"和陆源排污。

珠江口生态监控区的生态系统处于不健康状态。水体呈严重富营养化状态，氮磷比失衡，90% 以上水域无机氮含量超第四类海水水质标准。春季，40% 水域活性磷酸盐含量超第三类海水水质标准。部分生物体内铅、镉、砷、汞和石油烃含量偏高，尤其是 100% 的生物残毒检测样品中铅含量偏高。栖息地变化较大。生物群落结构状况较差，浮游植物密度春夏季变化不大，生物多样性较差、均匀度一般，夏季生物多样性指数变化范围为 0.25~3.10，平均为 1.41，均匀度变化范围为 0.06~0.89，平均为 0.44。浮游动物密度低于正常波动范围，底栖生物密度高于正常波动范围。鱼卵、仔鱼数量有所增加。

表 11-7　2004—2008 年珠江口春夏季浮游植物平均密度（×10⁴ 个细胞 / 立方米）

季　节	2004 年	2005 年	2006 年	2007 年	2008 年
春季	26.7	0.7	2 510.6	11 562.4	333.7
夏季	2 262.9	19.8	3 158.0	5 388.7	595.8

连续五年的监测结果表明，珠江口生态系统基本保持稳定，始终处于严重的富营养化和氮磷比失衡状态，丰水期无机氮平均含量均超第四类海水水质标准。生物体内铅含量始终普遍偏高，石油烃和汞含量呈增加趋势。浮游植物平均密度的季节变化幅度趋于缩小，浮游植物群落结构趋向简单化；浮游动物数量下降，底栖生物数量近两年呈增加趋势，鱼卵、仔鱼数量也呈增加趋势。珠江口生态系统存在的主要生态问题为富营养化、环境污染、生物群落结构异常和生境改变。主要影响因素是陆源排污、围填海和资源过度开发。

雷州半岛西南沿岸生态监控区的生态系统总体处于亚健康状态。监控区内 40% 的水域石油类含量超第二类海水水质标准，悬浮物浓度较高、透明度低，区内三分之一区域沉积物有机碳含量超第一类海洋沉积物质量标准，底栖生物的种类数量、栖息密度及生物量呈逐年递减趋势，2006年以来鱼卵、仔鱼的数量显著下降。

徐闻灯楼角至水尾角沿岸的珊瑚礁监测结果显示，该区有65种珊瑚虫纲动物分布，其中柳珊瑚和造礁珊瑚种类丰富，分别为23种和35种。放坡和水尾角两个监测区域的活珊瑚盖度均为15.5%，珊瑚礁死亡率分别为18.3%和7.6%，放坡极个别珊瑚出现白化现象。

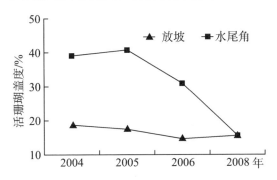

图 11-7　2004—2008 年徐闻珊瑚礁活珊瑚覆盖度变化趋势图

2004年以来的连续监测结果表明，水尾角活珊瑚平均覆盖度呈显著下降趋势，珊瑚礁已经出现了严重的退化现象，适应低光照环境的角孔珊瑚和软珊瑚数量明显增加，活珊瑚群落结构发生变化。网箱养殖、底播增殖等海水养殖规模的迅速扩大，填海造地及海洋工程建设等沿岸开发活动导致的海水中悬浮物含量增加、珊瑚表面沉积物沉降速率增加、水体透明度降低、石油类污染是水尾角造礁珊瑚退化及群落结构变化的主要原因。

广西北海生态监控区的生态系统处于健康状态。红树林分布区总面积保持不变，红树林群落基本稳定。红树林鸟类种群数量有所增加，鸟类栖息环境不断改善，留鸟数量不断增加。池鹭、小白鹭、白鹭和牛背鹭等鹭鸟数量在 70 至 1 300 只之间。林区底栖动物丰富，锯缘青蟹、中华乌塘鳢、海鳗种群数量增加。

2008 年早春发生了 50 年一遇的冰冻灾害天气，给保护区的红树林群落造成了较大的破坏，受害红树林总面积 1 793 亩，永安核心区木榄植物受害严重，成树死亡率为 12.0% 以上，10 龄以下幼树死亡率接近 100%；红树林虫害仍然严重，虫害总面积 3 960 亩；互花米草继续危害本地种红树林的生长、生存和发展。五年连续监测结果显示，互花米草的面积年均扩展速率达到 41.1~48.4 平方米 / 年，互花米草入侵区的底栖动物分布数量明显减少。

山口红树林自然保护区内的淀沙洲下量尾海草床分布区、英罗港乌坭海草床分布区和北暮盐场五七海区海草床分布区的监测结果显示，下量尾海草床因受挖沙虫、耙螺和电鱼电虾等人为活动的影响，从 2005 年起逐渐衰退，面积逐渐减小，2007 年草场已基本破坏殆尽；北暮盐场五七海区海草床分布面积约 6.2 公顷，较 2007 年略为减少，海草种类为喜盐草和二药藻混生，盖度为 20%~95%，生长状况较好；英罗港海草床为喜盐草单生，因长期受人为活动的干扰破坏，生长状况一直不良，海草稀疏，海草叶片多污损，并常被杂物和泥沙掩埋。

涠洲岛珊瑚礁两个监测区监测结果显示，竹蔗寮近岸海域的活珊瑚盖度为 43.1%，公山近岸海域为 40.6%，最近死亡珊瑚比例很小，大多数死亡珊瑚的死亡时间都长达数年。近年来未出现珊瑚大规模持续死亡的情况，营养化指示海藻很少出现，表明 2002 年发生珊瑚大量死亡以后，珊瑚礁生态系统基本稳定，但没有明显的恢复迹象。

北仑河口生态监控区的生态系统处于健康状态。沉积物质量良好，但水体无机氮和活性磷酸盐普遍超标，北仑河出海口的独墩、竹山和榕树头断面水质多超第二类海水水质标准。红树林种类多样性及群落类型稳定、生境完整。红树幼苗生长良好，无大面积病虫害发生。红海榄群落受 2008 年早春冰冻灾害天气影响，出现整株叶片枯黄脱落和死枝现象。红树林鸟类种类丰富，夏季和秋季共监测到鸟类 63 种，上述两个季节鸟类的平均密度分别为 25 只 / 公顷和 31 只 / 公顷。近年来，红树林鸟类的种类数量和密度有所下降，鸻鹬类很少出现。北仑河上游东兴市的市政污水及附近养殖塘养殖污水的排放是导致水体氮、磷营养盐含量超标的主要原因。

海南东海岸生态监控区的生态系统处于健康状态。海水氮、磷和石油类含量均符合第一类海水水质标准，水质优良。鹿回头、西岛、蜈支洲、龙湾、铜鼓岭、长圮港、亚龙湾、大东海、小东海主要珊瑚礁分布区活珊瑚的盖度分别为 20.9%、35.4%、72.5%、26.9%、23.3%、41.2%、35.4%、21.6% 和 43.4%，硬珊瑚的补充量分别为 0.7 个 / 平方米、0.5 个 / 平方米、0.5 个 / 平方米、0.2 个 / 平方米、0.4 个 / 平方米、0.7 个 / 平方米、0.4 个 / 平方米、0.1 个 / 平方米和 0.9 个 / 平方米，珊瑚礁鱼类种类较丰富，分布密度平均为 7 尾 / 百平方米。高隆湾、龙湾港、新村港、黎安港和长圮港主要海草分布区海草的平均盖度分别为 17%、36%、37%、24% 和 24%，泰莱草、海菖蒲等优势种的分布与盖度基本稳定，平均盖度分别为 31% 和 25%。

连续五年监测结果表明，珊瑚、海草种类多样性和群落结构基本稳定。渔业、养殖业、海洋工程、非法捕捞和旅游业等是海南沿岸珊瑚的主要威胁，不合理的海水养殖活动直接威胁黎安港等区域海草生境的完整性，海岸带开发及污染物排放导致的水体悬浮物含量升高、局部区域透明度下降是珊瑚礁和海草床生态系统的主要潜在威胁。

西沙珊瑚礁生态监控区的珊瑚礁生态系统处于亚健康状态。2008 年，西沙群岛的永兴岛、石岛、西沙洲、赵述岛、北岛 5 个主要珊瑚礁分布区域的监测结果显示，5 个区域活珊瑚的平均盖度仅为 16.8%，6 个月内的平均死亡率为 2.1%，1 至 2 年内的近期死亡率达到 27.5%。2007 年以来珊瑚礁退化非常严重，上述 5 个区域均出现不同程度的退化，其中退化最严重的区域是西沙洲、北岛和赵述岛，活珊瑚的盖度仅为 1.8%、2.3% 和 2.5%。2005 年以来珊瑚礁分布区水质优良。导致珊瑚礁退化的主要原因是人为破坏、敌害生物数量增加和珊瑚礁病害。珊瑚礁监测区仍有炸鱼痕迹，炸鱼、毒鱼等破坏性捕鱼方式仍然存在，对珊瑚礁产生了直接的破坏；2006 年以来珊瑚礁敌害生物长棘海星数量剧增，这也是珊瑚礁遭受严重破坏的主要原因之一；发黑是西沙珊瑚礁的主要常见病害现象，2005 年以来造礁珊瑚发病率平均为 1.19%，发病珊瑚种类主要是叶状蔷。

六、海岸带及近岸海域生态脆弱区状况

随着经济社会的快速发展，沿海地区开发强度持续加大，对海岸带及近岸海洋生态系统产生巨大的压力。2008 年国家海洋局开展了沿海开发强度、近岸海域综合环境质量及海洋生态脆弱区评价工作。

评价结果显示，沿海 11 个省、自治区、直辖市人口总数约为 5.5 亿，人口平均密度约为 700 人 / 平方千米，人均 GDP 约为 3 万元，岸线人工化指数达到 0.38，上海、天津、浙江、江苏和广东的沿海地区已经处于高强度开发状态。上海、广西、浙江、广东、天津、山东、辽宁和河北近岸海域综合环境质量一般，水体普遍受到氮、磷污染，局部区域沉积环境和海洋生物受到铜、镉、砷、总汞等重金属和石油类（烃）污染。

由于海岸带开发强度的加大及开发规模的扩大，全国海岸带及近岸海域生态系统已经出现了不同程度的脆弱区。海岸带高脆弱区已占全国岸线总长度的 4.5%，中脆弱区占 32.0%，轻脆弱区占 46.7%，非脆弱区仅占 16.8%。高脆弱区和中脆弱区主要分布在砂质海岸、淤泥质海岸、红树林海岸等受到围填海、陆源污染、海岸侵蚀、外来物种（互花米草）入侵等影响严重的海岸带区域。

近岸海域中，高脆弱区占评价区域的 9.6%，中脆弱区占 31.9%，轻脆弱区占 40.3%，非脆弱区仅占 18.2%。高脆弱区和中脆弱区主要分布在海洋自然保护区、海水养殖区及鱼类产卵场等重要渔业水域，以及珊瑚礁、海草床等敏感生态系统，导致生态脆弱的主要原因是陆源排污及近岸海域环境污染等。若海岸带和海洋开发强度进一步加大，砂质海岸、淤泥质海岸、红树林海岸和滨海湿地等海岸带敏感区域，以及珊瑚礁、海草

床、滨海湿地等近岸敏感生态系统和海洋保护区、产卵场等近岸敏感区域的生态脆弱程度将进一步加深，生态脆弱区域将进一步扩大。

七、海洋功能区环境状况

（一）海水增养殖区环境状况

2008 年，全国海水增养殖区的监测数量由上年的 62 个增加到 68 个，全面开展了水质、沉积物和养殖生物质量综合监测，并在赤潮高发时段对 18 个重点海水增养殖区实施了高频率和高密度监测。结果显示，监测的 18 个重点增养殖区中，适宜养殖的占 28%，较适宜养殖的占 72%。

水质状况：实施监测的海水增养殖区中，51% 水质状况良好，各项监测指标符合第二类海水水质标准；部分重点增养殖区营养状态指数较高，养殖水体呈富营养化状态，养殖区及毗邻海域多次发生赤潮。

沉积物质量状况：增养殖区沉积物质量符合第一类海洋沉积物质量标准的比率为 55%；部分重点增养殖区沉积物超第一类海洋沉积物质量标准，主要污染物为镉、铜和粪大肠菌群等。

赤潮发生状况：18 个重点增养殖区及毗邻海域共发生赤潮 25 次，累计面积约 5 900 平方千米，赤潮发生次数比上年减少 5 次，累计面积比上年增加 2 700 多平方千米；发生赤潮的主要养殖区为浙江嵊泗、浙江岱山、福建闽江口、福建三沙湾、福建厦门（同安湾）和山东烟台。

养殖病害发生状况：个别重点增养殖区发生过不同程度的养殖病害，主要病害为对虾病毒白斑病、弧菌溃疡病和纤毛虫病等；发生病害的重点增养殖区主要有福建三沙湾、福建闽江口和浙江岱山等。

表 11-8　2008 年全国重点增养殖区养殖概况和环境质量综合风险指数评价

监控区名称	主要养殖种类	养殖方式	养殖面积/公顷	环境综合风险指数		养殖状况
				范围	均值	
辽宁东港	杂色蛤、文蛤	底播	830	5~14	10	适宜养殖
辽宁葫芦岛	菲律宾蛤仔	底播	500	6~15	8	适宜养殖
河北北戴河	海湾扇贝	浮筏	11 300	5~15	8	适宜养殖
天津驴驹河	四角蛤蜊、青蛤、玉螺	底播	5 000	11~19	14	较适宜养殖
山东烟台	扇贝、牡蛎、海参、竹蛏	底播、浮筏	3 034	5~30	13	较适宜养殖
江苏海州湾	条斑紫菜	浮筏	1 500	5~32	21	较适宜养殖
浙江嵊泗	紫贻贝、大黄鱼	浮筏、网箱	1 300	16~24	18	较适宜养殖
浙江岱山	黑鲷、日本对虾	池塘、网箱	124	10~21	13	较适宜养殖
浙江象山港	蟹、鲈鱼、虾、贝类等	底播、浮筏、网箱	7 200	9~17	13	较适宜养殖
浙江洞头	红鱼、真鲷、羊栖菜等	浮筏、网箱	44	10~32	18	较适宜养殖
福建三沙湾	大黄鱼、真鲷、牡蛎等	浮筏、滩涂、池塘、网箱	24 810	13~34	18	较适宜养殖
福建闽江口	牡蛎、缢蛏、鲍、海带	底播、浮筏	3 400	13~29	18	较适宜养殖
福建平潭	鲍、真鲷、蛤	网箱、底播	4 650	6~34	14	较适宜养殖
厦门沿岸	牡蛎、蛤仔、泥蚶、缢蛏	吊养、底播	6 500	12~32	19	较适宜养殖
广东柘林湾	真鲷、石斑鱼、牡蛎等	底播、网箱	3 460	13~37	20	较适宜养殖

监控区名称	主要养殖种类	养殖方式	养殖面积/公顷	环境综合风险指数		养殖状况
				范 围	均值	
深圳南澳	鱼类、扇贝、海胆	网箱、浮筏	400	13~29	18	较适宜养殖
广西涠洲岛	扇贝、鲍、石斑鱼	浮筏、池养	30	5~15	8	适宜养殖
海南陵水新村	鱼类、麒麟菜、龙虾等	网箱、筏式	111	6~21	11	适宜养殖

环境综合风险指数的赋值含义：环境综合风险指数小于13，环境状况良好，适宜养殖；环境综合风险指数介于13和28之间，环境状况较好，较适宜养殖；环境综合风险指数大于28，环境状况较差，不适宜养殖。

增养殖区综合环境质量状况：在全国非重点增养殖区，采用海洋环境质量综合指数法对水质、沉积物和生物质量等30余项监测指标进行综合评价。50个增养殖区中，16%的增养殖区环境质量为"优良"，42%为"良好"，32%为"较好"，10%为"及格"。

表11-9 2008年全国增养殖区环境质量状况（不包括重点增养殖区）

增养殖区名称	综合指数	环境质量等级	增养殖区名称	综合指数	环境质量等级
辽宁丹东东港增养殖区	87.4	良好	江苏连云港市海州湾渔场	74.2	较好
辽宁盘锦大洼蛤蜊岗	69.6	较好	江苏省级启东贝类增养殖区	86.1	良好
辽宁黄海北部近岸	81.4	良好	江苏省级如东紫菜增养殖区	90.1	良好
辽东湾近岸	78.8	较好	浙江嵊泗海水增养殖区	78.9	较好
辽宁锦州湾近岸	77.6	较好	浙江三门湾养殖区	74.5	较好
大连庄河滩涂贝类养殖区	81.1	良好	浙江温岭大港湾海水增养殖区	68.5	较好
大连大李家浮筏养殖区	83.4	良好	浙江乐清湾小横床增养殖区	75.1	较好

增养殖区名称	综合指数	环境质量等级	增养殖区名称	综合指数	环境质量等级
大连交流岛滩涂及池塘养殖区	75.2	较好	浙江大渔湾增养殖区	83.8	良好
河北昌黎新开口浅海扇贝养殖区	96.6	优良	福建三都澳海水增养殖区	73.6	较好
河北乐亭捞鱼尖养殖区	92.3	良好	福建罗源湾海水增养殖区	83.9	良好
河北黄骅李家堡养殖区	92.5	良好	福建东山湾海水增养殖区	77.9	较好
天津驴驹河贝类增养殖区	81.7	良好	厦门大嶝海域海水增养殖区	59.4	及格
山东滨州无棣浅海贝类增养殖区	60.9	及格	广东饶平柘林湾	74.4	较好
山东滨州沾化浅海贝类增养殖区	60.9	及格	广东茂名水东湾网箱养殖区	57.9	及格
山东莱州虎头崖增养殖区	91.7	良好	广东雷州湾经济鱼类养殖区	82.7	良好
山东莱州金城增养殖区	82.6	良好	广东流沙湾经济鱼类养殖区	89.1	良好
山东牟平养马岛东部扇贝养殖区	85.0	良好	珠海桂山港海水网箱养殖区	76.9	较好
山东乳山腰岛养殖区	82.0	良好	深圳南澳、东山养殖区	63.1	及格
山东威海湾养殖区	100.0	优良	广西红沙养殖区	80.1	良好
山东荣成湾养殖区	97.6	优良	广西珍珠湾增养殖区	86.3	良好
山东乳山口养殖区	100.0	优良	广西钦州市茅尾海大蚝养殖区	70.7	较好
山东桑沟湾养殖区	100.0	优良	广西北海市廉州湾对虾养殖区	81.1	良好
山东双岛湾养殖区	95.0	优良	海南海口东寨港海水增养殖区	72.6	较好
山东五垒岛养殖区	95.5	优良	海南澄迈花场湾海水增养殖区	86.6	良好
山东小石岛养殖区	95.2	优良	海南临高后水湾海水增养殖区	76.1	较好

海洋功能区环境质量综合指数法：根据水、沉积物和生物质量的监测结果，以功能区环境质量要求为评价标准，采用数理统计方法，通过归一化消除监测数据中不同量纲、不同量级的差别，并综合超标要素、超标频次和超标程度三个因子，得出以综合指数表征的评价结论。海洋功能区环境质量综合指数分为五级。100~95：优良，环境质量状况均能满足功能区要求；95~80：良好，环境质量状况能满足功能区要求；80~65：较好，环境质量状况一般能满足功能区要求；65~45：及格，环境质量状况基本能满足功能区要求；45~0：较差，环境质量状况不能满足功能区要求。

（二）海水浴场环境状况

2008年，自5月1日至10月30日，通过中央电视台、国家海洋局政府网、人民网、新浪网等媒体发布了我国沿海23个重点海水浴场的水质状况及未来三天的健康指数、游泳适宜度和最佳游泳时段预报。

水质状况：23个海水浴场的监测结果表明，水质为优、良的天数占97%，其中水质为优的天数为67%，降雨所引起的微生物含量升高和海面漂浮物是浴场水质变化的主要原因。年度综合评价结果表明，所有重点浴场的水质均达到优良水平，其中水质为优、良的浴场分别占35%和65%。三亚亚龙湾、广东汕尾红海湾、广东南澳青澳湾、温州南麂大沙岙和舟山朱家尖5个海水浴场水质为优的天数在95%以上。

健康风险：健康指数是表征海水浴场环境状况对人体健康产生潜在危害的综合评价指标。统计结果表明，23个重点海水浴场健康指数均达到了优、良水平，其中96%的海水浴场健康指数为优。

游泳适宜度：游泳适宜度是根据海水浴场的水质、水文和气象等要素对海水浴场环境状况进行的综合性评价。统计结果表明，23个重点海水浴场适宜和较适宜游泳的天数比例为78%，不适宜游泳的天数比例为22%。造成不适宜游泳的主要原因为天气不佳和水温偏低等。2008年夏季我国沿海省市多阵雨和雷雨天气导致了适宜游泳的天数比例明显低于往年。

表 11-10 2008 年海水浴场综合环境等级

浴 场 名 称	健康指数	水 质	适宜、较适宜游泳时间比例 /%	不适宜游泳的主要因素
三亚亚龙湾海水浴场	96	优	90	—
海口假日海滩海水浴场	68	良	83	天气不佳
防城港金滩海水浴场	85	良	91	—
北海银滩海水浴场	92	良	89	天气不佳
湛江东海岛海水浴场	86	良	75	天气不佳
广东阳江闸坡海水浴场	91	良	76	天气不佳
广东江门飞沙滩海水浴场	98	良	77	天气不佳
深圳大小梅沙海水浴场	87	良	77	天气不佳
广东汕尾红海湾海水浴场	89	优	74	天气不佳、风浪偏大
广东南澳青澳湾海水浴场	93	优	80	天气不佳
福建东山马銮湾海水浴场	87	良	87	天气不佳
厦门黄厝海水浴场	84	良	73	天气不佳
福建平潭龙王头海水浴场 *	90	良	65	风浪偏大、天气不佳
温州南麂大沙岙海水浴场	96	优	86	天气不佳、风浪偏大
舟山朱家尖海水浴场	96	优	89	天气不佳
连云港连岛海水浴场	81	良	58	天气不佳
山东日照海水浴场	95	优	71	天气不佳
青岛第一海水浴场	85	良	70	天气不佳、漂浮海草
威海国际海水浴场	97	优	71	水温偏低、天气不佳
烟台金沙滩海水浴场	95	优	70	天气不佳
北戴河老虎石海水浴场	86	良	76	天气不佳
大连金石滩海水浴场	97	良	59	水温偏低
葫芦岛绥中海水浴场	91	良	79	天气不佳
*4 月 29 日—5 月 4 日该海域发生赤潮一次。				

（三）滨海旅游度假区环境状况

2008 年，国家海洋局组织开展了全国滨海旅游度假区环境监测与预报工作。5 月 1 日至 10 月 30 日在旅游卫视、中国教育电视台等媒体发布了我国沿海 16 个重点滨海旅游度假区的环境指数和专项休闲（观光）活动指数。

表 11-11　2008 年重点滨海旅游度假区环境状况指数

度假区名称	环境状况指数	休闲（观光）活动指数										影响各类休闲（观光）活动的主要因素
	水质	海面状况	海底观光	海上观光	海滨观光	游泳适宜度	海上休闲	沙滩娱乐	海钓	渔家乐	平均指数	
营口仙人岛森林公园	4.8	3.2	—	4.4	4.4	2.8	—	4.3	—	—	4.0	天气不佳、水温偏低
大连金石滩	5.0	2.2	—	3.3	3.0	1.7	—	3.5	—	2.7	2.8	水温偏低
秦皇岛亚运村	3.8	2.9	—	2.7	2.5	2.3	2.7	4.1	4.1	—	3.1	天气不佳
山东蓬莱阁	4.9	2.5	—	3.3	2.8	1.8	2.3	4.4	4.4	3.5	3.2	水温偏低、天气不佳
烟台金沙滩	3.9	3.5	—	4.3	4.3	2.9	3.4	4.7	—	—	3.9	天气不佳
青岛石老人	3.9	2.9	—	3.0	2.8	2.1	2.6	3.9	3.9	—	3.1	天气不佳、漂浮海草
连云港东西连岛	3.3	3.1	4.6	3.4	3.0	2.4	2.8	4.0	3.9	3.5	3.5	无机氮超标、天气不佳

续表

度假区名称	环境状况指数	休闲（观光）活动指数										影响各类休闲（观光）活动的主要因素
	水质	海面状况	海底观光	海上观光	海滨观光	游泳适宜度	海上休闲	沙滩娱乐	海钓	渔家乐	平均指数	
上海金山城市沙滩	1.0	3.4	—	3.9	2.9	2.6	3.4	4.2	4.1	3.9	3.6	营养盐超标、天气不佳
浙江嵊泗列岛	3.3	3.1	—	—	3.5	—	—	3.7	—	—	3.6	无机氮超标、天气不佳
福建平潭	4.0	3.6	—	3.8	2.5	3.3	3.5	4.0	3.4	3.5	3.4	风浪偏大
厦门环岛东路海域	2.9	4.3	—	4.5	4.3	3.3	4.3	4.6	—	—	4.2	营养盐超标、天气不佳
厦门鼓浪屿	2.6	4.3	—	4.4	4.3	3.1	4.3	4.6	—	—	4.1	营养盐超标、天气不佳
广东湛江东海岛	4.8	4.2	4.8	4.1	4.2	4.0	4.2	4.3	4.2	—	4.3	天气不佳
深圳大小梅沙	4.1	3.8	—	3.2	2.9	3.0	3.8	4.4	—	4.0	3.6	天气不佳
广西北海银滩	4.7	4.4	4.9	4.5	4.4	4.0	—	4.6	—	4.5	4.5	—
海南三亚亚龙湾	5.0	4.3	4.8	4.5	4.6	4.3	4.6	4.7	4.4	4.2	4.5	—

注：环境状况指数（包括水质指数和海面状况指数）和各类休闲（观光）指数的赋分分

级说明（满分为5.0）如下。5.0~4.5：环境状况极佳，非常适宜开展休闲（观光）活动；4.4~3.5：优良，很适宜开展休闲（观光）活动；3.4~2.5：良好，适宜开展休闲（观光）活动；2.4~1.5：一般，适宜开展休闲（观光）活动；1.4~1.0：较差，不适宜开展休闲（观光）活动。

水质状况：监测结果表明，16个重点监测的滨海旅游度假区的平均水质指数为3.9。水质为良好以上的天数占85%，水质为一般和较差的天数占15%。年度综合评价的结果表明，94%的滨海旅游度假区水质指数达到良好以上水平。影响水质的主要原因是部分滨海旅游度假区水体无机氮和活性磷酸盐含量超标、微生物含量较高，以及海面出现水草、垃圾等漂浮物质。海南三亚亚龙湾、广西北海银滩、广东湛江东海岛、山东蓬莱阁、大连金石滩和营口仙人岛森林公园6个滨海旅游度假区的水质极佳，其中海南三亚亚龙湾、山东蓬莱阁和大连金石滩旅游度假区水质极佳的天数达到90%以上。

海面状况：海面状况指数是表征滨海旅游度假区水文和气象环境状况的综合评价指标。监测结果表明，16个重点监测的滨海旅游度假区的平均海面状况指数为3.5，海面状况优良。影响海面状况的主要原因是降雨导致的天气不佳。

专项休闲（观光）活动指数：专项休闲（观光）活动指数是根据水质、水文和气象等要素对在滨海旅游度假区开展各类休闲（观光）活动的适宜度进行的综合性评价。度假区综合环境质量优良，16个重点监测的滨海旅游度假区的平均休闲（观光）活动指数为3.7，很适宜开展沙滩娱乐、海钓和海滨观光等多种休闲（观光）活动。由于受降雨等因素的影响，部分时段不适宜开展游泳和海上休闲运动等娱乐活动。

（四）海洋保护区环境状况

2008年，国家和沿海各级海洋行政主管部门继续加大海洋保护区的监管力度，稳步推进海洋保护区建设与管理的各项工作，采取有效措施加大红树林、珊瑚礁、海湾、海岛、入海河口和滨海湿地等脆弱海洋生态系统的保护力度。本年度，国家海洋行政主管部门批准建立了江苏海州湾海湾生态与自然遗迹国家级海洋特别保护区、浙江渔山列岛国家级海洋特别保护区、山东东营黄河口生态国家级海洋特别保护区、山东东营利津底栖鱼类生态国家级海洋特别保护区和山东东营河口浅海贝类生态国家级海洋特别保护区。

表 11-12　2008 年批建的国家级海洋特别保护区概况

名　　称	面积/平方千米	主要保护目标
江苏海州湾海湾生态与自然遗迹国家级海洋特别保护区	490	海州湾海湾生态系统和自然遗迹
浙江宁波渔山列岛国家级海洋特别保护区	57	渔山列岛及其周围海域海岛和海洋珍稀资源、生态环境和领海基点
山东东营黄河口生态国家级海洋特别保护区	926	河口海域生物多样性及其生态功能
山东东营利津底栖鱼类生态国家级海洋特别保护区	94	半滑舌鳎等鱼类资源及其索饵、繁殖、洄游环境
山东东营河口浅海贝类生态国家级海洋特别保护区	390	文蛤等贝类资源及其栖息环境

　　本年度监测结果表明，多数国家级海洋保护区生态环境质量总体良好。浙江南麂列岛、海南三亚珊瑚礁和万宁大洲岛等国家级海洋自然保护区的海水环境质量符合第一类海水水质标准要求，但珠江口中华白海豚国家级自然保护区的海水化学需氧量、无机氮和活性磷酸盐超第一类海水水质标准。山东滨州贝壳堤岛与湿地、浙江南麂列岛、福建深沪湾海底古森林、厦门珍稀海洋物种、广东惠东港口海龟、珠江口中华白海豚、徐闻珊瑚礁、广西北仑河口、海南三亚珊瑚礁、万宁大洲岛和江苏海门蛎岈山、江苏海州湾、浙江乐清西门岛、浙江马鞍列岛、浙江普陀中街山列岛等国家级海洋保护区的沉积物均符合第一类海洋沉积物质量标准要求。

（五）海洋倾倒区环境状况

2008 年，全国实际使用的海洋倾倒区 54 个，倾倒的废弃物主要为疏浚物，倾倒量为 12 445.87 万立方米。

表 11-13　2008 年全国各海区疏浚物海洋倾倒情况统计

海　区	使用倾倒区 / 个	倾倒量 / 万立方米
渤黄海	13	3 212.03
东海	28	6 579.90
南海	13	2 653.94
合计	54	12 445.87

注：表中数据为 2007 年 12 月至 2008 年 11 月统计结果。

监测结果表明，倾倒区及其周边海域的水质和沉积物质量基本良好，底栖环境状况基本维持稳定，对倾倒区周边海域的功能和环境质量无显著影响，个别倾倒区的水深和周边海域的底栖生物群落结构因倾倒活动产生较明显变化，主要表现在倾倒区利用不均匀，局部区域淤浅；倾倒区周边海域底栖生物种数和密度下降，生物量减少，群落结构趋于简单。

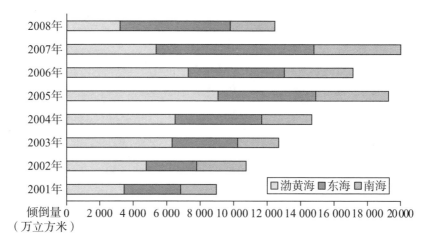

图 11-8　2001-2008 年全国各海区疏浚物海洋倾倒情况图

（六）海洋油气区环境状况

为贯彻落实国家关于应对气候变化和节能减排的工作部署，2008年，国家海洋局启动了"中国近海二氧化碳海气交换通量监测与评价"工作，着手构建包含岸/岛基站监测、浮标监测、船基走航式监测和卫星遥感监测在内的立体化业务监测体系，在我国管辖海域开展二氧化碳海气交换通量的业务化监测和评价。同时，组建了"中国近海碳循环监测与评价实验室"，为我国开展近海碳循环监测评价工作提供技术支撑。

上述工作的稳步推进和深化，将确定中国近海的碳源汇分布格局及近海对我国二氧化碳收支的贡献，为我国在应对气候变化的外交谈判中提供服务支撑。2008年，国家海洋局加强海洋油气区专项监测力度，增加了油气区环境监测项目。监测内容包括水质、沉积物质量、生物质量、底栖生物种类和数量。监测结果显示，油气区周边海域环境质量总体维持良好，油气开发活动未对周边海域环境及其功能造成明显影响。截至2008年11月底，全国共有海上石油平台136个，生产污水年排海量约11 675.85万立方米，钻井泥浆年排海量约55 915.86立方米，钻屑年排海量约39 224.35立方米。

表 11-14　2008 年各海区海上油（气）田分布及排污状况统计

海　区	石油平台数量/个	生产污水排放量/万立方米	钻井泥浆排放量/立方米	钻屑排放量/立方米
渤黄海	99	850.55	16 025.46	28 833.35
东海	5	204.00	857.00	270.60
南海	32	10 621.30	39 033.40	10 120.40
合计	136	11 675.85	55 915.86	39 224.35

注：表中数据为 2007 年 12 月至 2008 年 11 月统计结果。

2008 年 8—9 月，位于广西北海市 30 余海里的涠洲岛发生溢油事件，造成环岛景区海滩较大面积污染，对涠洲岛海岸景观和渔业经济造成一定损失。事发当时，国家海洋局立即启动溢油应急处理预案，开展环境跟踪监测，启动生态修复措施的研究工作，同时组织力量全面调查事故原因，并已经查明溢油来源。

八、海洋垃圾

2008 年，国家海洋局在我国近岸海域组织开展了海洋垃圾监测，监测项目包括海面漂浮垃圾、海滩垃圾和海底垃圾的种类和数量。

（一）海洋垃圾的种类

1. 海面漂浮垃圾

监测结果表明，海面漂浮垃圾主要为塑料袋、漂浮木块、浮标和塑料瓶等。海面漂浮的大块和特大块垃圾平均个数为 0.001 个 / 百平方米；表层水体小块及中块垃圾平均个数为 0.12 个 / 百平方米。海面漂浮垃圾的分类统计结果表明，塑料类垃圾数量最多，占 41%，其次为聚苯乙烯塑料泡沫类和木制品类垃圾，分别占 19% 和 15%。表层水体小块及中块垃圾的总密度为 2.2 克 / 百平方米，其中，木制品类、玻璃类和塑料类垃圾密度最高，分别为 0.9 克 / 百平方米、0.5 克 / 百平方米和 0.4 克 / 百平方米。

2. 海滩垃圾

海滩垃圾主要为塑料袋、烟头、聚苯乙烯塑料泡沫快餐盒、渔网和玻璃瓶等。海滩垃圾的平均个数为 0.80 个 / 百平方米，其中塑料类垃圾最多，占 66%；聚苯乙烯塑料泡沫类、纸类和织物类垃圾分别占 8.5%、7.6% 和 5.8%。海滩垃圾的总密度为 29.6 克 / 百平方米，木制品类、聚苯乙烯塑料泡沫类和塑料类垃圾的密度最大，分别为 14.6 克 / 百平方米、4.3克 / 百平方米和 3.5 克 / 百平方米。

3. 海底垃圾

盘锦大洼二界沟海域、葫芦岛绥中万家海域、连云港海滨新城外侧海域、潮州柘林湾渔港附近海域、揭阳市神泉港附近海域、钦州市三娘湾海水浴场和三亚亚龙湾海水浴场等海底垃圾的监测结果表明，海底垃圾主要为玻璃瓶、塑料袋、饮料罐和渔网等。海底垃圾的平均个数为0.04 个 / 百平方米，平均密度为 62.1 克 / 百平方米。其中塑料类垃圾的数量最大，占 41%；金属类、玻璃类和木制品类分别占 22%、15% 和 11%。

（二）海洋垃圾来源

海洋垃圾是指海洋和海岸环境中具持久性的、人造的或经加工的固体废弃物。海洋垃圾影响海洋景观，威胁航行安全，并对海洋生态系统的健康产生影响，进而对海洋经济产生负面效应。海洋垃圾的来源有多种，包括陆地来源和海上来源。人类在海岸或海上活动时，如娱乐活动、捕鱼、航运，将产生相当数量的海洋垃圾。这些海洋垃圾一部分停留在海滩上，一部分可漂浮在海面或沉入海底。正确认识海洋垃圾的来源，从源头上减少海洋垃圾的数量，有助于降低海洋垃圾对海洋生态环境产生的影响。2008 年的海洋垃圾监测统计结果表明，人类海岸活动和娱乐活动，航运、捕鱼等海上活动是海滩垃圾的主要来源，分别占 57% 和 21%；人类海岸活动和娱乐活动、其他弃置物是海面漂浮垃圾的主要来源，分别占 57% 和 31%。

九、海洋赤潮

2008 年，全海域共发生赤潮 68 次，累计面积 13 738 平方千米，与上年相比，赤潮发生次数减少 14 次，赤潮累计面积增加 2 128 平方千米。其中，渤海 1 次，面积 30 平方千米；黄海 12 次，累计面积 1 578 平方千米；东海 47 次，累计面积 12 070 平方千米；南海 8 次，累计面积 60 平方千米。东海仍为我国赤潮的高发区，其赤潮发生次数和累计面积分别占全海域的 69% 和 88%。赤潮监控区及毗邻海域发生赤潮 25 次，累计面积约 5 900 平方千米，分别占全海域赤潮发生次数和累计面积的 37% 和 43%。

表 11-15　2007—2008 年全国各海区赤潮发生情况对比

海　区	赤潮发生次数		累计发生面积 / 平方千米	
	2007 年	2008 年	2007 年	2008 年
渤海	7	1	672	30
黄海	5	12	655	1 578
东海	60	47	9 787	12 070
南海	10	8	496	60
合　计	82	68	11 610	13 738

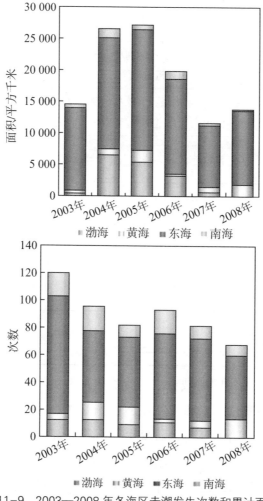

图 11-9　2003—2008 年各海区赤潮发生次数和累计面积

2008 年，全海域共发生 500 平方千米以上的大面积和较大面积赤潮 9 次，大多数集中在浙江近岸、近海和长江口外海域，累计面积 9 750 平方千米，占全海域累计面积的 71%。

表 11-16　2008 年我国海域发生的较大规模赤潮

起止时间	地　点	面积 / 平方千米	主要赤潮生物种类
5 月 3 日—4 日	浙江渔山列岛以北附近海域	1 150	具齿原甲藻
5 月 5 日—8 日	浙江东福山至渔山列岛海域	2 100	具齿原甲藻、轮状斯克藻
5 月 16 日—24 日	浙江朱家尖 - 中街山列岛 - 花鸟山附近海域	2 600	具齿原甲藻
5 月 20 日	浙江中南部海域，大陈岛西侧 - 渔山列岛 - 韭山列岛南部	900	—
5 月 23 日—24 日	浙江宁波油菜屿以东海域	500	具齿原甲藻、尖刺菱形藻
6 月 2 日—6 日	舟山北部至花鸟山海域	800	具齿原甲藻
6 月 16 日—21 日	辽宁丹东附近海域	500	夜光藻
8 月 12 日—13 日	江苏南通外海海域	600	—
9 月 24 日	长江口外海域	600	中肋骨条藻、红色中缢虫
合计		9 750	
注："—"表示未检测			

2008 年，引发我国海域赤潮的优势生物种类主要为无毒性的具齿原甲藻（东海原甲藻）、中肋骨条藻、夜光藻和对养殖生物有毒害作用的米氏凯伦藻、血红哈卡藻、卡盾藻等，一些赤潮由两种或两种以上生物共同引发。其中，具齿原甲藻作为第一优势种引发的赤潮 22 次，累计面积 8 330 平方千米；由中肋骨条藻作为第一优势种引发的赤潮 10 次，

累计面积 1 372 平方千米；由夜光藻作为第一优势种引发的赤潮 5 次，累计面积 695 平方千米。这三种优势种引发的赤潮分别占赤潮总次数的 54.4% 和累计面积的 75.7%。有毒、有害赤潮生物引发的赤潮 11 次，累计面积约 610 平方千米，分别占赤潮发生次数和累计面积的 16% 和 4%，比上年度分别减少 15% 和 12%。渤海：发生赤潮 1 次，面积 30 平方千米，是近年来赤潮发生次数和面积最少的一年。黄海：发生赤潮 12 次，累计面积 1 578 平方千米，比上年赤潮发生次数增加 7 次，累计面积增加 832 平方千米；赤潮较集中发生在 8 月和 6 月；并且首次于 2 月在大连湾记录到赤潮，面积近 110 平方千米。东海：发生赤潮 47 次，累计面积 12 070 平方千米；与上年相比，赤潮发生次数减少 13 次，累计面积增加 2 283 平方千米；赤潮集中发生在 5 月份。南海：发生赤潮 8 次，累计面积 60 平方千米；赤潮较集中发生在 2 月、3 月和 11 月，但每次赤潮面积都相对较小；与上年相比，赤潮发生次数减少 2 次，累计面积减少 436 平方公里。

十、海水入侵和土壤盐渍化

2008 年，国家和地方海洋行政主管部门继续对全国沿海地区进行海水入侵和土壤盐渍化监测。监测结果表明，渤海和黄海部分滨海平原地区海水入侵严重、盐渍化范围大，而且土壤盐渍化类型和范围受枯水期和丰水期水位影响变化较大；东海和南海滨海地区海水入侵和盐渍化范围小。

（一）海水入侵状况

渤海沿岸海水入侵范围大，氯离子（Cl^-）含量和矿化度高，海水入侵严重地区主要分布在辽宁营口、盘锦、锦州和葫芦岛，河北秦皇岛、唐山、黄骅沿岸，山东滨州、莱州湾沿岸。辽东湾、滨州和莱州湾平原地区，重度入侵（Cl^- 含量 >1 000 毫克 / 升）一般在距岸 10 千米左右，轻度入侵（Cl^- 含量在 250 至 1 000 毫克 / 升之间）一般距岸 20~30 千米。

黄海沿岸主要为轻度入侵区，分布在辽宁丹东、山东威海、江苏连云港和盐城滨海地区，海水入侵距离一般在距岸 10 千米以内。

表 11-17　2008 年渤海和黄海沿岸监测区海水入侵范围

海区	监测断面所在地	断面长度 / 千米	重度入侵距离 / 千米	轻度入侵距离 / 千米
渤海	辽宁营口盖洲团山乡 Ⅰ	2.94	0.38	2.94
	辽宁营口盖洲团山乡 Ⅱ	4.61	2.74	4.61
	辽宁盘锦荣兴现代社区	18.76	10.54	17.76
	辽宁盘锦清水乡永红村	24.2	—	24.2
	辽宁锦州小凌河东侧何屯村	3.82	3.17	3.82
	辽宁锦州小凌河西侧娘娘宫镇	7.43	4.31	7.43
	辽宁葫芦岛龙港区北港镇	1.75	0.3	0.75
	辽宁葫芦岛龙港区连湾镇	2.90	1.80	2.10
	河北秦皇岛抚宁	16.11	8.08	12.56
	河北秦皇岛昌黎	11.48	—	4.12
	河北唐山梨树园村	27.21	—	20.97
	河北唐山南堡镇马庄子	22.62	—	15.22
	河北黄骅南排河镇赵家堡	22.46	—	22.46
	河北沧州渤海新区冯家堡	18.01	—	18.01
	山东滨州无棣县	13.36	9.64	13.36
	山东滨州沾化区	29.50	21.15	29.50
	山东潍坊滨海经济开发区	28.30	25.04	27.22
	山东潍坊寒亭区央子镇	30.10	26.7	30.10
	山东潍坊昌邑卜庄镇西峰村	23.87	19.45	23.04
	山东烟台莱州海庙村	2.66	2.29	2.66

续表

海区	监测断面所在地	断面长度/千米	重度入侵距离/千米	轻度入侵距离/千米
渤海	山东烟台莱州朱旺村	3.61	0.9	3.05
	辽宁丹东东港西	8.09	5.31	5.76
	辽宁丹东东港长山镇	4.97	2.18	2.87
	山东威海初村镇	8.40	1.03	4.68
黄海	山东威海张村镇	6.32	3.71	4.49
	江苏连云港赣榆海头镇海后村	2.69	2.04	2.47
	江苏连云港赣榆石桥镇大沙村	2.36	1.24	2.36
	江苏盐城大丰区裕华镇Ⅰ	11.82	—	6.76
	江苏盐城大丰区裕华镇Ⅱ	19.27	—	10.99

东海和南海沿岸海水入侵范围小，浙江温州市、台州市，福建宁德市、福州市、泉州市、漳州市，广东潮州市、汕头市、江门市、茂名市、湛江市，广西北海市，海南三亚市等监测区监测到海水入侵现象。海水入侵范围一般距岸线 2 千米左右；大部分地区为轻度入侵，Cl⁻ 含量一般小于 500 毫克 / 升。广东和福建监测区内一些居民区的饮用水井和农用灌溉水井已受海水入侵影响。

（二）盐渍化状况

盐渍化较严重的区域主要分布在辽宁、河北、天津和山东的滨海平原地区。天津蔡家堡、黄骅市南排河镇赵家堡和沧州市渤海新区冯家堡、山东滨州无棣县和沾化区，盐渍化范围一般在距岸 20~30 千米内，主要类型为氯化物型、硫酸盐 – 氯化物型盐土和重盐渍化土。辽宁丹东东港、锦州和山东潍坊市滨海地区，9 月份土壤全盐量高、盐渍化土分布范围大；秦皇岛抚宁、唐山市梨树园村滨海地区 3 月份土壤全盐量高、盐渍化土分布范围大。近岸为氯化物型盐渍化土，向陆方向为硫酸盐 – 氯化物型和硫酸盐型中、轻盐渍化土。东海和南海滨海地区盐渍化范围小、程度低。东海沿岸浙江温州市龙湾区海城镇、福建漳浦旧镇梅宅村、霞美镇刘板村距岸 2~3 千米为氯化物型盐渍化土和硫酸盐－氯化物型盐土；南海沿岸广东阳江市大沟和雅韶，距岸 3 千米左右为硫酸盐盐渍化土；海南三亚市和海口市监测区距岸 2~3 千米分布氯化物型盐土和硫酸盐－氯化物型盐渍化土。广东茂名市电白区陈村、湛江市麻章区湖光村、麻章区太平村、广西钦州距岸 1 千米有盐渍化现象。

表 11-18　2008 年渤海和黄海沿岸主要监测区土壤盐渍化分布状况

监测断面所在地	断面长度 / 千米	监测时间	距岸距离 / 千米	盐渍化主要类型
辽宁丹东东港长山镇	4.97	2008.3	2.33	硫酸盐－氯化物型、硫酸盐型
		2008.9	4.97	硫酸盐－氯化物型、硫酸盐型
辽宁丹东东港西	8.09	2008.3	8.09	氯化物型、硫酸盐型
		2008.9	8.09	氯化物型、硫酸盐型
辽宁小凌河西侧娘娘宫镇	7.28	2008.3	2.83	硫酸盐型
		2008.9	7.28	氯化物型－硫酸盐型、硫酸盐型
辽宁锦州小凌河东侧何屯村	3.64	2008.3	3.64	硫酸盐型、硫酸盐－氯化物型
		2008.9	3.64	硫酸盐－氯化物型、氯化物型
河北秦皇岛抚宁	16.11	2008.3	16.11	氯化物型、氯化物型－硫酸盐
		2008.9	9.12	氯化物型－硫酸盐型
河北秦皇岛昌黎	12.54	2008.3	9.91	氯化物型－硫酸盐型
		2008.9	—	—
河北唐山市梨树园村	27.21	2008.3	12.10	氯化物型、氯化物型－硫酸盐
		2008.9	17.57	氯化物型、硫酸盐型

续表

监测断面所在地	断面长度/千米	监测时间	距岸距离/千米	盐渍化主要类型
河北唐山市南堡镇马庄子	22.62	2008.3	17.15	氯化物型－硫酸盐型、硫酸盐型
		2008.9	22.49	氯化物型－硫酸盐型、硫酸盐型
山东潍坊市滨海经济开发区	28.10	2008.3	21.94	硫酸盐—氯化物型、硫酸盐型
		2008.9	28.10	氯化物型、硫酸盐型
山东潍坊市寒亭区央子镇	30.10	2008.3	21.48	硫酸盐－氯化物型、硫酸盐型
		2008.9	30.10	氯化物型、硫酸盐型
山东潍坊昌邑市卜庄镇西峰村	23.87	2008.3	7.30	氯化物型
		2008.9	23.80	硫酸盐型

2008年国家海洋局启动了辽河三角洲部分区域土壤盐渍化遥感试点监测。监测结果显示，辽河三角洲盐渍化土壤主要分布在沿海地带，以轻度硫酸盐型和氯化物－硫酸盐型盐渍化土为主。近海边的地区盐渍化程度较高。双台子河西岸比东岸盐渍化程度高。不同的土地利用方式土壤盐渍化程度不同，水稻田土壤盐渍化程度低，芦苇地的盐渍化程度较高，新开发的林地土壤盐渍化程度较低。

第二节　我国沿海省市海洋生态环境特点

为了研究我国沿海省（区、市）海洋生态环境的主要特征，我们从我国沿海各省市区的海水环境质量、近岸海域沉积物质量、入海排污口及邻近海域环境质量状况、主要河流污染物入海量、近岸生态系统健康状况、海岸带及近岸海域生态脆弱区状况、海洋功能区环境状况、海洋垃圾、海洋赤潮、海水入侵和土壤盐渍化这十大领域来分析生态环境特点。

一、我国沿海省（区、市）海水环境主要特征

我国沿海省（区、市）海水污染主要集中在沿海省（区、市）经济比较发达的沿海城市附近海域和大江大河流入口附近海域。污染海域主要分布在辽东湾、渤海湾、莱州湾、长江口、杭州湾、珠江口和部分大中城市近岸局部水域。从海域的污染分布来看，渤海、黄海沿海省市的海域污染比较严重，其它海域次之。从海水污染物的含量来看，海水中的主要污染物依然是无机氮、活性磷酸盐和石油类。从环境污染发展趋势来看，渤海沿海省市海域污染虽然得到控制，但是其污染面仍然处于缓慢扩大的趋势；黄海沿海省市海域污染面出现反复徘徊的扩大趋势；东海、南海沿海省市附近海域海水污染面有缓慢缩小的趋势（表11-19）。

表11-19　2004—2008年各海区较清洁和污染海域面积

海　区	年　度	较清洁海域 /平方千米	轻度污染 /平方千米	中度污染 /平方千米	污染海域 / 平方千米	
					严重污染	合　计
渤海	2004	15 900	5 410	3 030	2 310	10 750
	2005	8 990	6 240	2 910	1 750	10 900
	2006	8 190	7 370	1 750	2 770	11 890
	2007	7 260	5 540	5 380	6 120	17 040
	2008	7 560	5 600	5 140	3 070	13 810
黄海	2004	15 600	12 900	11 310	8 080	32 290
	2005	21 880	13 870	4 040	3 150	21 060
	2006	17 300	12 060	4 840	9 230	26 130
	2007	9 150	12 380	3 790	2 970	19 140
	2008	11 630	6 720	2 760	2 550	12 030

续表

海 区	年 度	较清洁海域 / 平方千米	轻度污染 / 平方千米	中度污染 / 平方千米	污染海域 / 平方千米	
					严重污染	合计
东海	2004	21 550	13 620	12 110	20 680	46 410
	2005	21 080	10490	10 730	22 950	44 170
	2006	20 860	23 110	8 380	14 660	46 150
	2007	22 430	25 780	5 500	16 970	48 250
	2008	34 140	9 630	6 930	15 910	32 470
南海	2004	12 580	8 570	4 360	990	13 920
	2005	5 850	3 460	470	1 420	5 350
	2006	4 670	9 600	2 470	1 710	13 780
	2007	12 450	3 810	2 090	3 660	9 560
	2008	12 150	6 890	2 590	3 730	13 210
	2004	65 630	40 500	30 810	32 060	103 370
	2005	57 800	34 060	18 150	29 270	81 480
	2006	51 020	52 140	17 440	28 370	97 950
	2007	51 290	47 510	16 760	29 720	93 990
	2008	65 480	28 840	17 420	25 260	71 520

二、我国沿海近岸海域沉积物污染特征

从国家海洋局环境监测统计来看，我国沿海近海岸海域沉积物污染特点主要表现为铜、镉、砷、铅等重金属和石油类、多氯联苯污染，个别站位石油类污染严重。从污染的分布来看，辽宁、江苏、浙江、广东、广西和海南附近海域不同程度地受到了沉积物污染。其中镉、铅、砷等重金属污染面积分布最广，除广西以外，基本上所有受沉积物污染的海域都有镉、铅、砷重金属污染。从变化趋势看，除了辽宁辽东湾和山东的烟台、威海，广州的深圳近海和珠江口近海沉积物污染某些成分出现增高以外，其他海域沉积物污染都处于维持不变的状态（表 11-20）。污

染物大气沉降通量气溶胶中无机氮含量情况是：青岛近岸＞长江口＞珠江口＞渤海东部＞大连近岸。

表 11-20　1997—2008 年近岸海域贝类体内污染物的残留水平变化趋势

海　域	石油烃	总 Hg	Cd	Pb	As	666	DDT	PCBs
大连近岸	⇔	⇔	⇔	⇔	⇔	⇔	⇔	⇔
辽东湾	⇔	⇔	⇔	⇔	⇔	⇔	⇔	↗
渤海湾	⇔	⇔	⇔	⇔	⇔	⇔	⇔	⇔
莱州湾	⇔	↘	⇔	⇔	⇔	⇔	⇔	⇔
烟台和威海近岸	⇔	↗	⇔	⇔	⇔	⇔	⇔	⇔
青岛近岸	⇔	⇔	⇔	⇔	⇔	⇔	⇔	⇔
苏北浅滩	⇔	⇔	⇔	⇔	⇔	●	⇔	⇔
南通近岸	⇔	⇔	↘	↘	⇔	⇔	⇔	⇔
杭州湾和宁波近岸	⇔	⇔	⇔	⇔	⇔	⇔	⇔	⇔
三门湾和温州近岸	⇔	⇔	⇔	⇔	⇔	⇔	⇔	⇔
宁德近岸	⇔	⇔	⇔	↘	⇔	●	⇔	⇔
闽江口至厦门近岸	⇔	⇔	↘	↘	⇔	●	⇔	↘
粤东近岸	⇔	⇔	⇔	↘	⇔	↘	↘	↘
深圳近岸	⇔	↗	⇔	↘	⇔	⇔	↘	↘
珠江口	⇔	⇔	⇔	↘	⇔	↗	⇔	⇔
粤西近岸	⇔	⇔	⇔	↘	↘	⇔	↘	⇔
广西近岸	⇔	⇔	⇔	⇔	⇔	⇔	⇔	⇔

续表

海　域	石油烃	总 Hg	Cd	Pb	As	666	DDT	PCBs
海南近岸	⇔	⇔	⇔	⇔	⇔	⇔	↘	⇔
图例说明	↗ 显著升高		↘ 显著降低		⇔ 基本不变			
	↗ 升高		↘ 降低		● 数据年限不够			

三、入海排污设置口及邻近海域环境污染特点

从国家海洋局环境监测统计来看，我国沿海入海排污口设置及邻近海域环境污染特点主要表现为排污口设置不合理，其中设置在渔业资源利用和养护区的排污口占 40.6%，旅游区的占 10.5%，海洋保护区的占 1.1%，港口航运区的占 32.2%，排污区的占 8.6%，其他海洋功能区的占 7.0%。其中山东、江苏和广西的超标排污口最多，位列全国前三名。并且对生态环境条件需求越高的海域如海洋生物资源利用和养护区的超标排污口越多。具体情况是设置在渔业资源利用和养护区的排污口中，有 95.3% 超标排放；设置在港口航运区的排污口中，有 81.1% 超标排放；设置在旅游区的排污口中，有 87.3% 超标排放；设置在海洋保护区的排污口全部超标排放；设置在其他功能区的排污口中，有 85.4% 超标排放。从我国沿海排污口的排污量来看，黄海、渤海沿岸排污量最大，其次是南海和东海。从各大功能海洋区域排污情况来看，渔业资源利用和养护区排污量最大，其次是港口航运区的排污量。污水及污染物排入渤海、黄海、东海和南海的分别占总量的 23.1%、36.6%、19.4% 和 20.9%。排入渔业资源利用和养护区、港口航运区、旅游区和海洋保护区、其他海洋功能区的分别占 47.7%、33.8%、4.7%、13.8%。

陆源污染物排海对海洋环境的影响日益加大。沿海地区排放的工业和生活污水将大量污染物携带入海，给近岸海域尤其是排污口邻近海域环境造成巨大压力。长期连续大量排污使排污口邻近海域海水污染严重，

沉积物质量恶化，生物质量低劣，生物多样性降低，陆源污染物排海已严重制约了排污口邻近海域海洋功能的正常发挥。监测与评价结果表明，2008年实施监测的排污口邻近海域中，高达73%的排污口邻近海域水质不能满足海洋功能区要求，67%的排污口邻近海域水质为第四类或劣于第四类，27%的排污口邻近海域水质为第三类；近30%的排污口邻近海域沉积物质量不能满足海洋功能区要求，15%的排污口邻近海域沉积物质量为第三类或劣于第三类。海域生态环境质量评价结果显示，近40%的排污口邻近海域生态环境质量处于差或极差状态。177亿吨污水排入渔业资源利用和养护区，携带了大量营养盐和有毒有害物质，使区内水体富营养化趋势加剧，生物质量降低（表11-21）。

表 11-21 2008 年部分入海排污口邻近海域生态环境质量等级

排污口名称及所在地		海洋功能区类型	要求水质类别	实际水质类别	生态环境质量等级
辽宁	大连化学工业公司排污口	航道区	第三类	劣于第四类	差
	金城造纸公司排污口	养殖区	第二类	劣于第四类	极差
	百股桥排污口	养殖区	第二类	劣于第四类	极差
山东	虞河入海口	养殖区	第二类	劣于第四类	极差
	弥河入海口	养殖区	第二类	劣于第四类	极差
江苏	中山河入海口	养殖区	第二类	劣于第四类	极差
	王港排污区排污口	养殖区	第二类	劣于第四类	极差
	小洋口外闸入海口	养殖区	第二类	劣于第四类	极差
浙江	温州工业园区排污口	航道区	第三类	劣于第四类	差
	乐清磐石化工排污口	航道区	第三类	劣于第四类	差
	象山墙头综合排污口	养殖区	第二类	劣于第四类	极差
	宁海颜公河入海口	养殖区	第二类	劣于第四类	极差

续表

排污口名称及所在地		海洋功能区类型	要求水质类别	实际水质类别	生态环境质量等级
福建	埭辽排污口	围海造地区	第三类	劣于第四类	差
	福鼎白琳石板材加工区排污口	养殖区	第二类	第四类	差
	福鼎星火工业园区排污口	养殖区	第二类	第四类	差
	福建省太平洋电力有限公司排污口	航道区	第三类	劣于第四类	差
	龙海市龙海桥市政排污口	航道区	第三类	劣于第四类	差
	莆田涵江牙口排污口	航道区	第三类	劣于第四类	差
	莆田市城市污水处理厂排污口	航道区	第三类	劣于第四类	差
	同安污水处理厂排污口	保留区	第三类	劣于第四类	差
	翔安污水处理厂排污口	保留区	第三类	劣于第四类	差
	长乐金峰陈塘港排污口	海洋自然保护区	第一类	劣于第四类	极差
	福清三山后郑排污口	养殖区	第二类	劣于第四类	极差
	晋江、石狮11孔桥排污口	养殖区	第二类	劣于第四类	极差
	龙海市东园工业区排污口	海洋自然保护区	第一类	劣于第四类	极差
	罗源松山排污口	养殖区	第二类	劣于第四类	极差
	宁德蕉城市政排污口	养殖区	第二类	劣于第四类	极差
广东	惠州市大亚湾区淡澳河入海口	养殖区	第二类	第四类	差
	建滔（番禺南沙）石化有限公司排污口	一般工业用水区	第三类	劣于第四类	差
	东莞沙田丽海纺织印染有限公司排污口	一般工业用水区	第三类	劣于第四类	差
	珠海威立雅水务污水处理有限公司排污口	风景旅游区	第三类	劣于第四类	差
广西	金银鹰纸业有限公司排污口	养殖区	第二类	第三类	差

排污口名称及所在地		海洋功能区类型	要求水质类别	实际水质类别	生态环境质量等级
海南	龙昆沟排污口	风景旅游区	第三类	劣于第四类	差

排污口特征污染物监测结果显示，实施监测的 94 个排污口污水及邻近海域沉积物中普遍检出特征污染物。其中,24% 的排污口超标排放严重,污水中部分特征污染物的排放浓度超污水综合排放标准几十倍; 15% 的排污口邻近海域沉积物受到严重污染，部分特征污染物含量超第三类海洋沉积物质量标准十几倍。2006—2008 年的监测结果表明，入海排污口特征污染物的超标排放状况及邻近海域沉积物的污染状况呈逐年加剧的趋势。对 94 个排污口实施污水综合生物效应监测，并评价排污口污水对海洋生物的综合毒性风险等级。结果显示，78% 的排污口污水对海洋生物产生危害，其中, 20% 的排污口污水对海洋生物的综合毒性风险较高。污水综合生物效应最为显著的排污口类型为工业排污口，主要分布于环渤海沿岸和浙江、福建海域。其中，部分污水处理厂所排放污水中特征污染物含量较高，污水综合毒性风险高，与现有污水处理工艺对此类污染物处理能力不足有关。

四、主要河流污染物入海特点

全国主要河流入海污染物总量监测结果显示，长江口、珠江口、闽江口是我国主要入海河流污染物排放口。其污染物主要是 COD_{Cr}、油类、氨氮、磷酸盐、砷和重金属等。

五、近岸生态系统健康特点

2008 年，国家海洋局对 18 个生态监控区进行了生态监测。生态监测结果表明，江、河入海口，海湾地区的生态系统都不健康，湾内沉积物污染严重，生物质量较差、生境丧失严重，湾内生物群落结构异常，浮游植物、浮游动物和底栖生物平均密度始终偏低，生物资源明显减少。养殖污染物沉降、陆源污染物输入、油气勘探开发、围填海等许多不合理工程是影响海洋生态系统健康的主要因素。

六、海岸带及近岸海域生态脆弱区分布特点

由于海岸带开发强度的加大及开发规模的扩大，全国海岸带及近岸海域生态系统已经出现了不同程度的脆弱区。海岸带高脆弱区已占全国岸线总长度的4.5%，中脆弱区占32.0%，轻脆弱区占46.7%，非脆弱区仅占16.8%。高脆弱区和中脆弱区主要分布在砂质海岸、淤泥质海岸、红树林海岸等受到围填海、陆源污染、海岸侵蚀、外来物种（互花米草）入侵等影响严重的海岸带区域。近岸海域中，高脆弱区占评价区域的9.6%，中脆弱区占31.9%，轻脆弱区占40.3%，非脆弱区仅占18.2%。高脆弱区和中脆弱区主要分布在海洋自然保护区、海水养殖区及鱼类产卵场等重要渔业水域，以及珊瑚礁、海草床。如果海岸带和海洋开发强度进一步加大，砂质海岸、淤泥质海岸、红树林海岸和滨海湿地等海岸带敏感区域，以及珊瑚礁、海草床、滨海湿地等近岸敏感生态系统和海洋保护区、产卵场等近岸敏感区域的生态脆弱程度将进一步加深，生态脆弱区域将进一步扩大。上海、天津、浙江、江苏和广东的沿海地区已经处于高强度开发状态。上海、广西、浙江、广东、天津、山东、辽宁和河北近岸海域综合环境质量一般，水体普遍受到氮、磷污染，局部区域沉积环境和海洋生物受到铜、镉、砷、总汞等重金属和石油类（烃）污染。

七、海洋功能区环境特点

水质状况：部分重点增养殖区营养状态指数较高，养殖水体呈富营养化状态，养殖区及毗邻海域多次发生赤潮；主要沉积物质污染物为镉、铜和粪大肠菌群等。赤潮发生呈现出次数减少、但规模越来越大的特点；增养殖区综合环境质量较差。

八、海洋垃圾特点

海面漂浮垃圾、海滩垃圾和海底垃圾的种类主要是生活垃圾如塑料袋、漂浮木块、浮标和塑料瓶，其中塑料类垃圾的数量最大。垃圾来源主要是人类海岸活动和娱乐活动，航运、捕鱼等海上活动是海滩垃圾的主要来源，分别占 57% 和 21%；人类海岸活动和娱乐活动、其他弃置物是海面漂浮垃圾的主要来源，分别占 57% 和 31%。

九、海洋赤潮发生特点

海洋赤潮分布主要在东海和黄海，南海和渤海较少，出现次数减少、规模越来越大的特点和趋势。

十、海水入侵和土壤盐渍化特点

海水入侵和盐渍化存在滨海平原地区如渤海和黄海部分严重、入侵和盐渍化范围大，而且土壤盐渍化类型和范围受枯水期和丰水期水位影响变化较大；东海和南海滨海地区海水入侵和盐渍化范围小的特点。海水入侵主要分布在辽宁丹东、山东威海、江苏连云港和盐城滨海地区，入侵距离一般在距岸 10 千米以内；盐渍化较严重的区域主要分布在辽宁、河北、天津和山东的滨海平原地区。天津蔡家堡、黄骅市南排河镇赵家堡和沧州市渤海新区冯家堡、山东滨州无棣县和沾化区，盐渍化范围一般在距岸 20~30 千米内，主要类型为氯化物型、硫酸盐－氯化物型。

第三节
我国沿海省市海洋生态环境承载竞争力比较分析

海洋生态环境承载能力是沿海省（区、市）海洋经济发展潜力的重要指标之一。因此海洋生态环境承载能力是海洋战略综合竞争力的重要组成部分。在研究海洋生态环境承载能力的时候，考虑到数据的可获取性和一致性，在此我们仅仅是选取了成本性指标，这是从海洋生态平衡维护角度对沿海省（区、市）海洋生态环境承载能力进行比较分析评价。我们假定海洋生态平衡在没有任何破坏的情况下为最优情况，数据来源主要是我国海洋统计年鉴、2011 年国家海洋局海洋生态环境监测数据和统计公报、每一个沿海省（区、市）海洋管理部门对海洋综合环境监测统计公报，以及相关的海洋信息网站，通过科学的数学计算方法计算出每个省（区、市）的各项指标，对于个别不可获得的指标数据，利用经济学原理的相关数据指标进行替代，对所收集的各项指标数据计算采用熵值法测评。

一、熵值法的原理

设有 m 个待评方案，n 项评价指标，形成原始指标数据矩阵 $X=(x_{ij})_{m \times n}$，对于某项指标 x_j，指标值 x_{ij} 的差距越大，则该指标在综合评价中所起的作用越大；如果某项指标的指标值全部相等，则该指标在综合评价中不起作用。

$$H(x) = -\sum_{i=1}^{n} p(x_i) \ln p(x_i) \tag{11-1}$$

在信息论中，信息熵 $H(x)$ 是系统无序程度的度量，信息是系统有序程度的度量，二者绝对值相等，符号相反。某项指标的指标值变异程度越大，信息熵越小，该指标提供的信息量越大，该指标的权重也应越大；反之，某项指标的指标值变异程度越小，信息熵越大，该指标提供的信息量越小，该指标的权重也越小。所以，可以根据各项指标值的变异程度，利用信息熵这个工具，计算出各指标的权重，为多指标综合评价提供依据。

二、熵值法综合评价的步骤

（1）将各指标同度量化，计算第 j 项指标下第 i 方案指标值的比重 p_{ij}

$$p_{ij} = \frac{X_{ij}}{\sum\limits_{i=1}^{m} X_{ij}} \qquad (11-2)$$

（2）计算第 j 项指标的熵值 e_j

$$e_j = -k \sum_{i=1}^{m} p_{ij} \ln p_{ij} \qquad (11-3)$$

其中 $k > 0$，$\ln$ 为自然对数，$e_j \geqslant 0$。如果 X_{ij} 对于给定的 j 全部相等，那么

$$p_{ij} = \frac{X_{ij}}{\sum\limits_{i=1}^{m} X_{ij}} = \frac{1}{m} \qquad (11-4)$$

此时 e_j 取极大值，即

$$e_j = -k \sum_{i=1}^{m} 1/m . \ln 1/m = k \ln m \qquad (11-5)$$

若设 $k = 1/\ln m$，于是有 $0 \leqslant e_j \leqslant 1$

（3）计算第 j 项指标的差异性系数 g_j

对于给定的 j，X_{ij} 的差异性越小，则 e_j 越大；当 X_{ij} 全部相等时，$e_j=e_{max}=1$，此时对于方案的比较，指标 x_j 毫无作用；当各方案的指标值相差越大时，e_j 越小，该项指标对于方案的比较所起的作用越大。定义差异性系数

$$g_j = 1 - e_j \qquad （11-6）$$

则当 g_j 越大时，指标越重要。

（4）定义权数

$$a_j = \frac{g_j}{\sum_{j=1}^{n} g_j} \qquad （11-7）$$

（5）计算综合经济效益系数 v_i

$$v_i = \sum_{j=1}^{n} a_j \mathrm{p}_{ij} \qquad （11-8）$$

v_i 为第 i 个方案的综合评价值。

三、我国沿海省（区、市）海洋生态环境监测数据承载力测评结果

表 11-22　我国沿海省（区、市）海洋生态环境测评得分

沿海省（区、市）	测评得分	排　名
海南	0.113 7	1
山东	0.108 3	2
浙江	0.104 6	3
广西	0.103 8	4
辽宁	0.101 9	5
广东	0.100 5	6
江苏	0.091 4	7

沿海省（区、市）	测评得分	排　名
河北	0.090 1	8
福建	0.081 1	9
天津	0.080 5	10
上海	0.024 6	11

从测评结果得分我们可以看出，我国沿海省（区、市）海洋生态环境承载能力存在 5 个层次。可以划分如下。

表 11-23　我国沿海省市海洋生态承载能力统计表

梯队划分	沿海省（区、市）
第一梯队	海南
第二梯队	山东、浙江、广西、辽宁、广东
第三梯队	江苏、河北
第四梯队	福建、天津
第五梯队	上海

四、我国沿海省（区、市）海洋生态环境监测数据承载力测评结果分析

从测评得分和排名可以看出，海南省是我国沿海省（区、市）中海洋生态环境破坏最轻的省份，从我国 2011 年海洋环境监测结果也能体现出来，海南省近海岸污染面积与海岸线长度比率以及疏浚物海洋倾倒量与海洋岸线长度的比值在全国沿海省（区、市）中是最低的。这说明了海南省海洋生态环境承载能力是最强的，从各海区海水环境质量监测来看，海南近岸海域海水属于清洁海域；从近岸海域沉积物质量监测来看，海南近海沉积物质量总体一般，综合潜在生态风险中等。海南近岸局部海域沉积

物受到镉的污染，个别站位镉污染严重。1997—2008年近岸海域贝类体内污染物的残留水平变化趋势可以看出，海南沿海各项污染指标一直保持平稳，有的污染指数还处于下降趋势。从2008年各省（自治区、直辖市）入海排污口超标排放情况统计来看，海南排污口数量和超标排污口数量都在沿海省（区、市）是最少的。从近岸生态系统健康状况来看，海南东海岸生态监控区监测结果显示生态系统处于健康状态。海水氮、磷和石油类含量均符合第一类海水水质标准，水质优良。鹿回头、西岛、蜈支洲、龙湾、铜鼓岭、长圮港、亚龙湾、大东海、小东海等主要珊瑚礁分布区活珊瑚的盖度分别为20.9%、35.4%、72.5%、26.9%、23.3%、41.2%、35.4%、21.6%和43.4%，硬珊瑚的补充量分别为0.7个/平方米、0.5个/平方米、0.5个/平方米、0.2个/平方米、0.4个/平方米、0.7个/平方米、0.4个/平方米、0.1个/平方米和0.9个/平方米，珊瑚礁鱼类种类较丰富，分布密度平均为7尾/百平方米。高隆湾、龙湾港、新村港、黎安港和长圮港等主要海草分布区海草的平均盖度分别为17%、36%、37%、24%和24%，泰莱草、海菖蒲等优势种的分布与盖度基本稳定，平均盖度分别为31%和25%。连续五年监测结果表明，珊瑚、海草种类多样性和群落结构基本稳定。西沙珊瑚礁生态系统处于亚健康状态。2008年西沙群岛的永兴岛、石岛、西沙洲、赵述岛、北岛5个主要珊瑚礁分布区域的监测结果显示，5个区域活珊瑚的平均盖度仅为16.8%，6个月内的平均死亡率为2.1%，1~2年内的近期死亡率达到27.5%。2007年以来珊瑚礁退化非常严重，上述5个区域均出现不同程度的退化，其中退化最严重的区域是西沙洲、北岛和赵述岛，活珊瑚的盖度仅为1.8%、2.3%和2.5%。2005年以来珊瑚礁分布区水质优良。

山东、浙江、广西、辽宁、广东处于第二梯队，说明以上省、区海洋生态环境已经遭到一定程度的破坏，或者是已经遭到破坏的海洋生态环境得到了一定的改善。从2011年国家海洋局环境监测显示，山东污染海域主要分布在莱州湾、胶州湾；辽宁污染海域主要分布在辽东湾、渤海湾；浙江污染海域主要分布在杭州湾、象山港和闽江口近岸；广东严重污染海域主要集中在珠江口海域；从 2008 年检测情况来看，山东沉积物质量总体良好，综合潜在生态风险低。辽宁沉积物质量总体良好，综合潜在生态风险低。辽东湾海域普遍受到石油类的污染，个别站位石油类污染严重；辽东湾海域个别站位受到镉的污染。大连近岸海域个别站位石油类污染严重。浙江沉积物质量总体良好，综合潜在生态风险低。宁波近岸、温州近岸和台州近岸海域沉积物普遍受到铜的轻微污染。广东沉积物质量总体良好，综合潜在生态风险低。粤东近岸海域个别站位受到铅的污染，深圳近岸局部海域受到镉的轻微污染，珠江口个别站位沉积物受到多氯联苯的污染，局部海域沉积物受到镉的轻微污染。广西沉积物质量总体良好，综合潜在生态风险低。广西近岸海域个别站位石油类污染较重。从近岸生态系统健康状况来看，2008 年，国家海洋局对 18 个生态监控区进行了生态监测。辽宁双台子河口生态系统健康状况总体上处于恢复状态，主要表现在生态系统健康指数呈上升趋势，海域石油类含量超第一类海水水质标准面积呈减少趋势，沉积环境质量持续改善，影响生物质量主要污染因子呈减少趋势。锦州湾生态系统始终处于不健康状态，湾内沉积物污染严重，生物质量较差。围填海导致了锦州湾栖息地面积大幅缩减，生境丧失严重。湾内生物群落结构异常，浮游植物、浮游动物和底栖生物平均密度始终偏低，生物资源明显减少。山东黄河口生态系统健康状况总体处于恢复状态，生态系统健康指数有增加趋势。但水体富营养化、氮磷比失衡仍然严重。部分生物体内砷、镉和石油烃的含量偏高。渔业生物资源衰退等生态问题依然严重。外来物种泥螺数量持续增加，密度和分布范围都超过邻近的莱州湾。莱州湾水体富营养化依然严重，石油类含量超标面积有所增加。部分生物体内总汞、砷、镉、铅和石油烃含量偏高。生物多样性和均匀度一般，重要经济生物产卵场萎缩，渔业生物资源衰退趋势未得到有效遏制。外来物种泥螺数量持续增加，在局部区域已成为优势种。浙江杭州湾生态系统始终处于不健康状态。水体始终呈严重富营养化状态，氮磷比失衡。沉积物中多氯联苯含量增加。每年滩涂湿地减少 10% 以上，湿地水生生物和水禽栖息面积不断缩减。浮游植物群落结构趋向简单，渔业生物资源衰退。广东珠江口生态系统基本保持稳定，始终处于严重的富营养化和氮磷比失衡状态，丰水期无机氮平均含量均超第四类海水水质标准。生物体内铅含量始终普遍偏高，石油烃和汞含量呈增加趋势。浮游植物平均密度的季节变化幅度趋于缩小，浮游植物群落结构趋向简单化；浮游动物数量下降，底栖生物数量近两年呈增加趋势，鱼卵、仔鱼数量也呈增加趋势。珠江口生态系统存在的主要生态问题为富营养化、环境污染、生物群落结构异常和生境改变。雷州半岛西南沿岸生态监控区监测显示生态系统总体处于亚健康状态。监控区内 40% 的水域石油类含量超第二类海水水质标准，悬浮物浓度较高、透明度低，区内三分之一区域沉积物有机碳含量超第一类海洋沉积物质量标准，底栖生物的种类数量、栖息密度及生物量呈逐年递减趋势，2006 年以来鱼卵、仔鱼的数量显著下降。广西北海生态监控区监测显示生态系统处于健康状态。红树林分布区总面积保持不变，红树林群落基本稳定。红树林鸟类种群数量有所增加，鸟类栖息环境不断改善，留鸟数量不断增加。池鹭、小白鹭、白鹭和牛背鹭等鹭鸟数量在 70 至 1 300 只之间。林区底栖动物丰富，锯缘青蟹、中华乌塘鳢、海鳗种群数量增加。北仑河口生态监控区监测显示生态系统处于健康状态。沉积物质量良好，但水体无机氮和活性磷酸盐普遍超标，北仑河出海口的独墩、竹山和榕树头断面水质多为超第二类海水水质标准。红树林种类多样性及群落类型稳定、生境完整。红树幼苗生长良好，无大面积病虫害发生。红海榄群落受 2008 年早春冰冻灾害天气影响，出现整株叶片枯黄脱落和死枝现象。

　　江苏、河北属于第三梯队，福建、天津属于第四梯队，说明这些省市海洋生态环境遭到很大程度的破坏，而且有进一步加强的趋势。上海海洋生态环境最脆弱，承载力最差。

参考文献

［1］毕晶．东北亚经济圈现状及前景分析［J］．黑龙江对外经贸，2004（11）：5-6．

［2］昌军，王广凤．海洋经济价值内涵及其评价的框架结构［J］．河北理工学院学报（社会科学版），2005（2）：85-87，94．

［3］陈代湘．胆识＋霸蛮＝湖南人［M］．长沙：湖南人民出版社，2003．

［4］崔功豪，魏清泉，陈宗兴．区域分析与规划［M］．北京：高等教育出版社，1999．

［5］邓聚龙．灰色控制系统［M］．武汉：华中理工大学出版社，1993．

［6］董楚平．吴越文化的三次发展机遇［J］．浙江社会科学，2001（5）：133-137．

［7］杜石然．中国古代科学家传记（下）［M］．北京：科学出版社，1993．

［8］范恒山：《山东半岛蓝色经济区发展规划》解读［N］．大众日报．2011-03-24．

［9］冯建中．因子分析在中部六省经济发展中的应用［J］．南阳理工学院学报，2009，1（4）：4．

［10］龚鹏程．中国传统文化十五讲［M］．北京：北京大学出版社，2006．

［11］顾希佳．东南蚕桑文化［M］．北京：中国民间文艺出版社，1991．

［12］郭预衡．唐宋八大家散文总集（卷六）［M］．石家庄：河北人

民出版社，1995.

［13］国峰，房建孟，翁光明.上海市海洋经济发展状况分析［J］.海洋开发与管理，2011（6）：146-148.

［14］国家统计局.中国统计年鉴［M］.北京：中国统计出版社，2011.

［15］国家统计局.中国统计年鉴——2006［M］.北京：中国统计出版社，2006.

［16］国家统计局.中国统计年鉴——2010［M］.北京：中国统计出版社，2010.

［17］何荣旺，刘伟.基于灰色系统理论的科技人才资源优化配置［J］.系统工程与电子技术，2003，25（6）：5.

［18］贺仲雄.模糊数学及应用［M］.天津：天津科学技术出版社，1983.

［19］胡新华，张耀光.辽宁海洋国土资源开发与海洋经济可持续发展［J］.2001（3）：4.

［20］加里·德斯勒.人力资源管理［M］.北京：中国人民大学出版社，1999.

［21］蒋铁民.中国海洋经济研究［M］.北京：海洋出版社，1982.

［22］金鑫，徐晓平.中国问题报告［M］.上海：浦东电子出版社，2002.

［23］金振吉.东北亚经济圈与中国的选择［M］.南京：江苏人民出版社，1992.

［24］康文豪，徐步云，张晓宁.基于因子分析对我国沿海省市（区）经济发展状况的综合评价［J］.中国市场，2012（2）：3.

［25］孔宪丽，梁云芳.东三省工业结构及相对优势变动的实证分析——兼论辽宁新型工业化战略规划［J］.发展战略，2006（9）：2.

［26］李洪兴，汪培庄.模糊数学［M］.北京：国防工业出版社，

1994.

［27］李剑桥.转方式调结构看亮点，蓝色经济区前沿报告［N］.大众日报，2010-6-25.

［28］李靖宇，杨刚.中国与东北亚区域经济合作战略对策［M］.北京：人民出版社，1999.

［29］李明春，徐志良.海洋龙脉——中国海洋文化纵览［M］.北京：海洋出版社，2007.

［30］李佩瑾，栾维新.我国沿海省市海洋经济发展水平初步研究［J］.海洋开发与管理，2005，22（2）：5.

［31］李强.河口区海洋经济发展的思考［J］.海洋开发与管理，2005，22（5）：105-108.

［32］李醒民.科学的精神与价值［M］.石家庄：河北教育出版社，2001.

［33］李孜军.1992—2001年我国灰色系统理论应用研究进展［J］.系统工程，2003，21（5）：5.

［34］刘林军，吴黎军.基于因子分析的我国西部12城市经济发展状况实证分析［J］.重庆理工大学学报（自然科学版），2010（11）：5.

［35］刘明.区域海洋经济可持续发展能力评价指标体系的构建［J］.经济与管理，2008（3）：4.

［36］刘普寅，吴孟达.模糊数学及其应用［M］.长沙：国防科技大学出版社，1998.

［37］刘晴波.杨度集［M］.长沙：湖南人民出版社，1986.

［38］刘容子.大力发展海洋经济，促进全面小康建设·海洋开发战略研究［M］.北京：海洋出版社，2004.

［39］楼东，谷树忠，钟赛香.中国海洋资源现状及海洋产业发展趋势分析［J］.资源科学，2005，27（5）：20-26.

［40］卢盘卿，沈则瑾，单保江.保护海洋生态，开发海洋资源［J］.

经济日报, 2006 (7): 4.

［41］吕宗华. 东部沿海地区 10 城市社会经济指标的因子分析［J］.国土与自然资源研究, 2006 (3): 2.

［42］罗钢. 人力资源管理专业人员的胜任素质［J］.中国人力资源开发, 2004 (7): 3.

［43］毛泽东. 毛泽东军事文集（第 6 卷）［M］.北京: 军事科学出版社, 中央文献出版社, 1993.

［44］苗丽静, 吕振燕. 辽宁产业结构存在问题、成因分析及优化思路［J］.财经问题研究, 2001 (12).

［45］南史（卷 25）［M］.北京: 中华书局, 1999.

［46］曲金良. 海洋文化概论［M］.青岛: 中国海洋大学出版社, 1999: 7-8.

［47］沈渭滨. 近代中国科学家［M］.上海: 上海人民出版社, 1988.

［48］司马迁. 史记: 货殖列传［M］.上海: 上海古籍出版社, 1966.

［49］司马迁. 史记: 燕召公世家［M］.上海: 上海古籍出版社, 1966.

［50］司马迁. 史记: 赵世家［M］.上海: 上海古籍出版社, 1966.

［51］宋宜昌. 决战海洋: 帝国是怎样炼成的［M］.上海: 上海科学普及出版社, 2006.

［52］苏东水. 产业经济学［M］.北京: 高等教育出版社, 2000.

［53］苏为华. 多指标综合评价理论与方法问题研究［D］.厦门大学, 2000.

［54］汤志钧. 康有为政论集［M］.中华书局, 1981.

［55］汪培庄. 模糊集合论及其应用［M］.上海: 上海科学技术出版社, 1983.

［56］王德禄. 创新科技人才队伍建设［J］.安徽科技, 2005 (2): 4-5.

［57］王芳，陈胜可，冯国生，等.SAS统计分析与应用［M］.北京：电子工业出版社，2010.

［58］王家范.阅读历史：前现代、现代和后现代［J］.探索与争鸣，2004（9）：5.

［59］王兴国.杨昌济文集［M］.长沙：湖南教育出版社，1983.

［60］王颖，李树苗.以资源为基础的观点在战略人力资源管理领域的应用［J］.南开管理评论，2002，5（3）：5.

［61］温晓丽，陈晓锐.辽宁轻重工业结构演进特征分析［J］.辽宁经济，2009（10）：26.

［62］吴振华，钟城，赖景生.湖北省县域经济综合实力的主成分分析［J］.价格月刊，2008（3）：4.

［63］肖前，李秀林，汪永祥.历史唯物主义原理［M］.北京：人民出版社，2004.

［64］谢智波，李向东，赵华锋.科技人力资源开发潜力综合评价［J］.软科学，2004，18（2）.

［65］徐建华.现代地理学中的数学方法［M］.北京：高等教育出版社，2002.

［66］徐质斌，牛福增.海洋经济学教程［M］.北京：经济科学出版社，2003.

［67］许新华，张如云.东莞模式未来的选择［J］.特区经济，2007（7）：11.

［68］荀子简注［M］.上海：上海人民出版社，1974.

［69］严泽贤，黄世瑞.岭南科学技术史［M］.广州：广东人民出版社，2002.

［70］杨国桢.瀛海方程——中国海洋开发理论和历史文化［M］.北京：海洋出版社，2008.

［71］杨河清，吴江.论我国的人才安全［J］.中国人力资源开发，

2004（1）：8-12.

［72］杨纶标，高英仪.模糊数学原理及应用［M］.广州：华南理工大学出版社，2001.

［73］叶向东.海洋资源可持续利用与对策［J］.太平洋学报，2006（10）：9.

［74］伊辉延.中国海洋文化论文选编［M］.北京：海洋出版社，2008.

［75］殷克东，李兴东.我国沿海11省市海洋经济综合实力的测评［J］.统计与决策，2011（3）：85-89.

［76］郁志荣.注重海洋意识和海洋理论［J］.瞭望，2007（34）：1.

［77］喻明.科研院所创新型人才队伍建设与管理研究［J］.武汉大学学报，2007，60（2）：6.

［78］张炳申，周文良.珠三角工业转型分析——以东莞为例［J］.福建论坛，2005（10）：5.

［79］张红波.基于资源安全的企业人才风险管理［J］.中国安全科学学报，2004，14（11）：4.

［80］张会，曾亮.分置信度的模糊统计方法论［J］.模糊系统与数学，2004，18（1）：3.

［81］张丽，郭丕斌.利用因子分析法评价山西省各城市经济综合实力［J］.机械管理开发，2006（6）：3.

［82］张耀光.中国海洋产业结构特点与今后发展重点探讨［J］.海洋技术，1995，14（4）：7.

［83］赵伊川，栾维新，杜艳艳.葫芦岛市海洋经济发展SWOT分析［J］.大连海事大学学报（社会科学版），2003，2（3）：36-39.

［84］郑贵斌.山东半岛蓝色经济区战略定位与建设思路初探［J］.理论学习，2009（8）：28-31.

［85］郑贵斌.推动沿海海洋经济集成创新发展的思考［J］.中国人

口资源与环境，2005（2）：107-111.

［86］中国科学社. 科学通论［M］. 北京：中国科学出版社，1934.

［87］钟定国，蔡钊利，洪波. 模糊层次综合评判法在高校领导干部考核中的应用［J］. 西安工业学院学报，2003，23（3）：5.

［88］朱纯玉. 将建设山东半岛蓝色经济区纳入国家整体发展战略的可行性分析［J］. 商场现代化，2011（1）：1.

［89］朱孔来. 省（市、区）社会经济综合实力测评指标体系与方法的研究［J］. 农业系统科学与综合研究，1996（4）：15.

［90］朱平利，郭利娜. 新时期企业的人才安全管理［J］. 合作经济与科技，2004（11）：3.

［91］竺可桢. 看风云舒卷［M］. 天津：百花文艺出版社，1998.

［92］子思. 礼记：中庸［M］. 上海：上海古籍出版社，2006，6.

后　记

　　近几个世纪以来，海洋逐渐成为人类经济、政治和文化活动的重要舞台，海洋在世界大国尤其是海洋大国的国家战略中的地位日益得到重视。从18世纪60年代到19世纪中期，英国工业革命以后，机器化大生产代替了手工劳动，西方工业化国家对海外资源和市场的渴求加强了西方国家对海洋在人类文明发展中的战略地位的意识。东西方对海洋价值的不同认识和采取的两种截然不同的态度，正是西方文明和东方文明兴衰交替的根源。进入21世纪的今天，资源、环境、太空技术、深海工程技术以及现代信息技术飞速的发展，海洋的战略价值也因此正发生深刻的变化。世界海洋大国对海洋战略价值的认识得到了空前的加强。因此，世界海洋大国和海洋强国纷纷制定了本国的21世纪的海洋战略或海洋政策。中国是一个海洋大国，对海洋的认识和开发正处于初级阶段。随着国家和国民对海洋意识的加强，中国的海洋开发也正处于一个高速发展阶段。在20世纪80年末90年代初，我国沿海省市如辽宁、山东、浙江、广东纷纷制定了各自的海洋发展战略和政策，一时间掀起了我国开发海洋的浪潮。进入21世纪初，随着我国沿海几个国家级海洋开发实验区的设立，中国的海洋开发战略已经从地方层次上升到国家层次。在党的十八会议上，习总书记明确提出了建设海洋强国的战略目标。这必将为我国未来在经济、文化、政治、安全等领域的发展方向带来伟大的变革和深远的影响。

　　《我国沿海省市海洋经济发展竞争力比较研究》一书总共十一章，本书从经济竞争力的概念内涵的理论探讨入手，阐述了海洋经济发展竞争力的概念及内涵，以及海洋经济竞争力的构成要素，并对海洋经济发展竞争力评价体系进行了设计。在此基础上，本书对我国沿海省市的海洋发展战略思想竞争力、海洋经济发展综合基础竞争力、资源供给竞争力、文化竞争力、海洋科技人才竞争力、海洋生态环境承载竞争力等进行了比较研究。《我国沿海省市海洋经济发展竞争力比较研究》一书的完成，为全面了解我国沿海海洋开发现状提供了比较完整的素材。与此同时，对进一步探讨我国的海洋发展战略，以及我国未来海洋战略的制定与实施起到抛砖引玉的作用，为关心我国海洋战略发展的研究者提供一定的参考材料。由于时间、研究水平等因素，本书的研究还存在很多不足之处和有待完善的地方，希望得到广大读者的指正和帮助，在此特别感谢。

编　者

2024 年 6 月 8 日于青岛